国家重点基础研究发展计划（973计划）项目“煤中含硫组分对微波的化学物理响应与脱除”（2012CB214903）资助

安徽理工大学建筑环境与能源应用工程安徽省一流专业出版基金资助

激光诱导固液相基质金属等离子体动力学实验研究

杜传梅 著

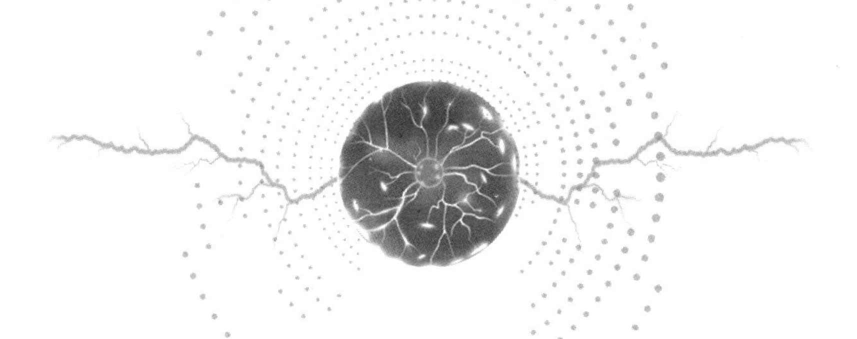

AN EXPERIMENTAL INVESTIGATION ON THE DYNAMICS OF THE LASER INDUCED SOLID-LIQUID MATRIX METALS PLASMA

中国科学技术大学出版社

内 容 简 介

本书对激光烧蚀金属样品产生等离子体的光谱特性和外加电场下电流信号的时间演化特性进行了实验研究，在350～600 nm波长范围内测定了激光等离子体中Ni原子的时间和空间分辨的发射光谱，由发射光谱线的强度和Stark展宽计算了等离子体电子温度和电子密度，并由实验结果得到了激光等离子体的时间和空间演化特性。对液相基质中的激光诱导击穿谱开展了实验研究。以PVP为表面活性剂，用高强度的飞秒脉冲激光照射氯金酸水溶液制备了不同粒径的金纳米粒子。

本书可供高校、研究机构从事激光等离子体方面工作的研究者和与激光领域相关的工作者及兴趣爱好者阅读参考。

图书在版编目(CIP)数据

激光诱导固液相基质金属等离子体动力学实验研究/杜传梅著.—合肥：中国科学技术大学出版社，2023.3

ISBN 978-7-312-05555-3

Ⅰ.激…　Ⅱ.杜…　Ⅲ.激光—等离子体动力学—研究　Ⅳ.O53

中国版本图书馆CIP数据核字(2022)第237419号

激光诱导固液相基质金属等离子体动力学实验研究

JIGUANG YOUDAO GU-YE XIANG JIZHI JINSHU DENGLIZITI DONGLIXUE SHIYAN YANJIU

出版　中国科学技术大学出版社
安徽省合肥市金寨路96号，230026
http://www.press.ustc.edu.cn
https://zgkxjsdxcbs.tmall.com

印刷　安徽省瑞隆印务有限公司

发行　中国科学技术大学出版社

开本　787 mm×1092 mm　1/16

印张　10

字数　237千

版次　2023年3月第1版

印次　2023年3月第1次印刷

定价　68.00元

前　　言

脉冲激光烧蚀技术在材料处理、薄膜制备、纳米技术、微量元素分析等领域的应用越来越广泛。近几年来，尽管人们在激光等离子体的时间和空间分辨特性方面进行了大量的实验和理论研究，但是激光等离子体的形成是一个十分复杂的过程，它除了与激光、缓冲气体的诸多性质有关外，还与固液相样品的物理化学特性密切相关。激光诱导击穿光谱(Laser-Induced Breakdown Spectroscopy，简称 LIBS)就是利用激光束聚焦入射样品表面产生激光等离子体，对等离子体中原子和离子的发射光谱进行分析。高功率密度的激光辐照物体表面形成的激光微等离子体动力学研究，在研制超导薄膜、纳米材料、同位素分离、医学、生物学以及其他工业应用方面有重要的理论指导意义和广泛的应用前景。高功率密度的激光使样品表面气化，产生处于激发态的原子和离子，而激发态原子和离子的发射谱线可用于样品成分的鉴定和含量的定量分析，因此 LIBS 可运用于气体、颗粒和液体基质中的痕量分析。相比于其他成熟的定量分析技术，LIBS 技术的研究正处于发展阶段。这项技术有着潜在的高灵敏度、对分析样品的破坏性小以及可用于远程测量等特点，是当今该领域研究的热点之一。

激光-固体相互作用机理、等离子体的形成过程等还有待进一步研究。对激光烧蚀金属靶产生的等离子体光谱的研究，是探索上述过程的有效途径之一。在调研国内外有关激光等离子体动力学特性研究文献的基础上，本书对激光烧蚀标准铝样品产生等离子体的光谱特性和外加电场下电流信号的时间演化特性进行了实验研究。通过测定激光烧蚀镍样品产生的等离子体中 Ni 原子的发射光谱，我们在实验中研究了激光等离子体的时间和空间演化特性。在 350～600 nm 波长范围内测定了激光等离子体中 Ni 原子的时间和空间分辨的发射光谱，由发射光谱线的强度和 Stark 展宽计算了等离子体电子温度和电子密度，并由实验结果得到了激光等离子体的时间和空间演化特性。

近几十年来，LIBS 技术已成功地对固体样品和气体样品中的痕量元素进行了定性或半定量分析，因此我们很容易想到把该技术应用到液体样品的痕量分析中去。随着工业的发展，沿海港湾及河口地区重金属废物的排放量日益增多，因而监测重金属对海洋生态环境的影响具有特别重要的意义。并且随着我国工业化进程的不断向前推进，严重的环境污染问题愈发凸显，人们的健康和安全受到威胁。其中最严重的当属工业废水的排放造成废水中的重金属对土壤和水体的污染，而对废水中重金属元素的种类和含量实行有效而准确的检测是控制污染的必要前提。经过初步实验研究表明，与固体的 LIBS 信号相比较，虽然其检测限要高一些，但液体中的 LIBS 信号存在着特有的光谱特性，要形成能实用的分析技术，还需要大量的实验与理论研究。因此本书就液相基质中的激光诱导击穿谱开展了实验研究。同时我们也迫切地需要一种可以满足检测要求的重金属种类和含量的检测技术。诸多传统的检测方法虽具有检测精度较高、检出限较低等优点，但大都需要对样品进行较复杂的预处理，难以满足对液体中微量重金属元素的快速、多元素、在线定量分析的要求。因此本书也就液相基质中的激光诱导击穿谱开展了实验研究。在前期对实验参数优化的基础上，本书使用纳秒单脉冲 LIBS 技术，测定了含有六种元素混合溶液的 LIBS 光谱。在最优实验参数条件下，测定了等离子体的电子温度和电子密度，由元素谱线强度得到的玻尔兹曼斜线相关系数均在 0.97 以上，同时由不同元素谱线得到的等离子体的电子温度相互一致，验证了实验方案和实验数据的合理性。系统探究了随电荷耦合器件(Intensified CCD，简称 ICCD)延迟时间和样品流速变化的等离子体电子温度和电子密度演化特性。这些结果为激光诱导击穿光谱技术的应用提供了实验方案和理论支持。

本书以 PVP 为表面活性剂，用高强度的飞秒脉冲激光照射氯金酸水溶液制备了不同粒径的金纳米粒子，并通过透射电子显微镜(TEM)、紫外-可见分光光度计(UV-VIS)、高分辨率透射电子显微镜(HRTEM)、选区电子衍射(SAED)和 X 射线衍射(XRD)等手段对制备的金纳米粒子的形貌、尺寸、吸收和晶体性质进行了表征，研究探讨了各种实验参数对金纳米粒子的尺寸、粒径分布和吸收的影响。

本书共分 10 章，其主要内容如下：

第 1 章介绍了等离子体的基本概念，主要包括激光等离子体的基本性质与基本特性，常用的激光等离子体诊断手段，激光等离子体光谱的应用，LIBS 技术的特点、发展、研究现状等。

第 2 章简述了有关激光等离子体的基本理论，主要包括激光烧蚀等离子体的形成、等离子体波、激光尾波场加速、激光等离子体的空间结构、激光等离子体的几种简化模型、激光等离子体中发射光谱线的加宽和激光等离子体发射光谱的两个重要特征、激光等离子体电子温度和电子密度的计算方法、激光诱导等离子体的基本性质、辐射机制、LIBS 技术痕量分析的理论依据。

第 3 章实验研究了外加直流电场下激光等离子体中离子的特性。主要内容有：(1) 研究了电流信号强度与外加电压、缓冲气体压力和激光能量之间的关系，结果显示信号强度为非线性变化，说明等离子体中的电子和离子的形成过程较为复杂。(2) 研究了信号半高宽度与外加电压、缓冲气体压力和激光能量之间的关系，实验结果表明信号半宽随外加电压的增加而增加，随激光能量增加而减小，但随气压增加却是先减小后增加，对此结果给予了定性的解释。(3) 探讨了等离子体中离子的速度和能量分布以及离子的加速机制，计算结果表明 Al^{+} 的最可几动能为 41 eV，离子是通过等离子体中的空间静电势垒得到加速的。

第 4 章主要研究了各种缓冲气体中激光诱导铝等离子体的发射光谱特性。主要内容有：(1) 研究了激光能量和缓冲气体性质以及压力对等离子体光谱特性的影响，结果表明当激光能量超过 40 mJ 时谱线强度变化的幅度不大，在延迟时间约 3 μs 的谱线强度达到最大值，发射光谱特性强烈依赖于缓冲气体的性质。(2) 研究了缓冲气体对 Stark 展宽的影响，结果显示发射光谱的 Stark 展宽随延迟时间的增加明显减小，随缓冲气压的增加而增大，且在氩气中拥有最大值。(3) 利用发射谱线的 Stark 展宽及相对强度计算得到了等离子体的电子密度和温度，电子密度的数量级约为 $10^{17}/cm^3$，电子温度测量值约为 10000 K。最后对等离子体中电子密度的时间演化规律和局部热平衡(LTE)条件的有效性进行了讨论。

第 5 章介绍了实验装置，主要包括烧蚀激光光源、成像系统、光谱测量系统等，给出了激光 Ni 等离子体中时间和空间分辨的 Ni 原子发射光谱的实验测量结果，主要内容有：(1) 激光等离子体中 Ni 原子在 385.83 nm 和 380.71 nm 处谱线的时间分辨特性的研究。结果表明，原子的分立谱线强度和连续光谱强度都经历了随延迟时间先增加后减小的过程，但连续光谱强度随延迟时间变化的幅度要小于原子分立谱线强度变化的幅度。(2) 激光等离子体中 Ni 原子在 385.83 nm 和 380.71 nm 处谱线的空间分辨特性。结果表明，在距靶面 2.5 mm 的范围内，激光等离子体中 Ni 原子一直有很强的连续谱的分布，其上叠加着分立的原子谱线，并且连续谱的强度和分立谱的强度随着距靶表面距离的增加经历了先增强后减弱的过程。

第 6 章主要研究了激光诱导 Ni 等离子体电子温度与电子密度的时空演化特性。主要内容有：(1) 测定了激光等离子体中 Ni 原子发射光谱线的 Stark 展宽。结果表明，在相同的环境下，随着延迟时间的增加，Stark 展宽先增大后减小；随着距靶距离的增大，Stark 展宽先增大后减小。(2) 由发射光谱线的强度和 Stark 展宽的实验测定值，计算了激光等离子体的电子密度和电子温度，电子密度和电子温度的数量级分别为 $10^{16}/cm^3$ 和 10000 K，并得到了激光 Ni 等离子体电子温度和电子密度的时间和空间演化特性。

第 7 章分别报道了 $AlCl_3$ 和 $MgCl_2$ 水溶液 LIBS 光谱的实验研究结果。使用单脉冲 LIBS 技术，研究了溶液中 Al 原子和 Mg 原子 LIBS 信号的时间演化特性、激光能量对 LIBS 信号的影响和 LIBS 用于液体中 $AlCl_3$ 和 $MgCl_2$ 痕量分析的检测限等。实验结果表明，在激光能量为 40 mJ 左右时，采用本书提出的实验方法即可检测到 LIBS 信号，并且是液相 LIBS 研究报道中使用激光能量最低的，同时得到了一个较低的液体样品 LIBS 信号检测限。实验还表明，液体 LIBS 信号存在特有的时间演化特性，其 LIBS 信号的寿命相对于固体样品来说比较短，只有 30 ns 左右，同时 LIBS 信号强度上升和衰减也比较迅速。所有这些结果对 LIBS 技术应用于液相介质有一定的参考价值。

第 8 章主要利用已有的液相射流激光诱导击穿光谱测定系统，使用纳秒单脉冲激光烧蚀含有 Cr、Cd、Fe、Mn、Pb、Cu 等六种金属元素的混合溶液射流，产生了激光等离子体，测定了液相基质中这些重金属元素的激光诱导击穿光谱。在最优化实验参数下，通过测定激光等离子体中 Cu 在 324.74 nm 光谱线的峰值强度，研究了谱线强度和信噪比随 ICCD 门延迟时间、ICCD 门宽、样品流速、激光脉冲能量等实验参数的演化特性，在综合考虑谱线强度和信噪比的基础上，得到最优化的实验参数为 ICCD 门延迟时间 2000 ns、门宽 1400 ns、脉冲激光能量 30 mJ、样品流速 40 mL/min、聚焦透镜相对射流表面的距离为 247 mm。在最优化实验参数下测定了延迟时间在 500～2500 ns 和样品流速在 35～55 mL/min 范围内变化时 Mn 和 Cr 元素的部分光谱线的积分强度，由此计算得到激光等离子体的电子温度和电子密度随实验参数的演化特性，同时计算得到Mn元素第一电离态和基态、Mn元素第一电离态和Cr元素基态的粒子浓度比值，最后通过比较Mn和Cr元素的谱线强度的实验测定值和理论计算值，对激光等离子体的局部热平衡和自吸收不存在条件进行了验证。

第9章使用波长为800 nm、脉宽为30 fs的飞秒脉冲激光经聚焦后照射氯金酸水溶液来制备具有空间高度分散性的Au纳米粒子，通过测定其紫外-可见吸收光谱、透射电子显微镜谱、X射线衍射谱和选区电子衍射谱，研究了氯金酸溶液的浓度、烧蚀激光脉冲能量和表面活性剂的剂量等实验参数对制备的纳米粒子尺寸和粒径分布的影响。

第10章是对本研究的总结及以后工作的展望。

笔者在激光等离子体研究方面做了许多扎实的基础研究工作。本书内容是笔者及其研究团队在安徽理工大学多年研究的成果，取材新颖，内容丰富，数据可靠，理论与实践相结合，并且具有较强的系统性，以及具有多项创新性研究成果。相信本书的出版不仅有助于从事激光等离子体领域的研究者了解更多该领域发展变化的情况，还可以为他们提供很好的理论和实验指导。也相信本书出版必将会为在激光应用领域的深入研究奠定一定的基础，并且能进一步推动我国激光应用技术的快速发展。

杜传梅

2022年9月

目　　录

第1章 绪　论

1.1 引　言

自1960年T. H. Maiman成功研制世界上第一台红宝石固态激光器以来[1]，激光便以其独有的优势被广泛应用于各个领域，同时激光与物质的相互作用得到了广泛的研究，具体内容可参考《光物理研究前沿系列》丛书。随着激光技术的不断进步，激光强度得到快速提高。当激光强度达到10^{16} W/cm^{2}时，激光电场强度已超过原子的库仑场强，原子内的电子可以从激光场中获得足够的能量而电离出来。这意味着激光与物质的相互作用演变为激光与等离子体的相互作用。尤其是1985年，啁啾脉冲放大技术(Chirped Pulse Amplification，简称CPA)[2]的发明与应用为超短超强激光的诞生及发展奠定了坚实的基础，使激光强度很快就达到了10^{18} W/cm^2。在该强度激光作用下，电子的横向振动速度接近光速，激光与等离子体相互作用进入了相对论的范畴。目前，实验室已经能够获得聚焦强度超过10^{22} W/cm^2、单脉冲宽度小于10 fs的超短超强激光脉冲[3-4]，给人们提供了前所未有的极端光场条件，从而将激光与等离子体相互作用推进到强相对论非线性等离子体物理领域，极大地丰富了激光等离子体物理学。激光与等离子体相互作用涉及诸多物理问题，包括激光在等离子体中的传输和激光能量的吸收、等离子体波的激发、不稳定性的发展以及超热电子的产生和传输等。如此丰富的物理现象衍生出许多重要应用，如惯性约束聚变[5]、激光驱动粒子源[6-8]、激光驱动辐射源[9]等。

等离子体是指电离度大于1%的电离介质，其特征是其中的电子数与离子数基本相等。等离子体是一种带电粒子密度达到一定程度的电离气体，处于一定量的电子、离子和中性原子共存的状态。当带电粒子的密度足够大时，正、负带电粒子之间的相互作用可以使得气体体积在线度范围内维持宏观电中性，达到这种密度的电离气体有其独特的性状。用激光照射产生的等离子体称为激光等离子体。由于激光与等离子体相互作用具有复杂的非线性特征，因此对非线性科学的研究具有重要意义。鉴于各种相互作用过程十分复杂，激光等离子体物理研究通常分为两个方面：其一是研究经典碰撞占优势时强激光产生的等离子体整体特性，包括激光逆韧致吸收、能量转换和输运过程、流体力学过程以及高温高密度等离子体状态；二是研究无碰撞条件下激光与等离子体集体相互作用的过程，包括各种波的不稳定性激发和非线性相互作用以及能量反常输运过程等。

对激光诱导等离子体的形成机制的研究自20世纪70年代以来一直都有报道，现已经形成较为完整的体系，比如Colonna等人提出一个一维的与时间相关的流体动力学模型，成功地描述了激光等离子体羽形成和湮灭的过程。以TiO的激光等离子体羽为例，在局部热平衡的假设下，考虑了 TiO 内部的化学反应。利用该模型分析了对象靶在轴向方向上不同时间点的等离子体密度、温度等。近三十年来，激光诱导击穿光谱的应用研究成为该技术研究的重点和主题，激光诱导击穿光谱也开始越来越广泛地应用于燃烧[10-25]、冶金和矿业[26-31]，水和土壤污染[32-39]、空气污染和环境监测[40-41]，艺术品、食品及染料鉴定等行业[42-46]。

国内对激光诱导击穿光谱的应用研究在 2005 年之前几乎是空白，最近几年我国的研究者开始从理论型研究转向应用型研究，国内外的研究者对 LIBS 实际应用展开了深入的研究。

1. 水、土壤、空气污染领域

激光诱导击穿光谱的应用研究最早、最深入的领域是水、土壤、空气污染领域。美国洛斯阿拉莫斯(Los Alamos)国家实验室在 1996 年研制出了便携式的土壤探测仪，一次测量分析时间小于 1 min，测量深度可达 60.96 cm。为了说明激光诱导击穿光谱应用的潜力，Capitelli 和 Colao 等人通过分析土壤中的 Cr、Cu、Fe、Mn、Ni、Pb 和 Zn 7 种重金属元素，将激光诱导击穿光谱的相对标准偏差的平均值与用电感耦合等离子体发射光谱仪(Inductively Coupled Plasma Atomic Emission Spectroscopy，简称 ICP-AES)测量的相对标准偏差的平均值进行了比较。我国丁慧林等人以大气颗粒物测量为目标，研究了作为背景的空气分子的激光诱导击穿光谱，对其中的 O、N、H 等主要元素的特征谱线进行了标识，研究了水汽的激光诱导击穿光谱，分析了 O、N、H 等元素的发射谱线信号强度的变化，发现 H 的发射谱线信号强度与水汽含量之间具有很好的线性关系。

2. 燃烧、冶金领域

燃烧和冶金的工业环境恶劣：噪声大、振动大、背景光强、环境温度高等。这些恶劣的环境给传统的光谱测量方法造成了很大的局限性，很难实现在线测量。而激光诱导击穿光谱在此方面表现出极大的优越性。在燃烧领域，美国密西西比州立大学的检测分析实验室最早进行了系统的研究，主要应用于烟气的在线测量。目前已经研究开发了便携式的烟气在线分析仪。另外，澳大利亚的洁净能合作研究中心也研究开发了煤质离线快速分析仪，一次可以同时分析原煤中的 20 多种元素。该研究中心研究对象仅仅是含水量很高的褐煤，而目前火电厂主要以烟煤和无烟煤为主，研究的内容也局限于对煤炭中次量元素的检测限和测量精度，没有研究激光与煤相互作用的内部物理机制。1997 年美国能源局和环保局联合了 8 家研究机构对烟气中 As、Be、Cr、Cd、Pb 和 Hg 6 种元素排放的连续控制、多道分析进行了研究。我国在燃烧方面主要是华中科技大学煤燃烧国家重点实验室陆继东等人利用 LIBS 技术对煤质及粉煤灰成分的定标检测及相应的实验影响因素，如对激光能量、延迟时间等进行了研究。在冶金领域，激光诱导击穿光谱的应用主要表现在两个方面：一是利用它的快速在线测量的优点，通过对冶金对象在线监测信息的反馈来远程指导冶金过程；二是通过对矿石分析实现矿石勘测的目的。由于冶金环境温度高，测量分析时一般加一个前置的光纤探头。J. Gruber 等人在实验中，用一束长为 12 m 的光纤将等离子体辐射光信号传到分光仪器进行分光、检测。

3. 其他领域

激光诱导击穿光谱不仅在上面提到的两个领域得到广泛应用，同时也在皮肤和骨骼测量、古艺术品鉴定等领域常有应用。在这些领域能得到长足的应用，主要是利用激光诱导击穿光谱的局部分析区域小、空间分辨率高、不破坏分析对象和能分析难熔物质等优点。

综上所述，国际上对激光等离子体的理论研究主要是从物理研究的角度，研究等离子体产生的机制、外界环境（气压等）和仪器本身参数对激光等离子体的影响等；对激光等离子体的应用研究主要侧重于研究不同对象的测量检测限和不同领域的应用开发等。LIBS煤质测量的研究大部分集中在煤粉粒径、密度、激光参数等实验参数对煤的等离子体特征的影响方面，对其中复杂的基体效应主要通过数据预处理方法进行修正。而针对挥发分对煤等离子演化过程和基体效应的影响并未做深入的实验研究，因此还需要对激光-煤相互作用过程和不同煤种等离子体光谱特性差异中煤的挥发分含量高低的影响进行深入研究，获得煤等离子体的时空分布和演化特性及热效应的影响，也可以进一步指导、建立、修正LIBS测量煤质的基体效应的实验方法和数据分析优化方法，提高测量的准确性和精度。

近年来，以激光等离子体为基础发展起来的LIBS[10-13,47-52]光谱技术、激光共振烧蚀[51]（RLA）光谱技术用于微量物质含量的定量分析、激光溅射研制各种薄膜[52]等，都要求对激光等离子体的动力学性质有深入的研究。因此，激光等离子体动力学性质和激光等离子体技术的应用研究一直备受人们的重视。

实验表明，当用低能量密度激光照射固体样品表面时，利用非常灵敏的诊断手段也只能探测到少数原子和离子。通常，从样品表面溅射出的这些粒子数量与激光能量密度关系是非线性的。即使提高激光的重复率也难以产生可测量的烧蚀深度，说明激光的功率密度低于烧蚀阈值或接近烧蚀阈值。如果进行激光诱导薄膜生长，通常要求有一定的沉积速率，对许多样品材料，只有在很高温度下，也就是说要有足够高的激光能量密度，才能产生有价值的气化过程。当激光能量逐步增加时，在激光照射下先出现样品的气化，紧接着气化产物（原子、离子、分子以及各种碎片微粒）进一步吸收激光能量，产生发光的等离子体雾气。由此可以定义两个阈值：即出现有价值的气化速率和出现发光等离子体雾气。在激光照射过程中，热扩散和热辐射对激光等离子体的形成会产生一定的影响。但是如果采用高功率的短脉冲激光，则快速激光加热（加热速率为10^{11} K/s）可以克服热扩散和热辐射导致的能量损失。

当脉冲激光束的功率密度超过聚焦区域靶材料的击穿阈值时，高温、高密度的等离子体就形成了，于是在聚焦点处出现一道明亮的闪光，并伴随着一声爆裂的响声。等离子体中的闪光来源于如下几种过程：

(1) 自由电子的韧致辐射过程（free-free跃迁）；

(2) 电子与离子的复合过程（free-bound跃迁）；

(3) 束缚电子态之间的跃迁（bound-bound跃迁）。

对于激光诱导的等离子体，大量实验研究结果表明，等离子体中的粒子处于局部热平衡（LTE）状态。在局部热平衡条件下，原子或离子的两个束缚态1和2分别对应布居数n_1和n_2之间的关系，服从玻尔兹曼定律，即

$$\frac{n_1}{n_2}=\frac{g_1}{g_2}\exp\left(\frac{\varepsilon_2-\varepsilon_1}{k_B T_e}\right) \tag{1.1}$$

式中，g_1、g_2分别为能级1和2的简并度，k_B为玻尔兹曼常数，T_e为电子温度。单重电离离子对原子比率可由Saha方程[53]给出，即

$$\frac{n_i}{n_n}=\frac{2Z_+}{Z_0}\frac{(2\pi m_e k_B)^{3/2}}{h^3}\frac{T_e^{3/2}}{n_e}\exp(-U_i/k_B T_e) \tag{1.2}$$

其中，n_i、n_n、n_e分别为一价离子、中性原子以及电子数密度（/cm^3），Z_0、Z_+分别为原子或

离子的配分函数，m_e 为电子静止质量，h 为普朗克常数，T_e 为等离子体温度(K)，U_i 为原子的第一电离电势(eV)。由于高温，中性原子和电子碰撞而电离，随着温度的升高，离子对中性原子的比率增长很快。

1.2 激光等离子体的基本性质与基本特性

1.2.1 激光等离子体特性的动力学理论

设激光脉冲的脉宽为纳秒量级，烧蚀样品为金属靶。激光束前沿部分的能量实现对靶面的烧蚀，此时靶材料的蒸发过程就开始了；接着，激光束的后续部分能量被靶面附近蒸气进一步吸收，使得靶蒸气受到进一步的加热和电离，随后高温高密度的等离子体就形成了。在等离子体的形成过程中，虽然在激光照射初期，一些离子可以直接从靶面气化出来，但形成等离子体的大量电子与离子主要归因于激光与靶蒸气的相互作用。

在激光照射过程中，原始样品蒸气中含有一定数量的自由电子，这是热电离和光致电离的结果。靶蒸气对激光的吸收过程主要有两种情况。一种是逆韧致辐射(Inverse Bremsstrahlung)吸收，自由电子从激光束中获得动能，然后通过同基态和激发态中性原子的碰撞使得靶蒸气进一步激发和电离(电子碰撞电离，EI)。第二种吸收机制是激发态原子的光致电离(PI)，因为在足够高的激光强度下，基态及激发态原子会产生多光子电离(MPI)。光致电离产生的电子密度的增加以及中性原子受电子碰撞而处于激发态的概率增加，导致处于激发态的中性原子密度增加，从而进一步增加了光致电离的效率，这样蒸气电离程度的增加将会使得逆韧致辐射过程吸收激光光子的概率显著增加。由上述两种机制之间的耦合导致靶蒸气击穿电离，使得相对温度较低的中性蒸气很快转变为高度电离和高温的等离子体。由于逆韧致辐射吸收的效率正比于激光波长 λ 的 3 次方[54]，因此第一种吸收机制主要适用于可见激光，第二种吸收机制主要适用于紫外激光。

当有缓冲气体存在时，固体表面附近的缓冲气体也因受激光照射发生击穿，形成缓冲气体等离子体。于是，那些从固体表面喷发出的样品原子、分子、离子、颗粒等将进入缓冲气体等离子体。在高温等离子体内由于粒子间的碰撞，雾状蒸气云中的各种颗粒将进一步分解为分子、原子，原子离解为离子，电子与离子复合为原子等。这些过程可以用图 1.1 示意说明。

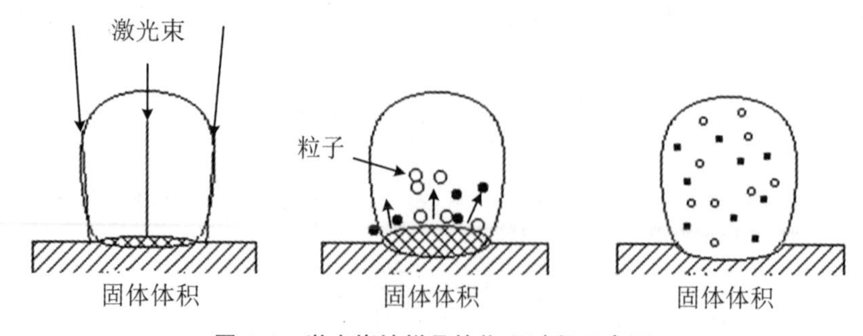

图 1.1 激光烧蚀样品的物理过程示意图

1.2.2 激光等离子体特性的激波理论

在实际应用中，脉冲激光烧蚀(PLA)通常是在一定的缓冲气体中进行的。当激光功率密度超过某个阈值时，缓冲气体将参与等离子体的形成，产生等离子体激波(Shock Wave)[55]，这时基于热力学理论为基础的动力学模型对一些现象很难解释。根据在缓冲气体中传播出现的激波现象，引入了激波理论。激波是在等离子体雾气急剧膨胀，对周围气体产生压缩而在气体中形成的密度波。在激光辐射靶面之初的数纳秒内，靶面即有原子喷出，于是产生绝热压缩和激波。由于喷出的原子与激波波前之间强烈地相互挤压产生热能，使得激波激发区域内的原子受到激发，此时等离子体中的温度约为 9000 K[56]，喷出原子的运动类似于在大气中子弹的推进。在膨胀之初，喷出的粒子与激波波前几乎占据同一空间，并同时前进，但由于缓冲气体的存在，阻碍了喷出原子的前进。不久，前进的原子由于失去能量而减速下来，此时喷出的原子及团簇仅以剩余动量前进，于是激波波前与原子之间的距离逐渐增加，压缩也不再保持。由于缓冲气体在激波经过之后保持高温状态，等离子体中含有大量热能，其冷却过程将是缓慢进行的。

1.2.3 激光等离子体的基本特性

等离子体是指电离度大于1%的电离介质，其共同特征是其中的电子数与离子数基本相等。以激光为能源产生的等离子体称为激光等离子体。近几十年来[57-79]，由于激光溅射研制薄膜和纳米膜技术、激光痕量分析技术和固体表面、半导体材料的微区特性分析技术的不断发展，要求研究者们对激光等离子体的动力学性质进行深入的研究。此外，作为一种新的分析手段，激光等离子体技术越来越引起人们的重视。

高功率激光能将各种材料气化为等离子体，为元素分析提供了一种独特的方法。激光等离子体技术的应用大致可分成两类：一类是提供有效的原子源，其原理是将激光作为材料的烧蚀光源，首先产生各种元素的气相原子源，再使用各种光谱技术手段(吸收光谱、激光诱导荧光、时间飞行质谱分析等)对等离子体中的原子或离子进行研究；另一类是提供有效的原子光源，其原理是直接对激光诱导等离子体中原子或离子的发射光谱进行测定，探讨激光等离子体的各种特性。

1.3 常用的激光等离子体诊断技术

1.3.1 质谱分析

对激光等离子体进行质谱分析时常用时间飞行质谱(TOF-MS)分析仪[80]。它对初始时刻从样品表面溅射出的粒子进行质量检测。时间飞行质谱分析仪基本上由四个部分组成：激光电离室、离子透镜、离子漂移室与离子信号收集器。通常，在离子透镜上加直流负高压，由激光电离产生的正离子在能量栅的直流高压作用下，使离子加速而获得一定的速度 v 进入漂移室。在漂移室终端设置离子收集器。常用的离子收集器有微通道板(MCP)或通道倍增器等。

漂移室中离子的速度 v 为

$$v = (2eV/M)^{1/2} \tag{1.3}$$

设漂移室的长度为 L，则离子所需的漂移时间 t 为

$$t = L/v = L\left(\frac{M}{2eV}\right)^{1/2} \tag{1.4}$$

由上式可知，在一定的加速电势 V 的作用下，质量小的离子可以获得较大的速度，所需的漂移时间也短，则到达收集器的时间就短。收集器收集到的离子经 MCP 或通道倍增器放大后输出。不同质量的离子到达收集器的时间不同，输出的离子信号时间也就不同，从而鉴别出不同质量的离子。

如果要探测中性粒子的质量，可先用经一定延迟时间后的脉冲激光照射，可通过单光子电离或共振增强多光子电离过程，将中性粒子电离成离子，然后把电离产物即离子引入 TOF-MS 来检测。

通常，在较低离子密度条件下，采用质谱诊断是非常有效的。在理想情况下，热平衡时粒子速度服从麦克斯韦分布，即

$$f(v) \sim v^2\exp(-Mv^2/2kT) \tag{1.5}$$

当考虑到粒子间的相互碰撞，可用 Shifted 或者称为 Center-of-Mass Maxwell-Boltzmann (CMMB)分布来修正，此时分布函数为

$$f(v) \sim v^3\exp(-M(v - v_{cm})^2/2kT) \tag{1.6}$$

当激光功率密度接近烧蚀阈值时，质谱研究结果显示如下特征：

(1) 烧蚀产物的数量与激光能量不是线性依赖关系；

(2) 存在烧蚀阈值；

(3) 离子平动速度比原子快；

(4) 烧蚀产物的速度分布随激光波长发生变化。

当进一步增加激光能量时，等离子体的粒子速度分布呈现出气相碰撞的特征，在等离子体的高密度区，由于极短的 Debye 长度使得质谱检测无效。

1.3.2 离子微探针

对激光等离子体而言，静电离子探针[81]也是一种非常有效的探测手段。离子探针技术的最大优点是可以得到等离子体中局部区域的信息，如局部区域的电子密度和温度等。简单的离子探针由能浸入等离子体中的微电极和相关的电子设备组成，在探针上加上正的或负的偏压。当加负偏压时，得到的是正电流信号，电流大小反映了到达探针的离子通量 $[N(t)v(t)]$，收集到的电流信号经电流放大器放大后由输出设备输出，典型的实验装置如图 1.2 所示。对稳态等离子体，在探针表面附近会形成薄的等离子体鞘，等离子体鞘的厚度取决于探针上的偏压电势和等离子体中电子、离子密度。高密度等离子体屏蔽了探针电势

对等离子体内带电粒子的作用，只有那些距离探针表面 1 deb① 范围内的带电粒子才能得到加速或减速。

除了上面提到的静电探针外，还有测量等离子体磁场分布的感应式磁探针，测量等离子体密度和温度的激光探针(利用激光通过等离子体时产生光程差来设计的干涉仪)，以及微波探针等。

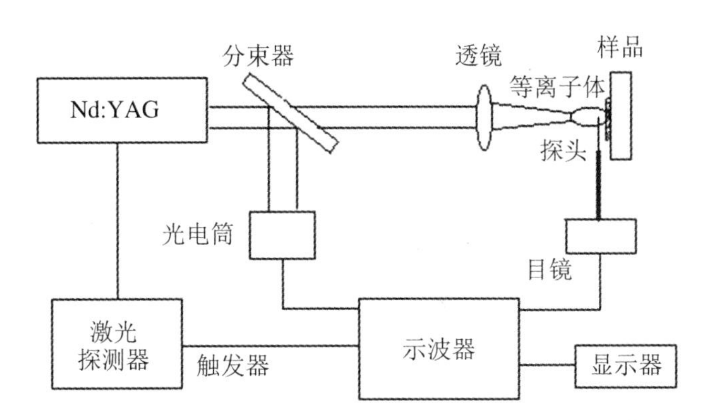

图 1.2 离子探针测量脉冲激光烧蚀固体样品电信号的实验装置

1.3.3 光学光谱

近年来，随薄膜的激光溅射技术、同位素激光富集技术、激光痕量分析技术等研究的发展，要求人们对激光等离子体的性质进行深入的研究。此外，作为一种新的分析手段，激光等离子体技术越来越引起了人们的重视。同时，等离子体的温度、密度、介电性、稳定性等特性是天体物理、空间物理等研究领域中不可缺少的参数[82]，但由于天体和空间的特殊性，我们不可能直接测量这些必要的等离子体参数，然而，我们可以通过实验室产生的等离子体进行模拟。激光烧蚀金属产生等离子体便是重要的研究途径之一。

一般而言，激光烧蚀等离子体的测量方法使用最多、最广泛的主要有各种静电探针法、微波和激光干涉量度法与全息法、质谱法、光谱法等。在这几种方法中，静电探针法应用于测量激光等离子体方面，比较受局限；而光谱法所使用的仪器相对简单，采用不接触测量，不会影响等离子体的状态，从而广泛地应用于等离子体性质的研究和参数的诊断。而且，光谱法对于我们实验室的装置来说是比较适宜的。用光谱法研究激光烧蚀等离子体时，可以分为等离子体发射光谱法和吸收光谱法。而发射等离子体光谱又有下面两种基本的实验技术：

(1) 时间分辨光谱。激光烧蚀等离子体从产生到消失，其等离子体成分间有非常复杂的相互作用，并随时间而变化，是一个动态变化过程。表现在激光烧蚀等离子体各发光成分的光谱随时间的推移，有不同的演化行为。而对不同时间等离子体发射光谱的测量(时间分辨光谱)，就能够对这一过程进行分析和研究，时间间隔越小，精确度越高。

(2) 空间分辨光谱。等离子体的光辐射，在空间形成一个较大的辐射区，即等离子体羽，不能视为发光点源。同时，从本小节对激光烧蚀等离子体形成的微观机理的讨论可知，

① 1 deb≈3.33564×10^{-30} C·m。

在形成等离子体的两步过程中，等离子体各成分及它们的相互作用沿靶面有不同的分布。通过对等离子体羽空间不同位置光谱的测量(空间分辨光谱)，可以对此进行观察和研究。

因此，通过对等离子体时间、空间分辨光谱的测量，可获得等离子体中不同组分及其状态的演化特征，有助于人们了解等离子体羽的形成和膨胀规律。特别是发射谱的测量，反映了处于激发态的原子、离子的状态变化，它们对了解烧蚀过程中的有关物理化学过程特别重要，也是材料气相沉积中最为关注的内容。

光学光谱测量是一种简单而又常用的获取激光烧蚀产物信息的测量手段，并且是一种实时探测技术。通常根据原子、离子和分子的谱线来鉴别出等离子体中存在的物质成分。

激光等离子体是一个相对高温的体系，例如将短脉冲 YAG 激光束聚焦，所产生的等离子体的电子温度可高达 20000 K。在这样的高温体系中的物质都是以气相分子和原子存在的，同时由于粒子间的激烈碰撞又使这些分子或原子电离为离子，而且这些分子、原子和离子处在各个不同的能量状态，由于能级之间的跃迁，使等离子体具有丰富的发射光谱。激光等离子体的发射光谱有如下两个重要特征[83]。

第一个特征是有很强的连续背景。实验表明在激光激发初期，连续背景是很强的，连续背景产生的原因可结合图 1.3 加以说明。如图所示，在原子的离化限以上是能量的连续区，接近离化限处有一片准连续区，这是由于高密度的电子、离子电场以及高温展宽了原子与离子能级，它们彼此靠得很近以致重叠。等离子体温度越高，电离程度越高，准连续区也越宽。电子在连续区或连续与分立能级间的跃迁构成了连续光谱，由于连续跃迁的范围很大，连续光谱覆盖了紫外到红外区域。影响连续背景的因素有很多，如等离子体温度、电子密度、缓冲气体的性质和压力等。

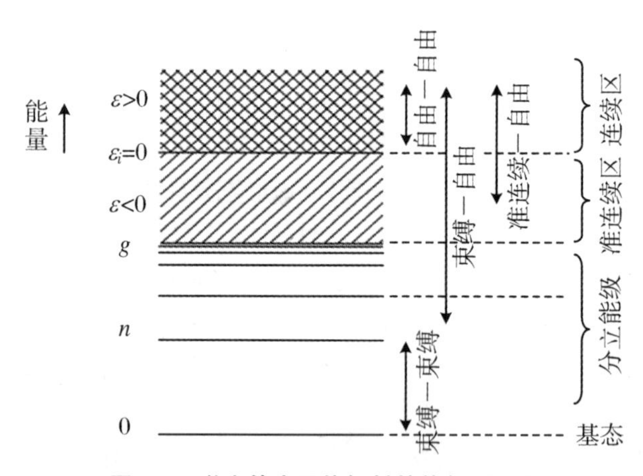

图 1.3　激光等离子体辐射的能级跃迁图

从时间分辨光谱图上可以发现，激光等离子体的连续背景辐射持续时间很短。在激光照射后延迟时间<1 μs 时，原子与离子谱线的线宽很宽，且离基线很远，说明有很强的背景辐射；当延迟时间达到几微秒以上时，原子或离子谱线降低到基线附近，这时线宽变窄，说明连续背景已减弱。

第二个特征是分立原子、离子和分子谱线具有明显的时间演化特性。时间分辨测量表明，各分立谱线的强度是随时间演化的：① 在相对激光延迟时间<1 μs 时，可以观察到较强的离子谱线，其强度随时间快速上升，随后又快速衰减下来；而原子谱线的强度增长和下降速度则比较平缓。② 当延迟时间达到几微秒时，谱图中主要是丰富的原子或分子谱线。

1.4 激光等离子体光谱的应用

由于激光烧蚀可实现物质蒸发与气化，对于那些难熔的金属，这点特别有意义。因此，激光等离子体的发射光谱可用于高灵敏度的痕量元素检测。激光等离子体发射光谱可以在许多场合得到重要的应用：

(1) 不同材料(金属、陶瓷、高聚物等)的多元素痕量分析：特别是对于那些难熔元素，用传统的原子化方法难以获得分析灵敏度所需的原子浓度。此外，激光烧蚀方法还可以用于在线分析。检测灵敏度与元素种类及测试条件有关，一般绝对检测限可达到 $10^{-15}\sim10^{-13}$ g 的量级。

(2) 固体表面分析：利用高光束质量(高稳定度与单模光束)的激光，光束聚焦光斑直径 <0.1 mm。将样品对光束相对移动时，可以测量出固体中的各种元素含量及其空间分布情况，因此这是一种重要的产品质量分析与检验手段。

(3) 气体分析：利用激光诱导等离子体的发射光谱，可以对气相物质中的杂质元素进行定量分析。

(4) 液体分析：短脉冲激光与液相表面相互作用，也可产生等离子体，因此用激光诱导等离子体的发射光谱可以对液相样品中的元素进行定量分析。

1.5 激光诱导击穿光谱技术的基本特点

利用聚焦的强激光束入射固体靶表面产生激光等离子体，对等离子体中原子和离子发射谱进行杂质元素分析，这一过程叫作激光诱导击穿光谱。然而用低能量密度的激光照射样品表面时，即使用非常灵敏的检测手段也很难检测到原子或离子的发射光谱信号，提高激光的重复频率也难以产生可测量的烧蚀深度。对于不同的样品材料，样品表面在一定功率密度激光照射下，表面上的物质在极短的时间内产生极高的温度，并发生气化和原子化过程，此时的激光功率密度称为烧蚀阈值。增加激光能量可以产生两种域值效应，即有意义的气化速率和发光等离子体羽的出现，这两种域值效应可由气化过程和由此产生的气化产物对部分激光能量的吸收过程来描述。在一定激光功率密度下，激光的快速加热速率(10^{11} K/s)可以克服热扩散和热辐射带来的能量损失，当聚焦后的激光束功率密度超过聚焦点附近靶物质的击穿限时，即可形成高温、高电子密度的等离子体，具体表现为可见到的强烈火花，并伴随响声。由于激光等离子体的温度很高，使得等离子体中含有激发态的原子、单重和多重电离的离子以及自由电子，因此在激光等离子体的形成过程中能检测到原子和离子的发射光谱。

虽然激光等离子体动力学特性的研究一直备受关注，但在将激光等离子体中的发射光谱应用于痕量杂质成分分析方面，自从 Brech[84] 在 1962 年首次报道这项技术用于测定气体、固体、液体基质中元素的含量的可能性后，在近二十几年来才引起人们的广泛关注。尽管由于该项技术所得到的检测灵敏度和检测限尚不能与传统、成熟的光谱分析方法相比，但光谱化学工作者已经开始认识到它具有极重要的应用潜力。这是由LIBS的自身特点决定的,它具有快速、灵敏以及可在现场同时测量多元素的优点,所以有可能被广泛应用于大气、工业污水和金属合金中的痕量元素分析。通过对等离子体发射谱线的分析,可以推断得到所研究物质的组成,并且谱线强度与所含物质含量相关,因此可以用作定量分析。这一技术与原子发射谱等常用分析方法相比,主要有以下优点:

(1) 激光诱导击穿光谱技术探测原子发射光谱,使用高能量脉冲激光器作为激发光光源。LIBS可以分析任何物理状态下的样品(固态、液态、气态甚至泥浆、气凝胶等)。所有的物质被激发到足够高温度时都将发光,因此,只要具备产生足够强能量的激光器,以及灵敏度和波长范围足够广的光谱仪和探测器,LIBS能够测量样品中包含的所有物质。

(2) 样品准备简单,几乎不需要对样品进行复杂的处理,并且破坏性小,在LIBS探测过程中只有极少量样品被激光烧蚀,基本认为是无损伤的。

(3) 所需样品量少,LIBS分析技术是将激光聚焦后照射到待测样品表面,只需少量的样品被入射激光烧蚀。

(4) LIBS装置中采用光纤传输可用于现场在线分析和远程分析。采用合适的光纤系统传送激光束同时收集所形成等离子体的发射光谱能够实现远程分析,尤其是在危险和有毒环境下,如核反应堆周围和钢铁熔化过程等。这很大程度促进了LIBS技术在高危环境和空间探索领域中的使用。

虽然LIBS具有上述独特的优点,但要使它发展成一项成熟的具有高灵敏度、高检测限的定量分析技术,还有大量的研究工作要做。这是由于该项分析技术依赖于许多因素,如激光等离子体光谱的动力学特性、待分析样品的物理和化学性质以及样品表面几何和机械特性、样品的基质效应、分析线的选择、背景信号的抑制、信噪比的提高等,这些因素对LIBS的影响以及确定最佳的实验测定条件都有待于进一步研究。目前,激光诱导击穿光谱分析技术的检测限尽管有所提高,但依然无法达到其他光谱探测分析技术的水平。LIBS技术目前在固体方面的检测限多在ppm① 量级,与电感耦合等离子体光谱(ICP)等技术的检测限还有较大的差距。同时存在的问题是,LIBS技术达到较高的检测限依然是在严格的实验条件下,监测样品多置于充满缓冲气体的低压真空腔中。

尽管激光诱导击穿光谱技术存在一些目前尚未完全解决的自身或技术问题,但它毕竟是一项正在成长的年轻技术,有待于进一步挖掘和研究,并具有诱人的应用前景,为广大科研者所痴迷。许多光谱分析研究者通过全面测定各种不同元素的光谱特性,为推动LIBS技术的应用发展进行了有意义的研究与探索。本实验的研究成果为LIBS技术在液相样品的应用提供一定的实验支撑和指导。

1.6 激光诱导击穿技术的发展与研究现状

LIBS技术能够对很大范围内的材料进行检测和分析,包括金属、陶瓷、半导体、聚合物、药物、牙齿、土壤、矿物质、木材和纸张等。在液体方面的应用也十分广泛,覆盖了熔化的金

① 1 ppm $=1.0\times10^{-6}$。

属、玻璃、生物溶液、环境水污染监测等方面。

1.6.1　固体样品的LIBS分析

LIBS技术可用于导体和绝缘体固体样品的分析。一般情况下，固体的击穿阈值低于气体，因此所需激光能量相对较低。近几十年内对固体样品的研究较多，已经可以对多种固体样品中的重金属痕量元素进行定性或定量分析。

Hwang等研究人员使用ArF准分子激光器对Cu、Zn、Ni合金及铁合金进行研究，实验测得的谱线发射强度与实际含量十分吻合[85]。

Castle等人通过实验研究了如何改进固体样品LIBS信号的重复性，以及激光脉冲能量、缓冲气体、表面清洁度和光滑度等因素对重复性的影响[86]。

对于土壤和混凝土的探测是LIBS技术的另一挑战性领域。Cremers研究小组使用光纤传导的LIBS技术对土壤中的Ba和Cr进行检测，得到的检测限分别是26 ppm和50 ppm[87]。Yamamoto等研究人员使用便携式LIBS系统对含有有毒性重金属元素的土壤进行检测，结果得到土壤中Ba、Be、Pb、Sr的检测限分别为265 ppm、93 ppm、298 ppm和42 ppm，此仪器是工作电压为115 V包含CCD探测器的手提式装置[88]。由于LIBS技术在用于土壤检测的准确性方面受众多因素影响，目前更适宜用于污染严重的土壤区域的初始边界划分。

Pakhomov等人利用LIBS技术对混凝土中所含的铅元素进行痕量分析，他们使用频率为10 Hz的调谐Nd：YAG激光器对含有不同含量的铅元素的混凝土进行了定量分析。实验得到的最佳延迟时间为3.0 μs处，检测限达到10 ppm[89]。

油漆中含有的重金属铅被视作健康的潜在威胁。Yamamoto研究小组使用便携式LIBS分析系统对油漆表面铅含量的监测可行性进行了分析，实验得到油漆中铅元素的检测限为8000 ppm[90]。

Straits等研究人员采用双激光脉冲系统设计了一种能够有效提高等离子体辐射强度的方法。在操作技术中，首先用一束平行于样品表面的脉冲激光在样品表面上方几毫米处聚焦，产生一个空气等离子体，几微秒后，另一激光束经过空气等离子体垂直聚焦于样品表面，形成用于光谱分析的等离子体。用LIBS方法研究铜和铅样品时，测得信号强度比没有空气等离子体时分别提高了11和33倍[91]。

国内对LIBS技术的研究多集中在激光诱导等离子体的发射光谱特征研究方面，通过实验的方法对某种金属的光谱特性加以分析，如时间演化变化及对光谱信号的影响因素加以讨论。黄庆举对脉冲Nd：YAG激光器烧蚀金属铜过程中的烧蚀靶和吸收靶上电荷的时间分辨测量时发现，烧蚀靶上产生离子和高能电子，高能电子较离子率先从靶面射出，并且认为电子的韧致辐射是激光诱导等离子体连续辐射的主要机制[92]。

宋一中等人利用时空分辨技术采集激光等离子体的时间飞行谱，根据Al等离子体连续辐射强度的时间分布规律，认为在激光脉冲作用到靶上的瞬间，韧致辐射占主导地位；在等离子体演化初期，复合辐射和韧致辐射共同产生等离子体的连续辐射；在等离子体演化后期，其连续辐射则主要是韧致辐射产生的[93-94]。不同的环境气体和气压对激光等离子体的辐射的影响是明显的。用Nd：YAG激光器(145 mJ)在压强为100 Pa的环境中，实验研究了Al等离子体的连续辐射、连续辐射的吸收和Al原子谱线辐射的时间演化规律及其相互关系，认为与常压下的情况十分相似。

满宝元等人利用时空分辨诊断技术，研究了脉冲激光烧蚀不同气压下金属靶中产生的等离子体羽的特性，实验证明，在大气压力下观测不到 Al^{2+} 离子的信号，而在真空条件下能清楚地观测到[95-96]。

崔执凤研究小组从描述等离子体中电子密度随时间演化的方程出发，讨论了稳定或准稳定相、电离相、复合相的等离子体中的电子密度的近似表达式，并通过实验测定了准分子激光诱导等离子体中 Mg 原子和离子谱线宽度随时间的变化关系，由此探讨了等离子体中电子密度随时间演化的行为和机理[97]。结果表明，在等离子体形成的前 200 ns 内，根据离子线的线宽得到的电子密度随时间的变化曲线与电离相方程式描述的规律一致；超过 200 ns 后，电子密度随时间的变化规律与复合相方程显示的特性相符。张延惠利用 Nd：YAG 激光器烧蚀 Al 靶产生等离子体，对激光烧蚀 Al 靶时的气体电离现象进行了分析[98]。

1.6.2　液相样品的 LIBS 分析

激光脉冲与液体相互作用的机制研究广泛。但直至 1984 年，LIBS 技术才开始用于液体成分的分析[99]。A. De Giacomo 等人使用双脉冲激光作用于海水的内部[100]，LIBS 信号用光纤收集传送到单色仪和 CCD，当能量达到 100 mJ 时探测到了 Na 原子 LIBS 信号，其强度与大气环境下探测固体样品的 LIBS 信号相当。然而，使用单脉冲激光方法对液体的研究鲜有报道。对于液体样品而言，LIBS 技术所要解决的关键性问题在于探测的灵敏度和稳定性，液体内单脉冲激光方法产生的 LIBS 信号灵敏度和稳定性远低于固体样品，因此需要研究不同于固体样品的实验技术来提高探测灵敏度和稳定性，实现对液体样品中微量元素的实时定量分析。

Aragon 等研究人员根据 LIBS 技术原理探测了熔化的钢铁中碳元素的含量[101]，实验中使用 Nd：YAG 激光器，波长为 1064 nm，脉冲能量为 200 mJ，脉宽为 8 ns，检测限为 250 ppm。

为了探测水溶液中的重金属元素，2002 年 Charfi 等人通过把单脉冲激光直接聚焦垂直作用在容器中的液体表面[102]，LIBS 信号用光纤收集传送到光谱仪和 ICCD，当激光能量达到 180 mJ 时可以探测到 LIBS 信号。这种方法困难之处在于，当激光作用于液面时，液面产生激波，降低了实验的重复性，所以他们使用了频率为 0.2 Hz 的激光以减小激波对实验的影响。另外，为了减少液体溅射对 LIBS 信号的吸收，光纤从液面上 60°角方向收集 LIBS 信号。

2004 年，A. De Giacomo 等人将激光束直接聚焦到 $AlCl_3$、NaCl、LiF 等液体内部[103]，再收集等离子体信号。当激光能量达到 400 mJ 时可以探测到 LIBS 信号，但因为在液体内部等离子体形成后冷却得较快，在连续背景光谱衰减之前离子与电子已经复合成了中性原子，所以实验只检测到了样品中中性金属元素的原子谱线，离子谱线未能观测到。另外，当这种方法用于有颜色或浑浊的溶液时，LIBS 信号的检测限较低，同时等离子体热效应所产生的气泡对入射激光束和等离子体信号都有散射作用，直接影响信号的强度。

参 考 文 献

[1] Maiman T H. Stimulated optical radiation in Rudy[J]. Nature,1960,187: 493-494.

[2] Strickland D, Mourou G. Compression of amplified chirped optical pulses[J]. Optics Communications,1985,56(3): 219-221.

[3] Bahk S W, Rousseau P, Planchon T A, et al. Generation and characterization of the highest laser intensities (10^{22} W/cm^2)[J]. Optics Letters, 2004, 29(24):2837-2845.

[4] Mourou G A, Fisch N J, Malkin V M, et al. Exawatt-Zettawatt pulse generation and applications [J]. Optics Communications, 2012, 285(5):720-726.

[5] Atzeni S, Meyer-ter-Vehn J. The physics of inertial fusion[M]. New York: Oxford University Press, 2004: 1-480.

[6] Esarey E, Schroeder C B, Leemans W P. Physics of laser-driven plasma-based electron accelerators [J]. Reviews of Modern Physics, 2009, 81(3):1229-1285.

[7] Daido H, Mamiko N, Alexander S P. Review of laser-driven ion sources and their applications[J]. Reports on Progress in Physics, 2012, 75(5):056401.

[8] Macchi A, Marco B, Matteo P. Ion acceleration by superintense laserplasma interaction[J]. Reviews of Modern Physics, 2013, 85 (2):751-793.

[9] Corde S, Phuoc K T, Lambert G, et al. Femtosecond X rays from laser-plasma accelerators[J]. Reviews of Modern Physics, 2013, 85(1):1-9.

[10] 南维刚，出口祥啓，王焕然，等. 减少二氧化碳对 LIBS 检测飞灰中未燃碳含量影响的研究[J]. 光谱学与光谱分析，2018，38(1)：258-262.

[11] 姚顺春，陈建超，陆继东，等.C-Fe 谱线干扰修正对飞灰含碳量 LIBS 测量的影响[J].光谱学与光谱分析，2018，35(6):1719-1723.

[12] 田照华，董美蓉，陆继东，等.LIBS 应用于甲烷层流扩散火焰空间分布研究[J].激光技术，2018，42(1):60-65.

[13] 姚顺春，陆继东，潘圣华，等.粉煤灰未燃碳的深紫外激光诱导击穿光谱分析[J].中国激光，2010，37(4):1114-1117.

[14] 张志昊，宋蔷，Alwahabi Z T，等.火焰发射光谱对 K 元素激光诱导击穿光谱测量的影响[J].光谱学与光谱分析，2015，35(4):1033-1036.

[15] 史艳妮，娄春，傅峻涛，等.基于激光诱导击穿光谱的火焰中元素分析系统[J].实验室研究与探索，2019，38(2):54-57.

[16] Ctvrtnickova T, Mateo M P, Yanez A, et al. Application of LIBS and TMA for the determination of combustion predictive indices of coals and coal blends[J]. Applied Surface Science, 2011, 257: 5447-5451.

[17] Li S S, Dong M R, Luo F S, et al. Experimental investigation of combustion characteristics and NO_x formation of coal particles using laser induced breakdown spectroscopy[J]. Journal of the Energy Institute, 2019, 9(4):1-9.

[18] Gaft M, Dvir E, Modiano H, et al. Laser induced breakdown spectroscopy machine for online ash analyses in coal[J]. Spectrochimica Acta Part B, 2008, 63:1177-1182.

[19] Ctvrtnickova T, Mateo M P, Yanez A, et al. Characterization of coal fly ash components by laser-induced breakdown spectroscopy[J]. Spectrochimica Acta Part B, 2009, 64:1093-1097.

[20] Palasti D J, Metzinger A, Ajtai T, et al. Qualitative discrimination of coal aerosols by using the statistical evaluation of laser-induced breakdown spectroscopy data[J]. Spectrochimica Acta Part B, 2019, 153:34-41.

[21] Stankova A, Gilon N, Dutruch L, et al. A simple LIBS method for fast quantitative analysis of fly ashes[J]. Fuel, 2010, 89:3468-3474.

[22] Liu Y Z, Wang Z H, Kaidi Wan Y L, et al. Inhibition of sodium release from Zhundong coal via the addition of mineral additives:A combination of online multi-point LIBS and offline experimental measurements[J]. Fuel, 2018, 212:498-505.

[23] Ctvrtnickova T, Mateo M P, Yanez A, et al. Laser induced breakdown spectroscopy application for ash characterisation for a coal fired power plant[J]. Spectrochimica Acta Part B, 2010, 65:734-737.

[24] Legnaioli S, Campanella B, Pagnotta S, et al. Determination of ash content of coal by laser-induced breakdown spectroscopy[J]. Spectrochimica Acta Part B, 2019, 155:123-126.

[25] Ctvrtnickova T, Mateo M P, Yanez A, et al. Characterization of coal fly ash components by laser-induced breakdown spectroscopy[J]. Spectrochimica Acta Part B, 2009, 64:1-5.

[26] 李捷，陆继东，林兆祥.激光诱导击穿固体样品中金属元素光谱的实验研究[J].中国激光，2009，36(11):2882-2887.

[27] 刘彦，陆继东，李娉.内标法在激光诱导击穿光谱测定煤粉碳含量中的应用[J].中国电机工程学报，2009，29(5):1-4.

[28] 汪家升，陆运章，李威霖，等.激光诱导击穿光谱技术分析岩石和煤样品[J].冶金分析，2009，29(1):30-34.

[29] Quackatz L, Griesche A, Kannengiesser T. In situ investigation of chemical composition during TIG welding in duplex stainless steels using laser-induced breakdown spectroscopy (LIBS)[J]. Forces in Mechanics, 2022, 6:100063.

[30] 钟厦，何勇，邱坤赞，等.准东煤中碱金属含量的 LIBS 激光测量[J].强激光与粒子束，2015，27(9):0990021-0990024.

[31] Galiova M, Kaiser J, Novotney K, et al. Investigation of heavy-metal accumulation in selected plant samples using laser induced breakdown spectroscopy and laser ablation inductively coupled plasma mass spectrometry[J]. Applied Physics A, 2008, 93:917-922.

[32] 丁慧林，高立新，郑海洋，等.空气及水汽的激光诱导击穿光谱特性实验研究[J].光谱学与光谱分析，2010，30(1):1-5.

[33] Meng D S, Zhao N J, Wang Y Y, et al. On-line/on-site analysis of heavy metals in water and soils by laser induced breakdown spectroscopy[J]. Spectrochimica Acta Part B, 2017, 137:39-45.

[34] Tavares T R, Mouazen A M, Nunes L C, et al. Laser-induced breakdown spectroscopy (LIBS) for tropical soil fertility analysis[J]. Soil & Tillage Research, 2022, 216:105250.

[35] Donaldson K M, Yan X T. A first simulation of soil-laser interaction investigation for soil characteristic analysis[J]. Geoderma, 2019, 337:701-709.

[36] 鲁翠萍，刘文清，赵南京，等.土壤中铜元素的激光诱导击穿光谱测量分析[J].光谱学与光谱分析，

2010, 30(11):3132-3135.
[37] 赵芳，张谦，熊威，等.水中痕量重金属激光诱导击穿光谱高灵敏检测[J].环境科学与技术，2010，33(3):137-140.
[38] Du C M, Yang C, Zhang M X. Investigation on the dynamic characteristics of LIBS for heavy metal Mn in liquid matrix[J]. Optik-International Journal for Light and Electron Optics, 2019, 180:602-609.
[39] Du C M, Liu X Y, Miao W, et al. Investigation on laser-induced breakdown spectroscopy of $MgCl_2$ solution[J]. Optik-International Journal for Light and Electron Optics, 2019, 187: 98-102.
[40] Viana L F, Suarez Y R, Cardoso C A L, et al. Use of fish scales in environmental monitoring by the application of laser-induced breakdown spectroscopy (LIBS)[J]. Chemosphere, 2019, 228(8): 258-263.
[41] Du C M, Zhang X W, Cheng X L. Study on the resonance enhanced multi-photon ionization and photodissociation of CS_2 molecules[J]. Optik-International Journal for Light and Electron Optics, 2021, 225:165869.
[42] Velioglu H M, Sezer B, Bilge G, et al. Identification of offal adulteration in beef by laser induced breakdown spectroscopy (LIBS)[J]. Meat Science, 2018, 138:28-33.
[43] Sezer B, Bilge G, Boyaci I H. Capabilities and limitations of LIBS in food analysis[J]. Trends in Analytical Chemistry, 2017, 97:345-353.
[44] 杜传梅，吕良宏，张明旭.飞秒激光烧蚀氯金酸水溶液制备金纳米粒子[J].中国激光，2017，44(8): 08030031-08030039.
[45] Ma Q L, Motto-Ros V, Lei W Q, et al. Multi-elemental mapping of a speleothem using laser-induced breakdown spectroscopy[J]. Spectrochimica Acta Part B, 2010, 65:707-714.
[46] Sezer B, Unuvar A, Boyaci I H, et al. Rapid discrimination of authenticity in wheat flour and pasta samples using LIBS[J]. Journal of Cereal Science, 2022, 104:103435.
[47] Majidi V, Joseph M R. Spectroscopic applications of Laser-induced plasmas[J]. Critical Reviews in Analytical Chemistry, 1992, 23(3):143-162.
[48] Pakhomov A V, Nichols W, Borysow J. Laser-induced breakdown spectroscopy for detection of lead in concrete[J]. Applied spectroscopy, 1996, 50(7):880-884.
[49] Ciucci A, Palleschi V, Rastelli S, et al. Trace pollutants analysis in soil by a time-resolved laser-induced breakdown spectroscopy technique[J]. Applied Physics B, 1996, 63:185-190.
[50] Kim D E, Yoo K J, Park H K, et al. Quantitative analysis of aluminum impurities in Zinc Alloy by Laser-induced breakdown spectroscopy[J]. Applied spectroscopy, 1997, 51(1):22-29.
[51] Mclean C J, Marsh J H. Resonant laser ablation[J]. International journal of mass spectrometry and ion processes, 1996(1900):R1-R7.
[52] Pettit G H, Sauerbrey R. Pulsed ultraviolet laser ablation[J]. Applied Physics A, 1993, 56:51-53.
[53] Chen F F. Introduction to Plasma Physics[M]. New York: Plenum Publishing Corporation, 1974.
[54] Hughes T P. Plasma and laser light[M]. New York: Wiley, 1975.
[55] Dyer P E, Issa A, Key P H. Dynamics of excimer laser ablation of superconductors in an oxygen environment[J]. Applied Physics Letters, 1990, 57:186-190.
[56] Setia B W, Hery S, Hendrik K, et al. Shock excitation and cooling stage in the laser plasma induced by a Q-switched Nd:YAG laser at Low Pressures[J]. Applied spectroscopy, 1999, 53:719-730.
[57] 陆同兴，崔执凤，赵献章.激光等离子体镁光谱线 Stark 展宽的测量与计算[J]. 中国激光，1994，

21(2):114-120.

[58] Moenke-Blankenbury L. Laser Micro Analysis[M]. New York:Wiley, 1989.

[59] Lida Y. Laser vaporization of solid samples into a hollow-cathode discharge for atomic emission spectrometry[J]. Spectrochem. Acta, 1990, 45B:1353.

[60] 贾韧，傅院霞，徐鹏，等. 金属特性对激光诱导击穿光谱最佳实验参数的影响[J].原子与分子物理学报，2020，37(5):728-733.

[61] Bai X, Calligaro T, Pichon L, et al. Comparative study on quantitative carbon content mapping in archaeological ferrous metals with laser-induced plasma spectroscopy(LIBS) and nuclear reaction analysis (NRA) for 3D representation by LIBS[J]. Spectrochimica Acta Part B: Atomic Spectroscopy, 2022, 194:106454-106462.

[62] Grant K J, Paul G L. Electron temperature and density profiles of excimer laser-induced plasmas [J]. Applied Spectroscopy, 1990, 44:1349-1356.

[63] 崔执凤，黄时中，陆同兴，等. 激光诱导等离子体中电子密度随时间演化的实验研究[J].中国激光，1996，23(7):629-632.

[64] 从然，张保华，樊建梅，等.激光诱导等离子体中 Al 原子发射光谱的时间、空间演化特性实验研究[J].光学学报，2009，29(9):2594-2500.

[65] Radziemski L J, Gremers D A. Laser-inducedp plasma and applications[M]. New York:Marcel Dekker, 1989, 295-371.

[66] Pieppmeier E H. Analytical applications of lasers[M]. New York:John Wiley & Sons, 1986, 627-695.

[67] 陆同兴，赵献章，崔执凤.用发射光谱测量激光等离子体的电子温度与电子密度[J].原子与分子物理学报，1994，11(2):120-128.

[68] 崔执凤，凤尔银，赵献章，等.准分子激光诱导铅等离子体中谱线 Stark 展宽时空特性研究[J].原子与分子物理学报，1999，16(3):307-312.

[69] 张保华，崔执凤.激光诱导 Al 等离子体电子温度的时间空间演化特性研究[J].原子与分子物理学报，2010，27(1):128-134.

[70] 崔执凤，黄时中，陆同兴，等.激光诱导等离子体中电子密度随时间演化的实验研究[J]. 中国激光，1996，3(7):627-632.

[71] 吴金芳，陈兆权，张明，等.微波瑞利散射法测定空气电火花激光等离子体射流的时变电子密度[J].物理学报，2020，69(7): 075202.

[72] Dittrich K, Wennrich R. Laser vaporization in atomic spectroscopy-review[J]. Analytical Atomic spectroscopy, 1984, 7(2):139-198.

[73] Andreic Z. Dynamics of aluminum plasma produced by a nitrogen laser[J]. Physica Scripta. 1993, 48:331-336.

[74] Lochte-Holtgreve W. Evaluation of Plasma Parameters in plasma diagnostics[M]. North-Holland: Amsterdam, 1968, 6:135-138.

[75] 崔执凤，黄时中，凤尔银，等.准分子激光诱导等离子体中镁原子及离子发射光谱线的实验研究[J].安徽师范大学学报(自然科学版)，1996，19(3):228-232.

[76] Yuan K X, Xu P F, Yu P Z, et al. Investigation of jon-extraction in laser isotope separation[J]. Chinese Journal of Atomic and Molecular Physics, 1993, 10:1839-1845.

[77] Gornushkin I B, Veiko V P, Karlagina Y Y, et al. Equilibrium model of titanium laser induced plasma in air with reverse deposition of titanium oxides[J]. Spectrochimica Acta Part B: Atomic Spectroscopy, 2022, 193:106449-109456.

[78] Kay N, Wolfgang S. Optical emission spectrometry and laser-induced fluorescence of laser pro-

duced sample plumes[J]. Applied Optics, 1990, 29(33):5000-5006.

[79] Lee Y I, Sawan S P, Thiem T L, et al. Interaction of a laser-beam with metals. Part Ⅱ: space-resolved studies of laser-ablated plasmaemission[J]. Applied Spectroscopy, 1992, 46(3):436-441.

[80] Ahmed N, Liaqat U, Rafique M, et al. Detection of toxicity in some oral antidiabetic drugs using LIBS and LA-TOFMS[J]. Microchemical Journal, 2020, 155:104679-104686.

[81] Hogan J D, Beu S C, Ladue D A, et al. Probe-mounted fiber optics assembly for laser desorption/ionization Fourier transform mass spectrometry[J]. Analytical Chemistry, 1991, 63(14): 1452-1457.

[82] Lu Y F, Yoyagi Y, Namba S. Laser surface cleaning in air: mechanisms and applications[J]. Journal of Applied Physics, 1994, 33:7138-7134.

[83] 陆同兴，路轶群.激光光谱技术原理与应用[M].合肥:中国科学技术大学出版社，1999.

[84] Brech F, Cross L. Optical micromission stimulated by a ruby maser[J]. Applied Spectroscopy, 1962, 16(2):59-68.

[85] Hwang Z W, Teng Y Y, Li K P, et al. Interaction of a laser beam with metals. Part I: quantitative studies of plasma emission[J]. Applied Spectroscopy, 1991, 45(3):435-441.

[86] Castle B C, Talabardon K, Smith B W, et al. Variable influencing the precision of laser-induced breakdown spectroscopy measurement[J]. Applied Spectroscopy, 1998, 52(5):649-657.

[87] Cremers D A, Barefield J E, Koskelo A C. Remote elemental analysis by laser-induced breakdown spectroscopy using a Fiber-optic cable[J]. Applied Spectroscopy, 1995, 49(6):857-860.

[88] Yamamoto K Y, Cremers D A, Ferris M J, et al. Detection of metals in the environment using a portable laser-induced breakdown spectroscopy instrument[J]. Applied Spectroscopy, 1996, 50(2):222-233.

[89] Pakhomov A V, Nichols W, Borysow J. Laser-induced breakdown spectroscopy for detection of lead in concrete[J]. Applied Spectroscopy, 1996, 50(7):880-884.

[90] Yamamoto K Y, Cremers D A, Ferris M J, et al. Detection of metals in the environment using a portable laser-induced breakdown spectroscopy instrument[J]. Applied Spectroscopy, 1996, 50(2):222-233.

[91] Straits D N, Eland K L, Angel S M. Dual-pulse LIBS using a pre-ablation spark for enhanced ablation and emission[J]. Applied Spectroscopy, 2000, 54(9):1270-1274.

[92] 黄庆举，方尔梯.激光烧蚀 Cu 产生等离子体的连续辐射研究[J].激光与红外，1999，29(4): 205-207.

[93] 宋一中，李尊营，朱瑞富，等.激光诱导 Al 等离子体吸收谱分析[J].光谱学与光谱分析，2002，22(2):192-194.

[94] 宋一中，贺安之. Ar 辅助 Al 等离子体辐射谱分析[J]. 激光与红外，2004，34(3):194-196.

[95] 满宝元，王公堂，刘爱华，等. 不同气压北京下激光烧蚀 Al 靶产生等离子体特性分析[J]. 光谱学与光谱分析，1998，18(4): 411-415.

[96] 满宝元，苗勇，郭向欣，等. 不同气压背景下激光烧蚀 Al 靶的发射光谱[J]. 科学通报，1997，42(9):997-1000.

[97] 崔执凤，黄时中，陆同兴，等. 激光诱导等离子体电子密度随时间演化的实验研究[J]. 中国激光，1996，23(7):627-632.

[98] 张延惠，宋一中. 激光烧蚀金属靶时气体电离分析[J]. 光谱学与光谱分析，2000，20(1): 25-27.

[99] Clemers D A, Radziemski L J, Loree T R. Spectrochemical analysis of liquids using the laser spark[J]. Applied Spectroscopy, 1984, 38(5):721-729.

[100] De Giacomo A, Dellaglio M, Colao F. Double pulse laser produced plasma on metallic target in seawater: basic aspects and analytical approach[J]. Spectrochimica Acta Part B, 2004, 59(9): 1431-1438.

[101] Aragon C, Aguilera J A, Campos J. Determination of carbon content in molten steel using laser-induced breakdown spectroscopy[J]. Applied Spectroscopy, 1993, 47: 606-608.

[102] Charfi B, Harith M A. Panoramic laser-induced breakdown spectrometry of water[J]. Spectrochimica Acta Part B, 2002, 57(7): 1141-1153.

[103] De Giacomo A, Dellaglio M, Depascale O. Single Pulse-laser induced breakdown spectroscopy in aqueous solution[J]. Applied Physics A, 2004, 79(4-6): 1035-1038.

第2章　激光等离子体的基本理论

2.1　激光烧蚀等离子体的形成[1-2]

在激光烧蚀固体靶过程中，当激光密度达到一定阈值时，便会产生等离子体，其产生的微观机理可分为两步：

第一步，当激光照射在金属表面，金属表面附近的电子通过逆韧致辐射而吸收光子，吸收了能量的电子再通过电子-声子相互作用而将其吸收的能量传递给金属晶格。电子被加热的过程和与晶格的能量传递都是在几皮秒的时间内完成的，因而电子温度与晶格的振动温度上升很快，最终导致晶格间键的断裂发生金属的气化、爆炸等现象。

第二步，烧蚀的初始产物与激光在靶面附近相互作用，导致溅射出的物质进一步加热、电离等。这一过程主要产生三个效应：一是金属导带中的电子在晶格场中吸收激光辐射而进一步电离可能引起雪崩式过程发生；二是具有一定能量的离子与原子、分子碰撞也可引起电离发生；三是处于激发态的原子和分子的光电离和处于基态的原子、分子的多光子电离同时存在。

那么，经过这两步后，就会在金属靶表面形成原子、分子、离子、团簇等共存的激光等离子体。

2.2　等离子体波

等离子体是包含大量非束缚态带电粒子的多粒子体系[3-5]。一般来说，等离子体主要由带正电的离子和带负电的电子组成，整体呈电中性。等离子体的一个显著特征是它能产生相互作用的集体模式，或者“波”。这些“波”是由电荷密度以某一特征频率变化引起的。当没有外加强磁场时，等离子体中一般会存在着两种等离子体波：一种是高频的电子等离子体波(Electron Plasma Wave)，另一种是低频的离子声波(Ion Acoustic Wave)。

电子等离子体波是由电子密度的涨落引起的。因为电子的质量 m_e 远远小于离子的质量 m_i，所以可以把重的离子看成静止的、均匀的背景，以保持等离子体总体呈电中性。电子等离子体波是静电波，相关的电子运动是沿着波矢方向的(假设 x 方向)，所以可以做一维处理。假设电子等离子体波的相速度 $\omega/k \gg v_e$(v_e 是电子热速度)，就可以用绝热状态方程来描述电子。设等离子体中电子的密度为 n_e，平均速度为 u_e，压强为 p_e，电子受到的电场和

磁场分别为 E 和 B，则电子满足的连续性方程、力平衡方程和绝热状态方程分别为

$$\frac{\partial n_e}{\partial t}+\frac{\partial}{\partial x}(n_e u_e)=0 \tag{2.1}$$

$$n_e\frac{\partial n_e}{\partial t}+n_e u_e\frac{\partial u_e}{\partial x}=\frac{n_e e}{m_e}\left(E+\frac{u_e\times B}{c}\right)-\frac{1}{m_e}\frac{\partial p_e}{\partial x} \tag{2.2}$$

$$\frac{p_e}{n_e^{\gamma}}=C \tag{2.3}$$

对式(2.1)作时间微分，并对式(2.2)作空间微分，联立消去$\partial^2 n_e u_e/\partial t\partial x$ 项，可以得到电子密度涨落的方程：

$$\frac{\partial^2 n_e}{\partial t^2}+\frac{\partial^2}{\partial x^2}(n_e u_e^2)-\frac{e}{m_e}\frac{\partial}{\partial x}(n_e E)-\frac{1}{m_e}\frac{\partial^2 p_e}{\partial x^2}=0 \tag{2.4}$$

利用泊松方程把电场和电荷密度联系起来，有

$$\frac{\partial E}{\partial x}=-4\pi e(n_e-Zn_{i0}) \tag{2.5}$$

式中，Z 是离子的电荷态，n_{i0}是离子的初始密度。

考虑电场以及电子的密度、速度的微小扰动，即假设 $n_e=n_0+\tilde{n}$，$u_e=u_0+\tilde{u}$，$p_e=n_0\theta_e+\tilde{p}$，$E=E_0+\tilde{E}$，上标表示小的扰动。然后对方程作线性化处理，即假设振荡的振幅是小量，并忽略包含高阶振幅因子的项。可以从式(2.3)至式(2.5)得出一个描述电子密度的微小涨落的波动方程：

$$\left(\frac{\partial^2}{\partial t^2}-3v_e^2\frac{\partial^2}{\partial x^2}+\omega_{pe}^2\right)\tilde{n}=0 \tag{2.6}$$

式中，$\omega_{pe}=\sqrt{4\pi e^2 n_0/m_e}$是电子等离子体频率，只与等离子体的电子密度有关，是表征等离子体中集体行为的基本参量。

如果电子密度振荡是按正弦变化的，即$\tilde{n}\propto e^{ikx-i\omega t}$，从式(2.6)可以得到电子等离子体波的色散关系为

$$\omega^2=\omega_{pe}^2+3k^2v_e^2 \tag{2.7}$$

类似地，等离子体中也存在着低频的电荷密度振荡，其振荡频率取决于离子的惯性。因为离子的惯性远大于电子的惯性，所以可以忽略电子的质量。如果只考虑传播方向的运动(假设为 x 方向)，电子流体的力平衡方程，即式(2.2)，可简化为

$$n_e eE=-\frac{\partial p_e}{\partial x} \tag{2.8}$$

因为离子声波的相速度 $\omega/k\ll v_e$，所以这时电子用等温状态方程来描述，即 $p_e=n_e\theta_e$，θ_e 是电子温度。把 p_e 代入式(2.8)中，并让 $n_e=n_0+\tilde{n}_e$，$E=E_0+\tilde{E}$，可以得到线性方程：

$$n_e e\tilde{E}=-\theta_e\frac{\partial\tilde{n}_e}{\partial x} \tag{2.9}$$

假设离子声波的相速度 $\omega/k\gg v_i$(v_i 是离子热速度)，所以可以用绝热状态方程来描述离子。因此，密度为 n_i，平均速度为 u_i，压强为 p_i 的离子流体满足如下方程：

$$\frac{\partial n_i}{\partial t}+\frac{\partial}{\partial x}(n_i u_i)=0 \tag{2.10}$$

$$\frac{\partial}{\partial t}(n_i u_i)+\frac{\partial}{\partial x}(n_i u_i^2)=-\frac{Zn_i eE}{M}-\frac{1}{M}\frac{\partial p_i}{\partial x} \tag{2.11}$$

$$\frac{p_{\mathrm{i}}}{n_{\mathrm{i}}^{3}} = C \tag{2.12}$$

其中，Z 是离子电荷态，M 是离子的质量。类似地，得到离子密度的演化方程：

$$\frac{\partial^2 n_{\mathrm{i}}}{\partial t^2} - \frac{\partial^2}{\partial x^2}(n_{\mathrm{i}} u_{\mathrm{i}}^2) + \frac{Ze}{M}\frac{\partial}{\partial x}(n_{\mathrm{i}} E) - \frac{1}{M}\frac{\partial^2 p_{\mathrm{i}}}{\partial x^2} = 0 \tag{2.13}$$

考虑 $n_{\mathrm{i}} = n_0/Z + \tilde{n}_{\mathrm{i}}$，$u_{\mathrm{i}} = u_{\mathrm{i}0} + \tilde{u}_{\mathrm{i}}$，$p_{\mathrm{i}} = p_{\mathrm{i}0} + \tilde{p}_{\mathrm{i}}$，$E = E_0 + \tilde{E}$，$\tilde{p}_{\mathrm{i}} = 3\,\tilde{n}_{\mathrm{i}}\theta_{\mathrm{i}}$，$\theta_{\mathrm{i}}$ 是离子温度，上标表示小的扰动。把这些表达式代入式(2.13)，忽略微扰的进一步影响，得到

$$\frac{\partial^2 \tilde{n}_{\mathrm{i}}}{\partial t^2} + \frac{Zen_0}{M}\frac{\partial \tilde{E}}{\partial x} - \frac{3\theta_{\mathrm{i}}}{M}\frac{\partial^2 \tilde{n}_{\mathrm{i}}}{\partial x^2} = 0 \tag{2.14}$$

把式(2.9)代入式(2.14)，就得到了描述离子密度涨落的波动方程。因为电子紧跟着重的离子运动，有 $\tilde{n}_{\mathrm{e}} = Z\,\tilde{n}_{\mathrm{i}}$，所以

$$\frac{\partial^2 \tilde{n}_{\mathrm{i}}}{\partial t^2} - \frac{Z\theta_{\mathrm{e}} + 3\theta_{\mathrm{i}}}{M}\frac{\partial^2 \tilde{n}_{\mathrm{i}}}{\partial x^2} = 0 \tag{2.15}$$

如果离子密度振荡是按正弦变化的，即 $\tilde{n}_{\mathrm{i}} \sim \mathrm{e}^{\mathrm{i}kx - \mathrm{i}\omega t}$，那么式(2.15)给出描述离子声波的色散关系为

$$\omega = \pm\, k v_{\mathrm{s}} \tag{2.16}$$

其中，$v_{\mathrm{s}} = \sqrt{(Z\theta_{\mathrm{e}} + 3\theta_{\mathrm{i}})/M}$ 是离子声速。

上述电子等离子体波和离子声波是等离子体中由电子或离子热运动而引起的。当强激光入射到等离子体中，根据不同的激光等离子体参数，光波会和等离子体波发生耦合，导致不稳定性的产生；也可能会激发更强的等离子体波，从而可以利用等离子体尾波场来加速粒子。

2.3　激光尾波场加速

当一束强流电子束或者超短强激光脉冲在等离子体中传播时，其库仑力或者有质动力会将等离子体电子排开。由于离子质量远大于电子质量，在所关心的时间尺度内可以认为离子是静止不动的。同时，由电子、离子密度分布不同所产生的电荷分离场会迫使电子回到平衡位置，产生电荷密度的空间振荡，进而引起静电场的空间周期变化，形成等离子体尾波。等离子体尾波的相速度约等于驱动束流的速度或者驱动激光脉冲的群速度，而且尾波中存在很强的纵向电场分量，当电子束被注入适当相位时，就可以跟随尾波获得持续的能量增益。

利用激光驱动的大振幅等离子体波加速带电粒子的想法最早是由 Tajima 和 Dawson 在 1979 年提出的[6]。但是，由于当时没有能够驱动尾波场的超强超短激光器，两人同时提出了等离子体波拍频加速的概念[7]。在 20 世纪 80 年代，等离子体波拍频加速技术受到广泛关注并被大量研究[8-13]。而 90 年代后皮秒大能量激光技术逐渐成熟，皮秒强激光驱动的自调制激光尾场加速技术被提了出来并得到了快速发展[14-17]。进入 21 世纪以后，基于啁啾脉冲放大技术和 Ti:Sapphire 增益介质的高功率激光技术取得了巨大进步[18-19]。随着高功率(＞10 TW)钛宝石飞秒激光器技术的成熟和商业化，激光尾波场加速的研究进入了全面

快速的发展时期。尤其是在 2004 年，法国的 LOA 实验室、美国的劳伦斯伯克利实验室和英国的帝国理工大学三个小组分别独立地在 *Nature* 上刊文，报道了利用超短超强激光脉冲驱动等离子体尾波产生了 100 pC 的电量、100 MeV 的能量、相对能散 10% 的准单能电子束[20-22]，开启了激光等离子体加速器研究的新纪元。

下面对激光尾波场加速过程中涉及的关键物理概念及相应的研究进展进行简单介绍。

2.3.1 有质动力

在激光尾波场加速中，激光有质动力(Ponderomotive Force)驱动等离子体产生尾波场。下面推导激光的有质动力表达式。考虑电子流体运动方程

$$\frac{\mathrm{d}p}{\mathrm{d}t} = -e\left(E + \frac{v \times B}{c}\right) \tag{2.17}$$

其中，p 和 v 分别是等离子体流的动量和速度，并且 $\mathrm{d}/\mathrm{d}t = \partial/\partial t + (v \cdot \nabla)$。激光的电场和磁场可以分别表示为

$$E = -\partial A/\partial ct, \quad B = \nabla \times A \tag{2.18}$$

这里，激光的矢势是沿着横向方向，即 $A = A_0 \cos(kz - \omega t) e_{\perp}$。在线性情况下，$|\alpha| = e|A|/m_e c^2 \ll 1$，有 $\partial p_0/\partial t = -eE$，从而得到 $p_0 = m_e ca$。由 $p = p_0 + \delta p$，则二阶运动方程为

$$\frac{\mathrm{d}\delta p}{\mathrm{d}t} = -m_e c^2 \nabla\left(\frac{a^2}{2}\right) \tag{2.19}$$

因此，线性情况下的三维有质动力的表达式为 $F_{\mathrm{pond}} = -m_e c^2 \nabla(a^2/2)$。

在一维非线性情况下，正则动量守恒表明：$u_{\perp} = p_{\perp}/m_e c = a_{\perp}$，即 $a_{\perp}$ 为归一化振动动量。因此，一维非线性有质动力为

$$F_{\mathrm{pond}} = -\frac{m_e c^2}{2\gamma}\frac{\partial a_{\perp}^2}{\partial z} \tag{2.20}$$

在三维非线性条件下，如果在稀薄等离子体中传输的激光焦斑足够大($r_0 \geqslant \lambda_p \gg \lambda$)，那么电子流体的一阶横向运动依然可以看成振动运动。定义 $\delta u = u - \alpha$，假设旋量 $\nabla \times \delta u$ 初始为 0 (激光脉冲传入等离子体之前)，那么电子流体动量方程(2.19)就可以简化为[23]

$$\frac{\partial \delta u}{\partial ct} = \nabla(\varphi - \gamma) \tag{2.21}$$

其中，$\nabla\varphi$ 为空间电荷力，$\nabla\gamma$ 则表示广义的非线性有质动力 $F_{\mathrm{pN}} = -m_e c^2 \nabla\gamma$。

由式(2.21)可见，有质动力有以下几个特点：其一，有质动力的大小与粒子的质量成反比。即在同样激光条件下，电子受到的有质动力远大于离子。因此，一般情况下只考虑电子受到的有质动力。但当激光很强时，离子受到的有质动力亦不可忽略；其二，带电粒子所受到的有质动力的方向是场能密度减小的方向，并且与粒子电荷的符号无关；其三，有质动力将带电粒子从电磁场较强处推向电磁场较弱处，这本质上是因为有质动力是带电粒子与电磁场强烈耦合的结果，电磁场的压力施加到了带电粒子上，如图 2.1 所示。

有质动力还有一个重要的特性，即与激光的偏振有关。简化的不同偏振性的平面波表达式为

$$\text{线偏振}\quad E = E_0(x)\sin(\omega_0 t)\ \hat{y} \tag{2.22}$$

$$\text{圆偏振}\quad E = E_0(x)[\sin(\omega_0 t)\ \hat{y} + \cos(\omega_0 t)\ \hat{z}] \tag{2.23}$$

结合有质动力的表达式,可分别得到不同偏振性的激光产生的有质动力表达式:

$$\text{线偏振}\quad F_{\mathrm{NL}} = -\frac{1}{8}\frac{n_0 e^2}{m_e \omega_0^2}\nabla E_0^2(x)[1 - \cos(2\omega_0 t)] \tag{2.24}$$

$$\text{圆偏振}\quad F_{\mathrm{NL}} = -\frac{1}{4}\frac{n_0 e^2}{m_e \omega_0^2}\nabla E_0^2(x) \tag{2.25}$$

从上式可知,线偏振激光中电子受到的有质动力分为两部分:与脉冲包络相关较稳定的缓变部分以及两倍于激光频率的高频部分;而圆偏振激光则只包含与脉冲包络相关较稳定的缓变部分。

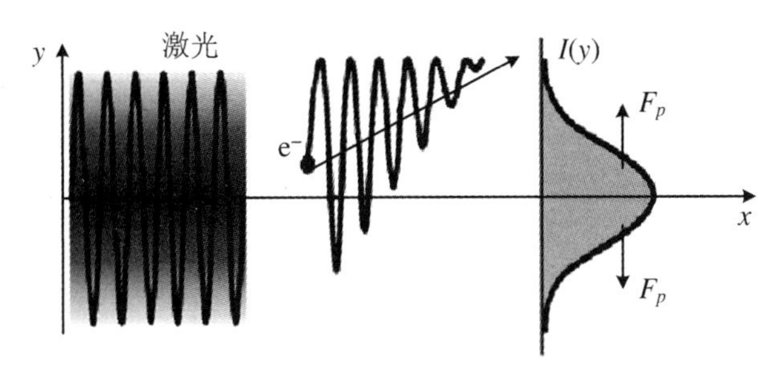

图2.1　有质动力原理示意图

具有横向强度梯度的高斯光场(左),电子在激光场中的振荡(中),沿着激光强度梯度方向的有质动力(右)。

2.3.2　尾波场的产生及波破

在冷的、非相对论等离子体中,等离子体波的波破(Wave Breaking)阈值[24]为

$$E_0 = \frac{m_e c\omega_p}{e} = 96\sqrt{n_0}(v/m) \tag{2.26}$$

在线性条件下,即激光电场强度 $E \ll E_0$ 时,激光尾波场的产生可直接由冷流体方程组进行解析求解。在均匀等离子体中,当等离子体波产生时,电子密度扰动和轴向尾波场满足下面方程[25]:

$$\left(\frac{\partial^2}{\partial t^2} + \omega_p^2\right)\frac{\delta n}{n_0} = c^2\nabla^2\left(\frac{a^2}{2}\right) \tag{2.27}$$

$$\left(\frac{\partial^2}{\partial t^2} + \omega_p^2\right)\varphi = \omega_p^2\left(\frac{a^2}{2}\right) \tag{2.28}$$

其中,$\delta n/n_0 = (n - n_0)/n_0$ 是归一化的密度扰动。当 $\delta n/n_0 \ll 1$ 时,式(2.27)和式(2.28)的解分别为

$$\frac{\delta n}{n_0} = \frac{c^2}{\omega_p}\int_0^t \mathrm{d}t'\sin[\omega_p(t - t')]\nabla^2\frac{a^2(r,t')}{2} \tag{2.29}$$

$$\frac{E}{E_0} = -c\int_0^t \mathrm{d}t'\sin[\omega_p(t - t')]\nabla^2\frac{a^2(r,t')}{2} \tag{2.30}$$

式(2.29)和式(2.30)表明等离子体波是一频率为 ω_p 的正弦波,其相速度 v_p 近似等于激光在等离子体中传播的群速度 v_g,如图2.2(a)所示。

除了轴向电场 E_g，同时也会产生径向的尾场 E_r 和 B_θ。当 $\alpha^2 \ll 1$ 时，$E_z \sim E_r \sim \alpha^2$，而 $B_\theta \sim \alpha^4$。轴向尾场和径向尾场可以通过下式联系起来[26]，即

$$\frac{\partial E_z}{\partial r} = \frac{\partial (E_r - B_\theta)}{\partial (z - ct)} \tag{2.31}$$

这意味着，当一个纵向速度为 $v_z \sim c$ 的相对论粒子被轴向电场加速的同时也会受到一个径向的力 $\sim (E_r - B_\theta)$。如果轴向电场为 $E_z \sim \exp(-2r^2/r_0^2)\cos[k_p(z-ct)]$，则径向力 $(E_r - B_\theta) \sim (4r/k_p r_0^2)\exp(-2r/r_0^2)\sin[k_p(z-ct)]$，且在光轴上径向力大小为 0。

当激光电场 $E \geqslant E_0$，激光所激发的等离子体波表现出高度非线性。当激光脉冲的横向尺寸 r_0 很大（$kr_0 \gg 1$）时，即在一维非线性条件下，假设激光和等离子体流体参量只是坐标 $\xi = z - v_p t$ 的函数，可以采用准静态近似来获得理论解析。一维准静态流体动量和连续性方程给出：

$$u_\perp - a_\perp = 0 \tag{2.32}$$

$$\gamma - \beta_p u_z - \varphi = 0 \tag{2.33}$$

$$n(\beta_p - \beta_z) = \beta_p n_0 \tag{2.34}$$

泊松方程 $\partial^2 \varphi / \partial \xi^2 = k_p^2 (n/n^0 - 1)$ 可写成[27-28]

$$k_p^{-2} \frac{\partial^2 \varphi}{\partial \xi^2} = \gamma_p^2 \left[\beta_p \left(1 - \frac{\gamma_\perp^2}{\gamma_p^2 (1+\varphi)^2} \right)^{-1/2} - 1 \right] \tag{2.35}$$

其中，$\gamma_\perp^2 = 1 + u_\perp^2 = 1 + a^2$，$\gamma_p^2 = 1/(1-\beta_p^2)$，$\beta_p = v_p / c$。而尾波的轴向电场为 $E_z = -E_0 \cdot \partial\varphi/\partial\xi$。在极限条件下，即当 $\gamma_p^2 \gg 1$ 时，式(2.35)可以简化为[29-30]

$$k_p^{-2} \frac{\partial^2 \varphi}{\partial \xi^2} = \frac{(1+a^2)}{2(1+\varphi)^2} - \frac{1}{2} \tag{2.36}$$

在驱动激光束的后面，即 $a^2 = 0$ 的区域，从式(2.36)可以看出静电势 φ 在 $\varphi_{\min} \leqslant \varphi \leqslant \varphi_{\max}$ 范围内振荡，轴向电场 E 也在 $E_{\min} \leqslant E \leqslant E_{\max}$ 范围内振荡。而且有[31]

$$\varphi_{\min} = \frac{1}{2}\frac{E_{\max}}{E_0} - \beta_p \left[\left(1 + \frac{E_{\max}}{2E_0} \right)^2 - 1 \right]^{-1/2} \tag{2.37}$$

$$\varphi_{\max} = \frac{1}{2}\frac{E_{\max}}{E_0} + \beta_p \left[\left(1 + \frac{E_{\max}}{2E_0} \right)^2 - 1 \right]^{-1/2} \tag{2.38}$$

当 $E_{\max}/E_0 \geqslant 1$ 时，式(2.35)表明其波形会偏离正弦的形状而类似锯齿形，同时电子密度分布出现峰值，如图 2.2(b)所示。与此同时，随着激光振幅强度增加，等离子体波的周期也将增加。在极限条件下，当 $\gamma_p^2 \gg 1$ 时，非线性等离子体波长可表述为[29-30]

$$\lambda_{Np} = \lambda_p \begin{cases} 1 + \dfrac{3(E_{\max}/E_0)^2}{16} & (E_{\max}/E_0 \ll 1) \\ 2/\pi \left(\dfrac{E_{\max}}{E_0} + \dfrac{E_0}{E_{\max}} \right) & (E_{\max}/E_0 \gg 1) \end{cases} \tag{2.39}$$

从式(2.39)可以看出，激光强度的增加会导致非线性等离子体波长的增加。这种等离子体波长的变化会影响驱动脉冲的最优脉宽。

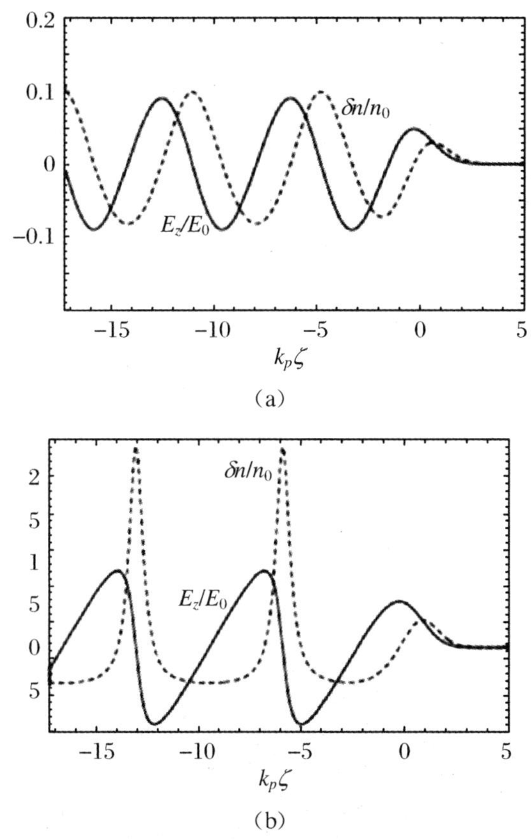

图 2.2　不同强度的高斯激光脉冲驱动的等离子体波

电子密度 n/n_0（虚线）和轴向电场 E_z/E_0（实心曲线），激光是向右传播的，其中，(a) 激光强度 $a_0=0.5$，(b) 激光强度 $a_0=2$。

2.3.3　空泡机制

在强非线性条件（$a^2\geqslant 1$）下，尾波场结构也明显偏离线性理论描述的正弦波形式。当激光脉冲的横向尺寸 r_0 很大（$kr_0\gg 1$）时，可以用近似一维的模型分析，此时等离子体波呈现出自陡峭和周期变长等特征。当激光脉冲的横向尺寸 r_0 有限时（$kr_0\leqslant 1$），等离子体波的横向结构也会呈现非线性特征，如图 2.3 所示。其中一个效应表现为等离子体的波前弯曲，距离驱动脉冲中心轴线越远，弯曲越厉害，使波前呈现“马蹄”形状[32]。另外一个效应就是激光强度足以将激光轴线附近的电子排空，使横向有质动力与空间电荷力达到平衡，最终形成空泡（blow-out）结构[33-36]。这种空泡结构有利于产生较强的尾波场，而且等离子体中少部分的电子会自注入电子空泡中，在尾场中获得高能量。这种激光尾场加速机制称为空泡机制，其原理如图 2.4 所示。

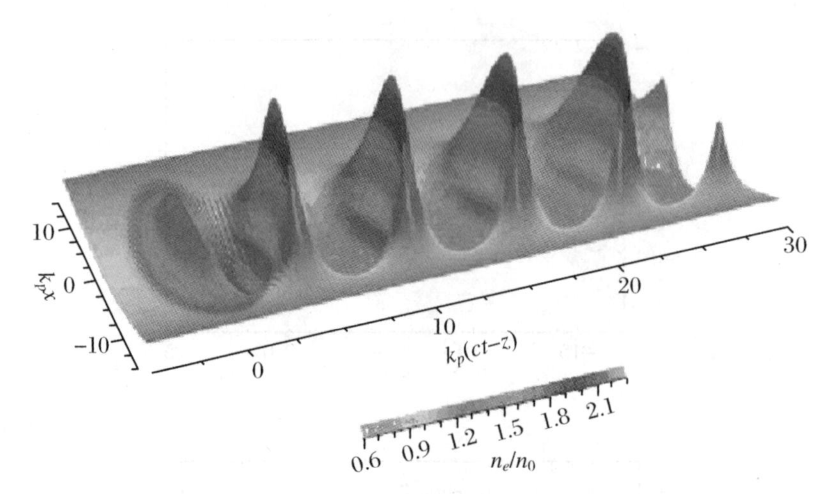

图 2.3 二维情况下,等离子体中电子密度分布[66]

驱动的高斯激光向左传播,强度 $a_0=1.5$。

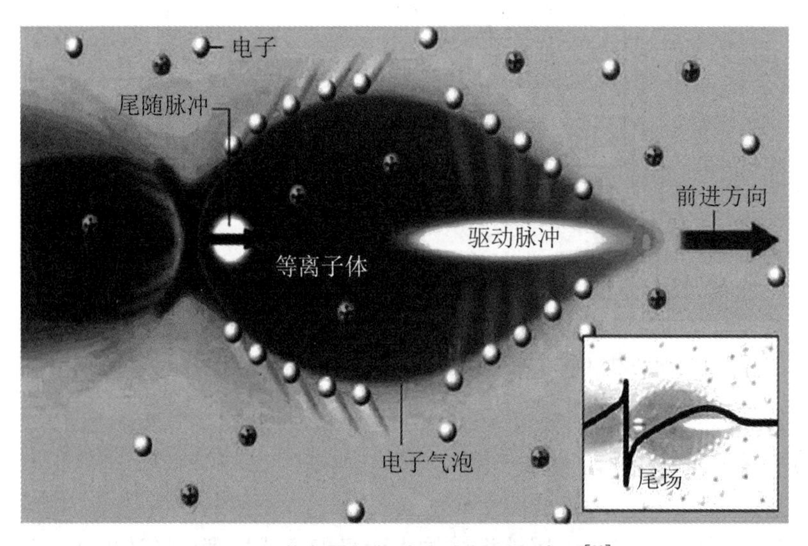

图 2.4 激光尾场加速空泡机制示意图[23]

驱动脉冲或电子束将等离子体内的电子排开,只剩下正电荷。正负电荷之间的吸引力又会将电子往回拉,从而使被排开的电子在驱动脉冲后面重新汇合,形成一个围绕正电荷区域的电子空泡。插图所示为沿着驱动脉冲传播方向尾场的电场分布,该电场最高处像海浪一样即将发生波破,导致空泡尾部的部分电子被尾场捕获而感受到超强的加速场。

空泡机制既可以用长脉冲激光驱动[23],也可以用短脉冲激光驱动[34-36]。以圆偏振的激光为例,长脉冲绝热极限下的等离子体密度分布为

$$\frac{n}{n_0}=1+k_p^{-2}\nabla_1^2(1+a^2)^{\frac{1}{2}} \tag{2.40}$$

对于强度分布为 $a^2=a_0^2\exp(-2r^2/2r_0^2)$的高斯形状脉冲而言,等离子体轴上($r=0$)密度分布为$\frac{n(0)}{n_0}=1-(4/k_p^2r_0^2)a_0^2/(1+a^2)\frac{1}{2}$。如果要完全排空轴上的电子,即 $n(0)=0$,那么激光的强度应满足条件:

$$a_0^2/(1+a_0^2)^{\frac{1}{2}}\geqslant k_p^2r_0^2/4 \tag{2.41}$$

当 $a_0^2 \gg 1$ 时，则要求 $a_0 \geqslant k_p^2 r_0^2/4$ 或者激光光斑 $r_0 \leqslant (2/k_p)\sqrt{a_0}$。因此，若要形成更大半径的排空区域，则需要更高的激光强度。

对于超强短脉冲唯象的三维非线性理论[35-37]，在激光和等离子体参数满足 $k_p r_0 \approx 2\sqrt{a_0}$ 时，只需激光强度 $a_0 \geqslant 4$，就可以形成一个近似球形的、半径 $r_B \approx (2/k_p)\sqrt{a_0}$ 的空泡结构。空泡的直径近似等于一维非线性等离子体波的波长，即 $\lambda_{Np} \approx (2/\pi)(E_{max}/E_0)\lambda_p \approx (2\sqrt{a_0}/\pi)\lambda_p$。$E_{max}$ 为尾波的最大电场幅值，并有 $E_{max} = \sqrt{a_0}E_0$。而且，当 $2 \leqslant a_0 \leqslant 4$ 时，空泡结构也只是轻微的偏离完美的球形。因此，它们给出形成空泡的最优条件是 $a_0 \geqslant 4$ 且满足激光与等离子体的匹配条件：

$$k_p r_0 \approx k^p r_B \approx 2\sqrt{a_0} \tag{2.42}$$

上式可以写为 $a_0 \approx 2(p/p_c)^{1/3}$。其中，激光的功率 $P(\mathrm{GW}) \approx 21.5(a_0 r_B/\lambda)^2$，$P_C(\mathrm{GW}) = 17\omega_0^2/\omega_P^2$ 为相对论自聚焦的阈值功率。

在等离子体中传播的过程中，激光脉冲的前沿由于局部泵浦衰减而被逐渐向后侵蚀。基于一维非线性效应的激光侵蚀速率 $v_{etch} \approx c\omega_p^2/\omega_0^2$，因此，激光的泵浦衰减长度是

$$L_{dp} \approx \frac{c}{v_{etch}} c\tau_{FWHM} \approx \frac{\omega_P^2}{\omega_0^2} c\tau_{FWHM} \tag{2.43}$$

激光脉冲前端由于激发尾波而损失能量，会以 v_{etcj} 向后移动。因此，尾波的相速度为

$$v_\varphi \approx v_g - v_{etcj} = c\left(1 - \frac{3\omega_P^2}{2\omega_0^2}\right) \tag{2.44}$$

其中 $v_g = c\left(1 - \frac{\omega_P^2}{2\omega_0^2}\right)$ 是激光在稀薄等离子体中传播的群速度。失相长度 L_d 正比于被捕获电子从空泡尾波移动到空泡中间的时间 $t_d = r_B/(c - v_\varphi)$。因此

$$L_d \approx \frac{c}{c - v_\varphi} r_B \approx \frac{2}{3}\frac{\omega_0^2}{\omega_p^2} r_B \tag{2.45}$$

由于空泡是球形的，而且电子是从空泡尾部注入。尾场的最大值 $E_{max} = \sqrt{a_0}\, mc\omega_p/e$，又因为尾场是线性的，所以在最优匹配条件下，电子在尾场中获得的最大能量增益为

$$\Delta E(\mathrm{GeV}) = \frac{E_{max}}{2} L_d \approx \frac{2}{3} mc^2 \frac{\omega_0^2}{\omega_p^2} a_0 \tag{2.46}$$

2.3.4　电子的可控注入

空泡机制下可以通过等离子体波波破的方式来实现电子的自注入，从而获得准单能的高能电子[38-41]。但是波破是由激光演化导致等离子体波非线性程度不断上升，因此，自注入过程中电子的注入位置是不可控制的。从实验角度考虑，激光脉冲的不稳定性会直接引起等离子体波演化的不稳定，从而导致输出电子束的不稳定。这使实验的重复性较低，不利于尾场加速获得的高品质电子束的实际应用。为提高电子束的稳定性、可重复性以及可控性，电子束的控制注入方案引起了人们的广泛关注。目前实验上比较成功的可控注入方案主要有对撞脉冲注入、电离注入和密度转换注入。

利用对撞脉冲控制电子束注入的想法首先是 Esarey 等人在 1997 年提出的[42]。他们使用三束光对撞控制注入，一束泵浦激光激发等离子尾波，然后两束较弱的注入激光在其后方一定距离对撞产生拍频，预加速背景等离子体中的部分电子，进而使其进入尾波场的加速轨

道。对撞脉冲注入也可以利用两束光对撞注入[43-51]。典型的两束脉冲碰撞注入的过程如图2.5(a)～2.5(c)所示。在一束驱动激光打入气体靶驱动非线性等离子体波时，另外一束低能量的激光从另一侧对射，角度接近于180°。通过控制驱动激光的能量，使其驱动的非线性等离子体尾场足够大但又不能高于电子的自注入阈值，而注入激光的能量较低，不会激发大幅值的等离子体波。只有当两束激光相遇，产生的拍频波对周围电子进行加热，才能使部分电子具有一定的动能，从而使电子束注入等离子体波中。具体而言，通过调节两束激光之间的相对延迟时间可以控制电子束的注入位置，得到能量在50～250 MeV范围可调的电子

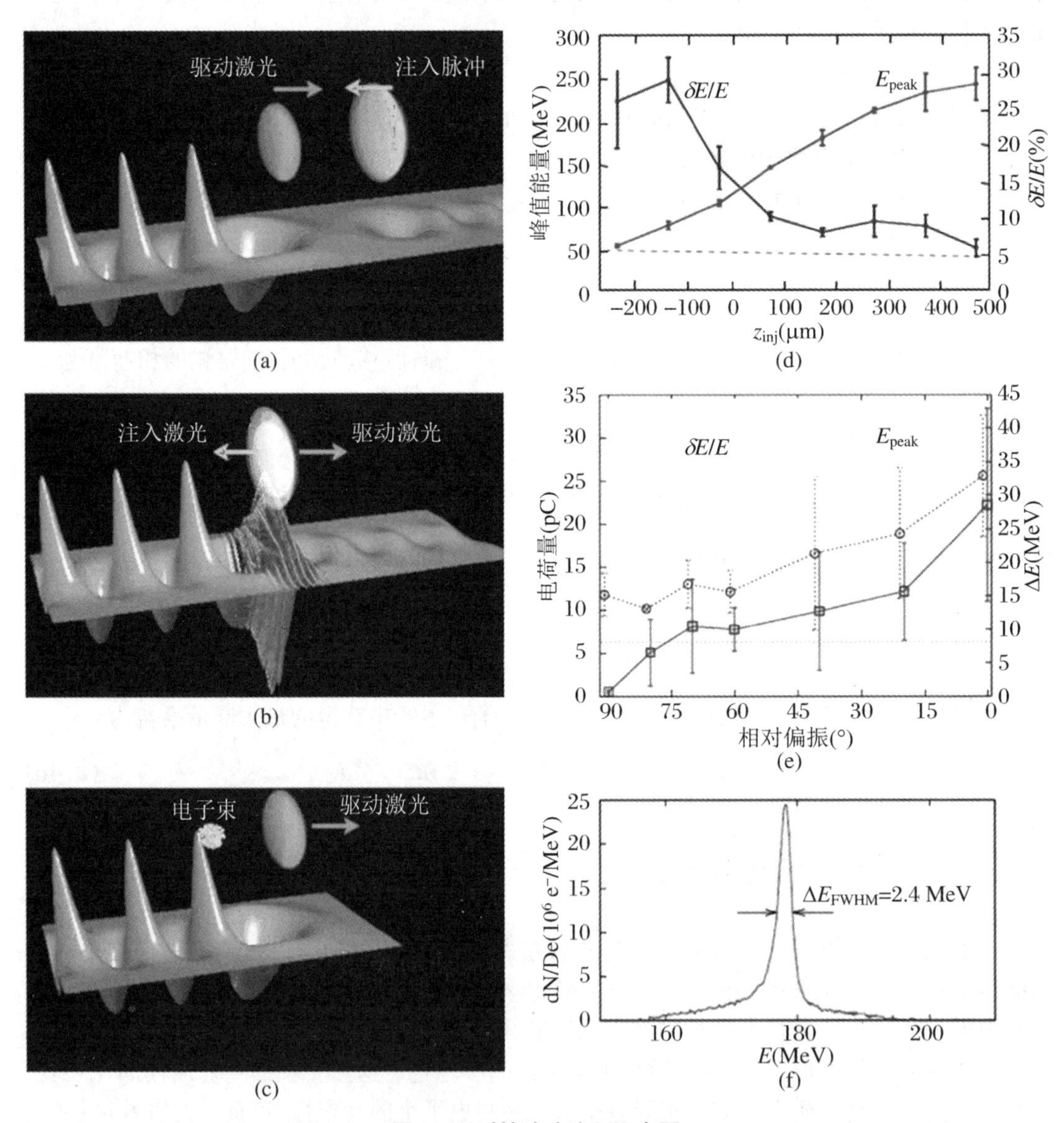

图2.5　对撞脉冲注入示意图

(a) 驱动激光和注入激光相向传播，驱动激光产生了非线性等离子体波；(b) 两束激光相撞时，部分电子获得足够的纵向动量，能够被驱动激光所激发的等离子体波捕获；(c) 被捕获的电子在尾场中得到加速；(d) 电子束峰值能量和能散随碰撞位置的变化；(e) 电子束电荷量和能散度随注入脉冲和驱动脉冲偏振态的变化(0°代表两者偏振平行，90°代表两者偏振互相垂直)；(f) 对撞脉冲注入获得的电子束能谱。

束;通过调节对撞激光的强度实现对注入电子电荷量的调节[44-48]。此外,还通过控制两束激光的偏振方向可以得到电荷量为 0～25 pC 范围可调的电子束注入。这是因为当两束光的偏振方向互相平行时,激光相遇时激发的拍频波幅值最大,对电子的加热效果最显著,此时电子注入最多;反之,当两者偏振互相垂直时,注入的电子数目最少。同时,理论表明使用圆偏振的注入激光可以改善注入电子束的发散度[49]。除了这种相向传播的对撞脉冲注入以外,日本 Kotaki 等人[50]实现了注入激光与驱动激光呈 135°的脉冲交叉碰撞注入。这样设计的好处是注入激光不会破坏主驱动脉冲。利用对撞脉冲注入的电子束通常具有较低的电量和较小的能散,但其最大的劣势是实验上空间和时间的同步需要极高的精度,操作难度非常高。

另外一种注入方式是电离诱导注入,简称电离注入或离化注入。其基本原理是利用原子内壳层电子和外壳层电子的电离势差异较大,将内壳层电子在尾波场内电离释放,以避开尾波场前半部分的减速相位使得注入更加容易发生。电离注入可以分为两种方式:一种是驱动激光和电离光同为一束泵浦激光[52-56];另一种是电离光与驱动激光分开[57-60]。前一种方式利用一束泵浦激光脉冲轰击由两类气体混合而成的气体靶,其中高浓度的氦气(He)或氢气(H_2)作为背景气体,低浓度的氮气(N_2)、二氧化碳(CO_2)、氧气(O_2)、氩气(Ar)等称作注入气体。泵浦激光的预脉冲能够完全电离背景气体以及注入气体的外壳层电子,而注入气体的内壳层电子则在激光脉冲强度上升的过程中逐渐电离。这些内壳层电子被电离释放时已经部分避开了尾波场的减速相位,直接进入加速相位而被捕获。后一种方式中,电离光位于驱动激光后方一定距离,可以在加速相位的最前端电离原子的内壳层电子使其直接进入加速相位而被捕获。图 2.6 为 Pak 等人使用氦气和氮气以 1∶9 的比例混合进行电离注入和尾场加速的示意图[53]。图 2.6(a)虚线所示为驱动激光的矢势,实线所示则是氮原子的电离态能级,氮原子 K 壳层的两个电子的电离势能分别为 N^{6+} 552 eV 和 N^{7+} 667 eV,而 L 层电子的电离势能仅为 N^{5+} 98 eV。因此,激光进入气体靶后能够迅速将氦气以及1～5 价的氮气电离,形成等离子体背景电子,而 K 壳层的电子由于其电离能远高于 L 层,这部分电子只有在靠近激光中心轴的峰值处才能够被电离。因此,调节激光的振幅和气体靶的电离能级互相匹配,则可以很好地控制电子束注入等离子体尾场中。同时由于这部分电子在激光中心处被电离,它们从空泡前端运动到空泡后端的过程中首先会经历一个减速电场,然后进入空泡后半部分的加速电场,因而更容易被第一个空泡所捕获。通常来说,电离注入的优点是实验操作简便,所需激光强度较低,稳定性较高,产生的电子束发射度较小,电量也可通过混合气体比例来控制;缺点则是离化产生的电子会受到激光的直接作用,导致电子束能散比较大。

另外一种控制电子束注入的方法是密度转换注入,具体分为两种方式:密度梯度注入[61-65]和密度突变注入[66-69]。密度梯度注入要求密度下降的特征尺度远大于等离子体波长 λ_p。随着气体密度的下降,λ_p 随之增加,导致空泡尾部的相速度 β_{ph} 下降,从而降低了电子的注入阈值,电子能够更容易地注入空泡的加速相位中。空泡尾部的相速度和气体密度之间的变化关系为

$$\beta_{ph} = \frac{v_{ph}}{c} = 1 - \frac{\xi}{2n_e}\frac{dn_e}{d\xi} \tag{2.47}$$

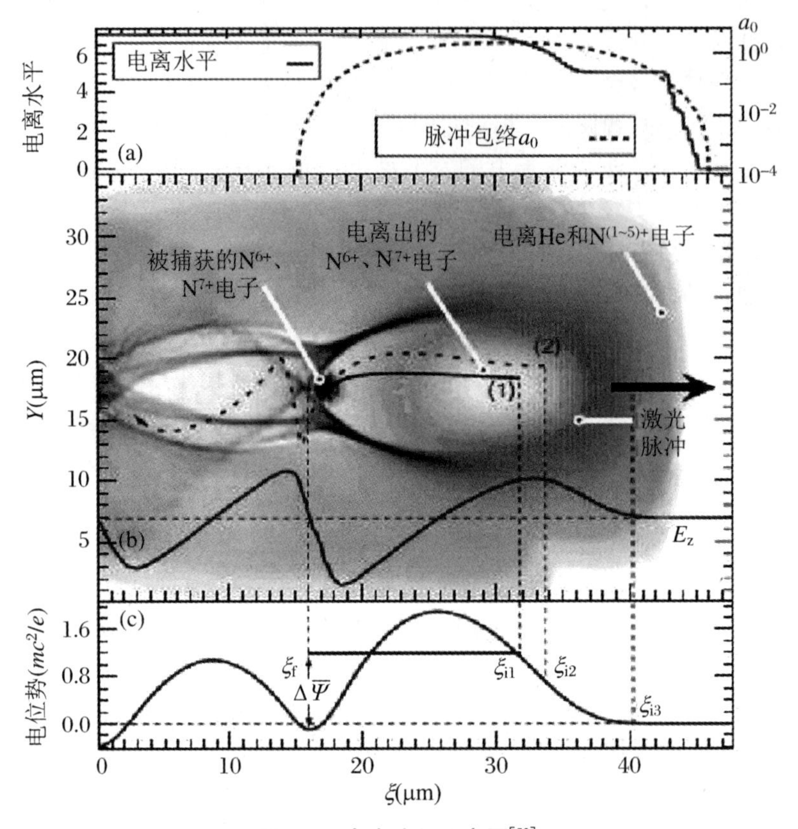

图 2.6 电离注入示意图[53]

气体按 9∶1 比例混合的 He 和 N_2,激光向右传播电离气体并驱动尾场。

其变化趋势如图 2.7 中实线所示。另外,激光在等离子体中传播时由于自聚焦效应导致的光强增加会增大空泡的体积,从而会进一步降低空泡尾端的相速度,如图 2.7 中虚线所示,电子束的注入位置则是图 2.7 中所示的灰色区域。2008 年,Geddes 等人[64]利用该机制实现了中心能量低于 1 MeV、电荷量约为 0.1～1 nC 的稳定电子束。更加引人注意的是,上海交通大学 F. Li 等人[65]提出利用合适的密度上升沿加密度平坦区的气体靶与大焦斑激光脉冲相互作用可以获得高电子密度($>nc$)的超短阿秒电子层,电子层总电子电量为 nC 量级,同时电子束能谱存在峰值结构。

密度突变注入则要求密度在一个等离子体波长内快速大幅下降,激光脉冲在经过这一剧烈的密度变化区域时激发注入[66-69]。气体密度在一个等离子波长内由 $n_{e,1}$ 下降为 $n_{e,2}$,其中 $n_{e,1}=an_{e,2}$,且 $a\geqslant1$,等离子体波长迅速发生变化,其变化为

$$\frac{\Delta\lambda_p}{\lambda_p}=\frac{\lambda_{p,1}-\lambda_{p,2}}{\lambda_{p,1}}=\sqrt{\frac{n_{e,1}}{n_{e,2}}}\approx\frac{1}{2}(a-1) \tag{2.48}$$

同时,激光的群速度也因等离子密度的下降而略有增加,其变化为

$$\frac{\Delta v_{ph}}{v_{ph}}\approx\frac{n_{e,2}}{2n_c}(a-1) \tag{2.49}$$

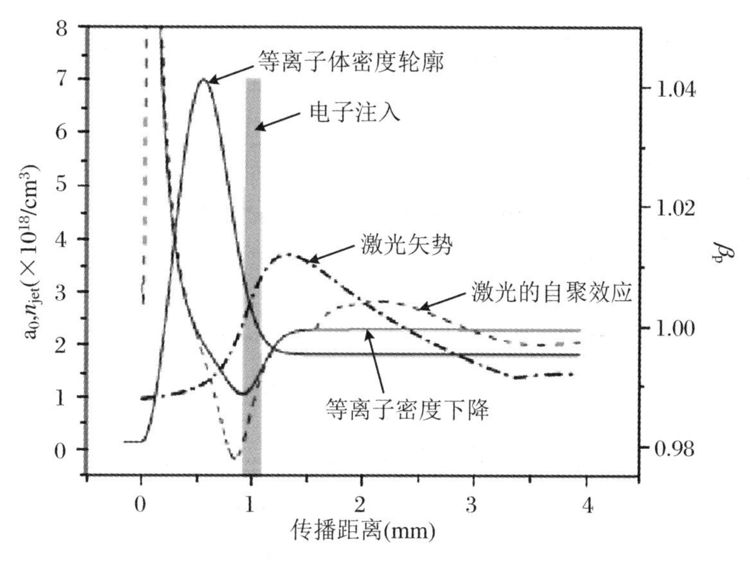

图 2.7　等离子体密度梯度注入示意图[63]

由式(1.88)和式(1.89)可知，在密度迅速下降的情况下，等离子体波长的增加量远大于激光群速度的变化量，可以认为经过密度陡降区域前后激光的群速度变化的影响可以忽略不计，即空泡的前沿速度不变，而空泡的尺寸迅速增加，将原本处在空泡加速相位之外的电子迅速地包括进空泡中，其过程示意如图 2.8 所示。2010 年，Schmid 等人[68]将刀片放置在喷嘴最前沿，形成了一个非常陡峭的密度下降沿，其密度梯度标长约为等离子体波长。与自注入相比，由密度梯度注入产生的电子能谱、发散角等都得到了较大的改善。2013 年，Buck 等人[69]在实验上利用“刀片法”在超音速气体喷嘴上实现了气体密度陡降，可移动的刀片放在驱动脉冲入射一侧，形成图 2.8(a)所示的密度陡降。实验产生了稳定且能量可调的超低能散(绝对能散 $\Delta E \approx 5$ MeV)的电子束，电荷量为 1～100 pC，每单位能量间隔内的电荷量超过了 10 pC/MeV。

实验上通常采用三种方式来实现密度转换：一是采用两个或两个以上初始背压不同的超音速气体喷嘴或者毛细管来产生密度转换[64]；二是利用气体与真空接触的密度渐变(下降)区域；三是利用超音速气体喷嘴冲击刀片刀边形成冲击波而产生密度突变[68-69]，如图2.9 所示。密度转换注入的优点是相对于自注入来说稳定性高，输出的电子束品质较好。不过，它的劣势也十分明显：需要将密度变化区域放在十分靠近加速起始端，这样电子才能有足够的加速距离，因此对实验装置的要求比较苛刻；另外，经过密度降低区域会使得失相提前到来，不利于尾场加速。

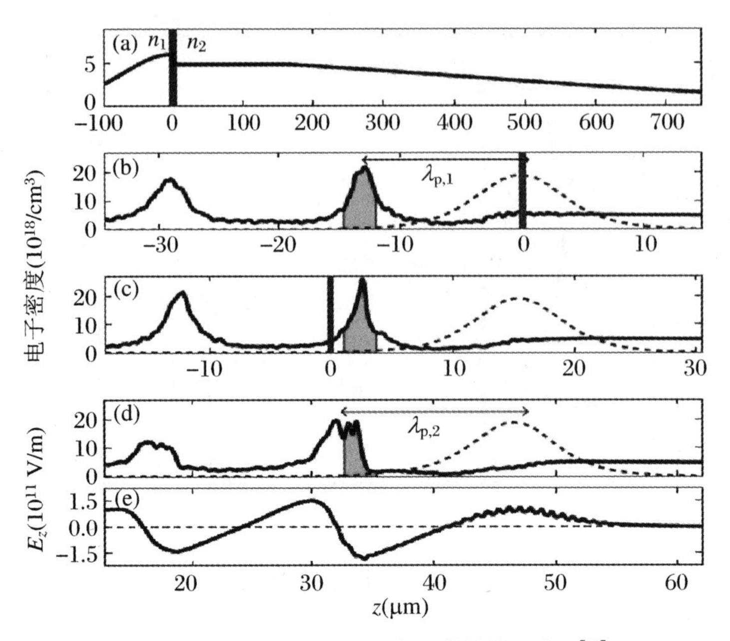

图 2.8　利用密度陡降实现电子束的控制注入[69]

(a) 背景等离子体电子密度的纵向轮廓；(b)～(d) 激光脉冲处在不同位置时，电子密度的变化情况，其中虚线表示激光脉冲；(e) 时刻的纵向加速场。

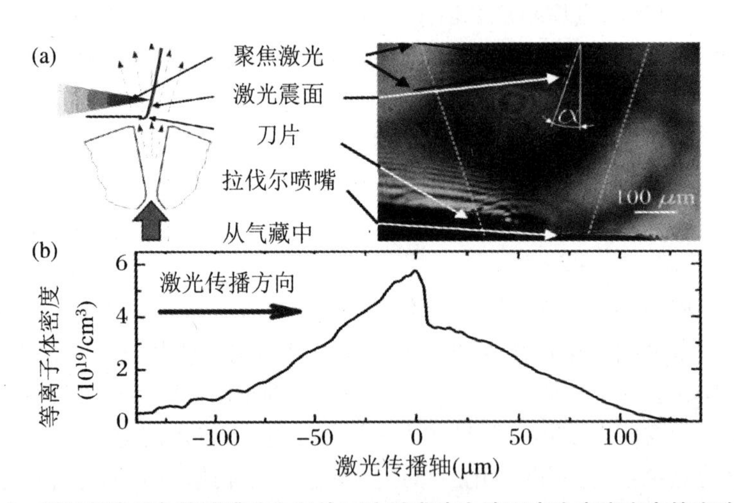

图 2.9　利用超音速气体喷嘴冲击刀片刀边形成冲击波而产生密度突变的实验布局[68]

(a) 刀片放置位置的示意图和阴影图；(b) 激光轴上的等离子体密度分布。

2.4　激光等离子体的空间结构[70]

激光等离子体具有特殊的结构和复杂的相互作用。由于激光在介质中传播，其频率须大于电子等离子体频率$\left(\omega_{pe}=\sqrt{\dfrac{n_e e^2}{\varepsilon_0 m_e}}=5.641\times10^4\sqrt{n_e}\,\mathrm{rad/s}\right)$，因此存在一个反射激光的临界面，如图 2.10 所示。

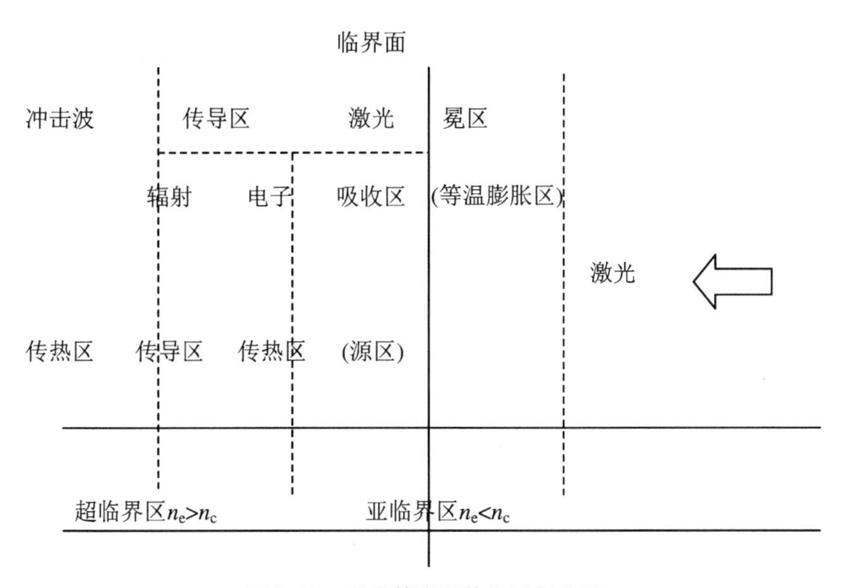

图 2.10　激光等离子体作用部分图

在临界面上，电子数密度 $n_c\propto\lambda_0^{-2}$，对于 $\lambda_0=1.06\ \mu\mathrm{m}$ 的激光，电子数密度达 $n_e\cong10^{21}/\mathrm{cm}^3$ 以上。电子数密度 $n_e<n_c$ 的区域为亚临界区，又可分为激光吸收区和冕区。激光吸收区在临界面附近一个窄的区域内，这里是激光被吸收后转换成其他形式能量以加热整个等离子体区的源区。冕区是近似等温膨胀区，$n_e>n_c$ 的区域为超临界区。与临界面相邻的是通过来自源区传导的能量加热而形成等离子体的传导区，它可分为临界面附近窄的电子传能区和延伸较宽的辐射传导区，与传导区相邻的是高密度、低温度的冲击波传播区。

2.5　激光等离子体的几种简化模型[71]

2.5.1　局部热平衡(LTE)模型

在该近似下(通常是在等离子体有较高密度下采用)，处于不同电离度的离子的分布由平衡的碰撞过程来确定，而将辐射过程的影响忽略，该分布是由 Saha 方程描述：

$$\frac{N_e N^Z}{N^{Z-1}}=2\frac{U^Z(T_e)}{U^{Z-1}(T_e)}\frac{(2\pi m_e kT_e)^{3/2}}{h^3}\exp\left(-\frac{\chi^{Z-1}-\Delta\chi^{Z-1}}{kT_e}\right)\tag{2.50}$$

其中，N_e(单位为/cm^3)为电子密度，N^Z 为电离度为 Z 的离子密度，$U^Z(T_e)$为电离度为 Z 的离子的配分函数，χ^Z 为电离度为 Z 的离子的电离势，$\Delta\chi^Z$ 为 x^{Z-1} 和 χ^Z 的电离势之差。有关配分函数，LTE 模型的判据有许多讨论。McWhirter 给出适用于 LTE 模型的判据为

$$N_e\geqslant1.6\times10^{12}T_e^{1/2}\chi(p,q)^3\tag{2.51}$$

其中，T_e(单位为 K)为电子温度，$\chi(p,q)$为所考虑的离子的最大能量差(单位为 eV)。

2.5.2　日冕模型

如果等离子体的密度很小，只考虑自发辐射跃迁和碰撞激发相平衡，复合辐射和碰撞电离相平衡，而其他过程均可以忽略，把这样的平衡称为日冕模型。则其离子的分布可以用下式描述

$$\frac{N^{Z+1}(g)}{N^Z(g)} = \frac{S^Z(g,c)}{\alpha^z(g,c)} \tag{2.52}$$

其中，$N^Z(g)$和 $N^{Z+1}(g)$分别为电离度为 Z 和$Z+1$ 的离子密度；$S^Z(g,c)$和 $\alpha^z(g,c)$为碰撞电离和辐射复合的速率系数。此模型下，离子的分布与电子密度无关。与 LTE 模型比较，离子分布主要取决于原子的速率常数。Wilson 给出适用于此模型的判据

$$N_e \leqslant 1.5 \times 10^{10}(kT_e)^4\chi^{-1/2} \tag{2.53}$$

其中，kT_e(单位为 eV)为电子温度，χ 为电离度为Z 的离子电离势。

2.5.3　碰撞辐射模型

有相当大部分等离子体不能满足上述两种近似模型，所以又提出了适用于密度介于日冕模型和局部热力学平衡模型之间的情形，即碰撞辐射模型。它将碰撞过程和辐射复合过程同时考虑，有

$$\frac{dN^Z(g)}{dt} = \alpha_{CR}N^{Z+1}N_e - S_{CR}N^Z(g)N_e \tag{2.54}$$

其中 α_{CR}和 S_{CR}为 CR 复合和电离系数。在稳态下上式可写为

$$\frac{N^{Z+1}}{N^Z} = \frac{S_{CR}}{\alpha_{CR}} \tag{2.55}$$

该式与日冕模型中的式(2.52)相似，但 α_{CR}和 S_{CR}既是电子密度的函数，又是电子温度和原子参数的函数。

2.6　等离子体谱谱线的加宽[71-76]

在等离子体诊断应用中，谱线的加宽至关重要。但由于引起谱线加宽的因素较多，实际应用中需要分析引起加宽的主要原因，再从光谱线形中解析出有用的信息。

等离子体谱线轮廓的加宽，作为一种非相干等离子体诊断技术(有时甚至是唯一的诊断技术)而被应用于许多领域。找到可靠的加宽参数一直是理论和实验工作者努力的目标。早期的工作主要集中于相对比较简单、加宽也较为明显的 H 的谱线研究上，但有些系统并不总是允许加入 H 作为诊断依据，或是 H 加宽太大而掩盖了其邻近的谱线。特别是在电子密度较高时，其加宽变得异常严重以致无法准确测定其线形。因而实际等离子体诊断中，非 H 原子和离子的加宽和位移越来越受到重视。由于其较小的加宽系数，更适合于高密度等

离子体的诊断。等离子体谱线加宽主要为斯塔克(Stark)加宽,另外还有多普勒(Doppler)加宽、共振加宽、范德瓦尔斯(Van der Waals)加宽、自然加宽、仪器加宽等。

2.6.1 谱线的固有加宽或自然加宽

由量子力学可知谱线宽度是和发射前的原子所处的初始状态的寿命有关。由于测不准原理,非扰动的能级仍有一定的寿命,因而自发辐射的谱线具有一定的宽度。对于状态 m 和 n 之间的跃迁,自然加宽的宽度一般可以写成:

$$w_L = \lambda^2\left(\sum_{m'} A_{m'm} + \sum_{n'} A_{n'n}\right)/2\pi c \tag{2.56}$$

其中,$A_{m'm}$ 是态 m 向任何允许的 m' 态跃迁的概率。如果 m、n 态中的一个与基态发生偶极耦合,则自然加宽为最大。通常自然加宽在等离子体光谱诊断中可忽略(10^{-4} nm 量级),但在低压气体放电产生的低密度等离子体中,自然加宽是重要的加宽机制。

2.6.2 共振加宽

当参加跃迁的两个能级之一与基态之间偶极耦合时,就会发生共振加宽。Ali 和 Griem 得到其加宽的表达式为

$$w_{\text{RES}} = 1.63 \times 10^{-13}\left(\frac{g_i}{g_k}\right)^{\frac{1}{2}} \lambda^2 \lambda_R f_R N_d \tag{2.57}$$

其中,λ(单位为 cm)是所观察辐射的波长,N_{d} 是该辐射粒子基态的数密度(单位为/cm^3),g_i 和 g_k 为上下态能级的统计权重,λ_R 和 f_R 为共振能级“R”的跃迁波长和 f 因子。这里的“R”是所辐射的上态或下态中的一个。

2.6.3 范德瓦尔斯加宽

它来自激发态原子和处于基态的中性原子的感应偶极子的相互作用。它是一种短程相互作用,反比于距离的 6 次方。Griem[77] 估计相应的半极大处的全宽度可以写成:

$$w_V = 8.18 \times 10^{-12} \lambda^2 (\overline{a}\, \overline{R^2})^{\frac{2}{5}} \left(\frac{T_g}{\mu}\right)^{\frac{3}{10}} N_a \tag{2.58}$$

其中,$\overline{a}$ 为中性微扰体的平均原子极化率,μ 为辐射原子与中性微扰体原子的折合质量;$\overline{R^2} = \overline{R_U^2} - \overline{R_L^2}$ 为辐射原子上下能级坐标矢量平方平均值之差,N_a 是基态中性原子的数密度。在 Coulomb 近似下,$\overline{R_U^2}$ 和 $\overline{R_L^2}$ 可表示为

$$\overline{R_j^2} = \frac{n_j^{*2}}{2[5n_j^{*2} + 1 - 3l_j(l_j + 1)]} \tag{2.59}$$

其中有效量子数平方为

$$n_j^{*2} = E_H/(E_{lp} - E_j) \tag{2.60}$$

E_{lp} 为该辐射原子的电离势,E_j 为跃迁上或下能级的能量,E_{H} 为 H 原子的电离势,l_j 为轨道量子数。

2.6.4 多普勒加宽

热等离子体谱线的多普勒加宽，是离子速度的麦克斯韦分布产生的。其值为

$$w_D = 7.16 \times 10^{-7} \lambda \sqrt{T_g/M} \tag{2.61}$$

其中，T_g 和 M 分别为气体热运动温度和辐射原子质量（单位为 a.m.u）。

2.6.5 仪器固有加宽

仪器加宽是由光的衍射效应造成的。好的光谱仪的谱线一般是高斯形的，特别是它的核心常用作卷积程序，谱线的远侧通常下降得很慢。一般来说，采用高分辨的光谱仪能基本消除仪器对谱线加宽的影响。等离子体光谱诊断中，其他加宽，特别是 Stark 加宽，和仪器加宽叠加在一起，通常用 Voigh 线形描述，在确定 Stark 加宽的成分时需要对 Voigh 线形进行解析。

2.6.6 碰撞加宽

上面我们在讨论原子的自然线宽时认为原子是静止与孤立的，碰撞加宽则是由原子间相互作用而导致的谱线加宽。在等离子体环境中，每个发射原子都要受到周围的原子、离子或电子的相互作用力，这种相互作用力将对发射原子的状态形成干扰，产生碰撞加宽。这种加宽不仅使谱线轮廓变宽，而且还会使线中心移动及线型发生变化。由于这类加宽是与干扰原子的密度有关的，即与气体的压力相关，所以也称为压力展宽。原子间相互作用的复杂性，对于碰撞加宽，从 1906 年洛伦兹提出碰撞加宽的理论开始，经 1933 年 Weisskopl 的统计理论，到 1941 年 Lindhom 和 1946 年 Foley 的绝热碰撞理论。从最早的经典方法处理到近代量子力学处理，经历了一个漫长的发展过程，可是至今尚没有形成一个关于碰撞展宽的完整理论。一般而言，其加宽机制有两种，分别为：

（1）非弹性碰撞加宽机制：正在发射光波的原子，其能级在其他原子的外力作用下发生移动，即改变了跃迁能级粒子的数目，从而猝灭发射光强度，使发射波列中断，这是 1906 年首次由洛伦兹提出的碰撞加宽理论，属于硬碰撞（库仑长程力，碰撞时间长，适用于高密度电子、离子碰撞情况），为洛伦兹线型，对谱线线翼贡献多。

（2）弹性碰撞加宽机制：这时碰撞并没有使原子发射中断，而是使电偶极子振动的相位发生变化，使受碰撞后发射的光波与碰撞前的光波不再相干。这样，使一条长波列由于在某些地方发生相位突变而被切成长短不一的好几段波列，属于软碰撞（短程力，碰撞时间短，适用于高密度中性原子、分子碰撞情况），为洛伦兹线型，对谱线中心贡献多，且有频移效应。

谱线碰撞加宽的复杂性反映了谱线中包含了关于原子间相互作用的信息。例如，我们可以从谱线的 Stark 加宽中计算出等离子体的电子温度与电子密度等。尽管碰撞加宽具有复杂性，但各种理论都有一个共同的结论：原子碰撞结果的谱线轮廓基本上是洛伦兹型的。在计算时，可将它简单地附加在自然增宽项上，如果碰撞频率是 v_0，则碰撞增宽形式不变，仍可写为 $\Gamma = hv_0$

2.6.7 斯塔克加宽

按照 Stark 加宽理论[77]，等离子体加宽的孤立谱线的轮廓和位移主要取决于电子对辐射原子或离子的碰撞，同时离静电场有较小的影响，而且该影响使得谱线轮廓的加宽变得不对称。Griem[77]用半经典方法计算了从 He 到 Ca、Cs 的中性原子的部分谱线加宽和从 Li 到 Ca 一价离子部分谱线的加宽。Dimitrijcvic 用修正的半经典公式计算了众多中性原子、单价离子和多价离子的加宽[78-80]。但更多的谱线加宽在没有足够原子参数的条件下，使用简单的近似公式来估算[11]。由于谱线加宽参数通常是温度的函数，一般的计算给出某一密度下不同温度时的加宽参数。在激光等离子体中，谱线的加宽主要是由碰撞加宽和 Stark 加宽引起的。

对于中性原子和其一次电离的离子的孤立谱线，其谱线加宽主要是由电子碰撞引起的，离子准静态库仑场引起的加宽只是作为一种修正。在良好的近似下其半高全宽为[77,81]

$$\text{原子}\quad \Delta\lambda_{1/2} = 2W\left(\frac{N_e}{10^{16}}\right) + 3.5A\left(\frac{N_e}{10^{16}}\right)^{1/4}\left(1 - \frac{3}{4}N_D^{1/3}\right)W\left(\frac{N_e}{10^{16}}\right) \tag{2.62}$$

$$\text{一次电离子}\quad \Delta\lambda_{1/2} = 2W\left(\frac{N_e}{10^{16}}\right) + 3.5A\left(\frac{N_g}{10^{16}}\right)^{1/4}\left(1 - \frac{6}{5}N_D^{1/3}\right)W\left(\frac{N_g}{10^{16}}\right) \tag{2.63}$$

其中，N_g 为德拜球内的粒子数，N_e 为等离子体中的电子数密度（单位为/cm^3），系数 W、A、D 与 N_e 无关，是温度 T 的慢变函数。可见，在忽略离子准静态场加宽的影响下，谱线半高全宽与电子密度成正比。

2.7 激光等离子体发射光谱[82]

由上面激光烧蚀等离子体的形成过程可以看出，激光等离子体是一个高温体系。如第 5 章中测量的激光烧蚀 Ni 等离子体电子温度可达 10^4 K 以上。在这样的高温体系中，一切物质都可以熔化成为分子或原子，又由于热运动，粒子之间发生激烈碰撞，使分子或原子电离为离子，而且分子、原子或离子可以被激发到不同能级上，因而存在高能级向低能级的跃迁，产生很强的发射光谱。激光等离子体的发射光谱有以下两个重要特征：

第一，激光等离子体发射光谱有很强的连续背景辐射。连续辐射产生的原因是：在原子的离化限以上是能量的连续区，接近离化限处有一片准连续能级区。这是由于高密度电子与离子的电场和高温展宽了原子与离子的能级，它们相互靠得很近以致发生能级重叠。等离子体温度越高，电离程度越高，准连续区越宽，电子在连续区或连续与分立能级之间的跃迁构成了连续光谱。由于产生连续跃迁的范围很大，因此连续光谱很宽，从紫外到红外都有。但是，影响连续背景辐射大小的因素诸多，特别是所加的缓冲气体的气压，缓冲气体气压越高，背景辐射越强。

第二，在连续辐射背景上叠加的分立的原子、离子谱线具有不同的演化速率。分立谱来自电子在原子和离子束缚能级间的跃迁。随时间的推移，各原子和离子光谱线的强度呈现不同的变化趋势。总体上表现为所有谱线的强度随时间先增强，后减弱。

总之,激光烧蚀的等离子体光谱存在连续辐射形成的连续谱,以及电子在不同束缚级间跃迁,产生特征辐射形成的分立谱。

2.8 等离子体电子温度的测定

2.8.1 由 Boltzmann 斜线求电子温度

对等离子体的发射光谱强度进行绝对或相对测量,可以用来确定等离子体的电子温度。但是,脉冲激光形成的等离子体寿命很短,它们的光谱线强度与时间有关,因此在激光照射后的不同时刻,应用不同的测量方法。在等离子体形成的初始阶段,等离子体有很强的连续背景辐射,可以根据背景辐射强度来确定电子温度;在中、后期,连续背景辐射已衰减得很小,而原子、离子的分立谱线很强,这时可使用这些分立谱线去确定电子温度。

在温度很高的等离子体中,原子和离子的各个能级都有一定程度的布居,从可见到紫外的各个波段上,都可检测到原子和离子的各条谱线。在等离子体局部热平衡已建立的情况下,属于相同原子的两条谱线 λ_1 和 λ_2 的强度由下式给出:

$$\frac{I_1}{I_2} = \frac{A_1 g_1 \lambda_2}{A_2 g_2 \lambda_1} \exp\left(-\frac{E_1 - E_2}{k_B T}\right) \tag{2.64}$$

式中,A_1、A_2 分别为两条谱线的自发辐射跃迁概率,g_1、g_2 分别为能级 E_1 和 E_2 的简并度,K_B 为玻尔兹曼常数,T 为热平衡温度。上式取对数,可得

$$\ln\left(\frac{I_1 \lambda_1}{g_1 A_1}\right) - \ln\left(\frac{I_2 \lambda_2}{g_2 A_2}\right) = -\frac{E_1 - E_2}{k_B T} \tag{2.65}$$

式(2.65)表明同一原子两条谱线带有权重的相对强度的对数 $\ln(I\lambda/gA)$ 的差值与相应的上态能级差呈正比,作 $\ln(I\lambda/gA)$-E 图得一条直线,称为 Boltzmann 斜线,其斜率的倒数就是温度。因此,可以利用该原子谱线的相对强度来确定等离子体的电子温度。在实际计算中,需要知道相应能级的跃迁概率 A_1 和 A_2,并要求实验所测定的两条原子谱线对应跃迁上态的能量差有较大的变化范围。

2.8.2 由 Saha-Boltzmann 方法求电子温度

在某些情况下,难以找到许多来自同一电离态的谱线,或者是这些谱线间的能级差很小而无法进行准确的电子温度测定,这时可以考虑采用 Saha-Boltzmann 方法。如果来自不同电离态的谱线能级差很大,可以通过使用 Saha 方程进行变换[83],得

$$\frac{I_1}{I_2} = \frac{A_1 g_1 \lambda_2}{A_2 g_2 \lambda_1} \frac{2(2\pi m_e k)^{3/2}}{h^3} \frac{1}{n_e} T^{3/2} \exp\left(-\frac{E_1 - E_2 + E_{1P} - \Delta E}{kT}\right) \tag{2.66}$$

式(2.66)中下标 1 和 2 分别代表相邻电离级次中的高和低级次,m_e 为电子的静止质量,h 为普朗克常数,E_{1P}为低电离级次的电离电势,ΔE 为等离子体中由于相互作用而产生的电离势的修正值[84-85](由于等离子体中带电粒子受到许多其他异号带电粒子的包围)。n_e 为电

子密度，可以通过对谱线 Stark 展宽的测量来计算得到。式(2.66)在形式上同 Boltzmann 方程相似，并且也是使用谱线强度比与温度之间的相互关系，所不同的是谱线来自于同一元素不同电离级次的发射谱线，且含有电子密度和 $T^{3/2}$ 因子。

需要注意的是，在式(2.66)中出现的 $T^{3/2}$ 因子，使得 Saha 方程不能像 Boltzmann 方程一样采用多谱线分析的方法求电子温度。Saha 温度只能由一条离子线和一条原子线来求得。然而只要使用一种简单的简化方法，便可以利用 Saha 方程来作 Boltzmann 斜线和确定温度。将式(2.66)取自然对数，得

$$\ln\left(\frac{I_1\lambda_1}{g_1A_1}\right)-\ln\left(\frac{I_2\lambda_2}{g_2A_2}\right)=-\frac{E_1-E_2+E_{1P}-\Delta E}{kT}+\ln\left[\frac{2(2\pi m_e k)^{3/2}}{h^3}\frac{1}{n_e}T^{3/2}\right]\tag{2.67}$$

式(2.67)表明，可以将来自中性原子和离子(或两种电离态或几种电离态)的谱线作在同一张图上。方程(2.67)的形式和 Boltzmann 方程相比，除能级差有所改变外，还增加了第二项。利用 Boltzmann 斜线法只能使用一种电离态，如中性原子或离子，如果将中性原子或离子放在同一张图上，则需要调节离子点的横坐标和纵坐标。我们可以通过给离子能级增加一个修正的电离势来调节横坐标，即调节离子能级的值 E^*：

$$E^*=E_1+E_{1P}-\Delta E\tag{2.68}$$

通过扣除式(2.67)中与热力学性质有关的项来调节离子的纵坐标值，即

$$\ln\left(\frac{I_1\lambda_1}{g_1A_1}\right)^*=\ln\left(\frac{I_1\lambda_1}{g_1A_1}\right)-\ln\left[\frac{2(2\pi m_e k)^{3/2}}{h^3}\frac{1}{n_e}T^{3/2}\right]\tag{2.69}$$

值得注意的是，我们在将要拟合的数据中扣除了含有未知参数(T)的一项，但是从类似 Boltzmann 方程的式(2.67)中可以看出，其第一项中的温度起主要作用，因为 $1/T$ 要比 $\ln(T^{3/2})$ 项变化快得多，这样温度就可以通过一种迭代的方法很快得到。首先给出温度的初始估计值，根据式(2.69)调节离子的纵坐标，再由式(2.67)作中性原子和离子的线性拟合，得到一个新的温度。将这个温度代入式(2.69)，再次调节离子的纵坐标，并重复进行线性拟合，最后会得到温度的收敛值。即使温度的初始估计值存在25%的误差，也只要通过三次重复过程就可以得到同一个收敛的温度。

利用上述的 Saha 分析方法来求等离子体的电子温度具有一个明显的优点，那就是它比 Boltzmann 斜线方法具有更高的准确度，因为它可以选用来自不同电离态的发射谱线，其上能级具有更大的能级差。另外，在同一个图上可以比较原子 Boltzmann 温度、离子 Boltzmann 温度和不同电离态的 Saha 温度，从而可以估计拟合的质量，同时也提供了局部热平衡是否成立以及测量是否具有一致性的信息。

2.9　等离子体电子密度的计算

在激光等离子体中，发光原子与等离子体中的带电粒子相互作用会使发射谱线展宽，称为 Stark 展宽。谱线产生 Stark 展宽的大小与电子密度有关，于是我们可以由实验测得的 Stark 展宽计算等离子体的电子密度。对于非类氢原子，谱线展宽属于平方 Stark 展宽，在此情况下，可以通过解如下的经验公式[86]去求得电子密度。

$$\Delta\lambda_{\text{width}}=\left[1+1.75\times10^{-4}n_e^{1/4}\alpha(1-0.068n_e^{1/6}T_e^{-1/2})\right]\times10^{-16}wn_e\tag{2.70}$$

$$\Delta\lambda_{\text{shift}} = [(d/w) + 2.0\times10^{-4} n_e^{1/4}\alpha(1 - 0.068 n_e^{1/6} T_e^{-1/2})]\times10^{-16} w n_e \quad (2.71)$$

其中，T_e 为等离子体中的电子温度，w 为电子碰撞半宽度（d/w 为相对电子碰撞线移，α 为离子展宽参数，各参数可在文献[87]中查到。因此，只要在实验中测得 $\Delta\lambda_{\text{width}}$ 和 $\Delta\lambda_{\text{shift}}$ 以及电子温度的近似值，就可以根据式(2.70)或式(2.71)得到电子密度 n_e。

2.10 激光诱导等离子体的基本性质

对激光诱导等离子体，大量实验研究结果表明其为局部热平衡过程（LTE），单重电离离子与原子比率可由 Saha 方程求出[88]，即

$$\frac{n_i}{n_n} = 2.4\times10^{15}\frac{T^{3/2}}{n_e}\exp(-U_i/KT) \quad (2.72)$$

其中 n_i、n_n、n_e 分别为一价离子、中性原子以及电子的数密度（单位为/cm³），T 为等离子体的温度（单位为 K），U_i 为原子的第一电离电势（单位为 eV）。

在等离子体形成的初始阶段，典型温度为 10000 K，远远超过大部分物质的沸点，这么高的等离子体温度是通过逆韧致辐射即电子的自由-自由跃迁吸收激光能量所致。这一过程的吸收系数为

$$\alpha = 3.69\times10^{8}\frac{z^3 n_i^2}{T^{1/2}\nu^3}(1 - e^{-h\nu/KT}) \quad (2.73)$$

α 的单位是/cm，由上式可以预测，当激光波长较长、电子密度较大时，吸收效率较高。有意义的吸收要求 $n_i \sim 10^{19}/\text{cm}^3$，用高功率密度的激光烧蚀，可以很快达到这样高的离子密度。

若激光等离子体处于局部热平衡，则由 Boltzmann 定律可知，激发态能级的布居数与中性原子或该元素的离子的总浓度有关[89]，对激光等离子体中某一元素相应能级布居数的测量是通过发射谱线的强度来进行的，发射谱线的强度可表示为

$$I_{ki} = \frac{hc}{4\pi\lambda_{ki}}\frac{N(T)}{U(T)}\cdot g_k A_{ki}\exp\left(-\frac{E_k}{KT}\right) \quad (2.74)$$

其中，λ_{ki}、A_{ki}、g_k、$U(T)$ 分别代表波长、跃迁概率、上能级的统计权重和配分函数；E_k、T、K、h 分别代表激发态能量、等离子体的温度、玻尔兹曼常数和普朗克常数。

由式(2.74)可以看出有两个因素影响发射谱线的强度：自由原子数密度和等离子体的温度。自由原子数密度取决于激光烧蚀量和等离子体中被溅射出的物质特性（如微粒、颗粒等），而溅射出物质的多少反过来依赖于等离子体屏蔽和对激光辐射的吸收，而后者与等离子体的电子温度有关，因此了解等离子体温度和电子浓度的时间演化特性，对理解发生在等离子体中的解离、原子化、离子化和激发过程很重要。

2.11 辐射机制

2.11.1 韧致辐射

在无磁场的等离子体中，主要是自由电子在离子场作用下发生电子-离子库仑碰撞，使自由电子跃迁到较低能量的另一自由态，伴随着电子因碰撞而产生减速度，从而把多余的能量以光子形式辐射出去，这种由库仑碰撞引起的辐射称为韧致辐射。常用德文名词 Bremssstrahlung 表示，其原意是"制动"辐射，最先在研究高能电子被厚金属靶滞止过程中观测到这种辐射而命名。因为电子在碰撞前后都是自由的，所以也称为自由-自由跃迁。显然，韧致辐射是连续辐射，存在各种频率。

电子与电离度为 Z 的离子的二体碰撞产生的连续辐射的经典描述为

$$dI(v) = N^Z v n(v) P(v) dv \quad (\text{单位为 erg/(cm}^3 \cdot \text{sec} \cdot \text{Hz})) \tag{2.75}$$

这里 N^Z 为离子密度(单位为/cm^3)，$n(v)vdv$ 为速度在 $v \sim v + dv$ 之间的电子数，$P(v)$ 为光谱偏差，经典近似下为

$$P(v) = \frac{32\pi^2 Z^2 e^6}{3\sqrt{3} m_e^2 c^3 v^2} \tag{2.76}$$

如果等离子体中的电子随能量的分布为 $n_e(E_e)$，则其韧致辐射的谱强度为

$$I_P(v) = AN^Z \int_{E_e = hv}^{\infty} n(E_e) E_e^{1/2} dE_e \quad (\text{单位为 erg/(cm}^3 \cdot \text{sec} \cdot \text{Hz})) \tag{2.77}$$

2.11.2 复合辐射

等离子体中自由电子与离子碰撞后复合或者自由电子被中性粒子俘获，被复合或俘获的电子多余能量以光子形式辐射出来。跃迁前电子是自由态，跃迁后电子束缚于某能级，所以称为自由-束缚跃迁，自由电子具有连续的速度分布，即能量是连续的，因此电子复合辐射也是连续谱。

在等离子体中，离子 A^{Z+} 与电离势 $\chi^Z > kT_e$ 下常会发生 A^{Z+} 与电子复合，产生能量大于 χ^{Z+} 的光子，即

$$A^{Z+} + e + E_e \Leftrightarrow A^{(Z-1)+} + hv$$
$$hv = E_e + \chi^Z \tag{2.78}$$

该复合辐射的辐射截面可近似表示为

$$\sigma_r(E_e) = \frac{2.1 \times 10^{-22}}{n^2} \frac{\chi^H Z^2}{E_e(E_e + \chi^Z)} \quad (\text{单位为 cm}^2) \tag{2.79}$$

其中，E^e 为电子能量，χ^H 为 H 的电离能，χ^Z 为 A^{Z+} 离子的电离能。

2.11.3 激发辐射

激发辐射的基本特点是发射出分立谱线，所以又称为不连续辐射或线辐射。等离子体中原子轨道上的电子未完全剥离前，这种激发辐射很明显，这时电子在跃迁前后都处于束缚态，所以称为束缚-束缚跃迁。

原子或离子的核外电子由于碰撞或电场、磁场作用，被激发到较高能级，而处于较高能级（一种束缚态）的电子向较低能级（另一种束缚态）跃迁时，发出与此两能级差有关的特定谱线，由于能级的能量是不连续的，所以这些谱线也是分立谱线。

2.12 LIBS 技术痕量分析的理论依据

假设等离子体中的各种元素的含量代表激光烧蚀前样品中各种元素的实际含量，这是应用 LIBS 技术的一个基本假设[90]，除此之外，还假设在一定时间与空间观察范围内等离子体满足局部热平衡条件，且为光学薄的[91]，中性原子分析谱线不应有自吸收发生。在 LIBS 实验条件中，一般只检测元素的中性原子和一次电离离子的发射谱线，为了区别同一元素中这两种不同的电离态，在下面的讨论中称不同的类，如根据元素原子所带的电荷，Al（Ⅰ）和 Al（Ⅱ）表示同一元素不同的类，分别指中性原子和一次电离的离子。在局部热平衡近似下，对应两个能级 E_k 和 E_i 跃迁的原子线强度用下式表示：

$$I_{\lambda}^{K_i} = N_s A_{ki} \frac{g_k e^{-(E_i/K_B T)}}{U_s(T)} \tag{2.80}$$

其中，λ 为跃迁的波长，N_s 为发射原子的数密度（单位为粒子数/cm^3），A_{ki} 为该谱线的跃迁概率，$U_s(T)$ 为等离子体温度下该类的配分函数，发射谱线的强度单位为光子数/cm^3。在实际测量过程中，考虑到光接收系统的效率，实验测定谱线强度可用下式表示：

$$\overline{I_{\lambda}^{ki}} = FC_s A_{ki} \frac{g_k e^{-(E_i/K_B T)}}{U_s(T)} \tag{2.81}$$

其中，$\overline{I_{\lambda}^{ki}}$ 为测量的线强度，C_s 为该发射线所对应的原子含量，F 为实验参数（包括接收系统的光学效率和等离子体温度以及体积）。对多个激光脉冲平均是为了增强光谱信号的强度和提高信噪比，在实验过程中需极小心以稳定实验参数（激光能量、光的聚焦等）保证 F 是常数。方程（2.16）中的谱线强度 $\overline{I_{\lambda}^{ki}}$ 是 LIBS 测量的结果，光谱学参数 A_{ki}、E_k、g_k 可从原子光谱标准与技术数据库（NIST）中获得，F、C_s、T 从实验数据中测量得到，一旦等离子体温度确定，每条谱线对应的配分函数可从光谱数据中测量得到。由方程式（2.16）可知，对于给定的原子发射谱线，只要实验条件理想稳定，右边只有 C_s 是变量，依据不同的样品而定，其他的量对特定的谱线均是常量，由此可以得到谱线强度和含量的定量关系，这就是运用 LIBS 进行痕量分析的理论依据。

参 考 文 献

[1] Miller J C, Haglund R F. Laser ablation mechanism and application[C]. Berling, 1991.

[2] Harilal S S, Diwakar P K, Miloshevsky G. Laser-induced breakdown spectroscopy [M]. 2nd ed. New York: Addison-Wesley Publishing Company, 2020.

[3] 常铁强. 激光等离子体相互作用与激光聚变[M]. 长沙:湖南科学技术出版社, 1991.

[4] Chen F F. Introduction to plasma physics and controlled fusion[M]. London:Plenum Press, 1984.

[5] Kruer W L. The Physics of laser plasma interaction[M]. New York:Addison-Wesley Publishing Company, 1988.

[6] Tajima T, Dawson J M. Laser electron accelerator[J]. Physical Review Letters, 1979, 43(4): 267-279.

[7] Tajima T, Dawson J M. Laser beat accelerator[J]. IEEE Transactions on Plasma Science, 1981, 28(3):3416-3428.

[8] Tang C M, Sprangle P, Sudan R N. Excitation of the plasma waves in the laser beat wave accelerator[J]. Applied Physics Letters, 1984, 45(4):375-386.

[9] Joshi C, Mori W B, Katsouleas T, et al. Ultrahigh gradient particle-acceleration by intense laser-driven plasma-density waves[J]. Nature, 1984, 311:525-538.

[10] Clayton C E, Joshi C, Darrow C, et al. Relativistic plasma-wave excitation by collinear optical mixing[J]. Physical Review Letters, 1985, 54:2343-2356.

[11] Kitagawa Y, Matsumoto T, Minamihata T, et al. Beat-wave excitation of plasma-wave and observation of accelerated electrons[J]. Physical Review Letters, 1992, 68:48-59.

[12] Clayton C E, Marsh K A, Dyson A, et al. Ultrahigh-gradient acceleration of injected electrons by laser-excited relativistic electron-plasma waves[J]. Physical Review Letters, 1993, 70:37-51.

[13] Everett M, Lal A, Gordon D, et al. Trapped electron acceleration by a laser-driven relativistic plasma-wave[J]. Nature, 1994, 368:527-539.

[14] CoverdaleC A, Darrow C B, Decker C D, et al. Propagation of intense subpicosecond laser-pulses through underdense plasmas[J]. Physical Review Letters, 1995, 74:4659-4671.

[15] Modena A, Najmudin Z, Dangor A E, et al. Electron acceleration from the breaking of relativistic plasma-waves[J]. Nature, 1995, 377:606-619.

[16] Nakajima K, Fisher D, Kawakubo T, et al. Observation of ultrahigh gradient electron acceleration by a self-modulated intense short laser pulse[J]. Physical Review Letters, 1995, 74:4428-4442.

[17] Wagner R, Chen S Y, Maksimchuk A, et al. Electron acceleration by a laser wakefield in a relativistically self-guided channel[J]. Physical Review Letters, 1997, 78:3125-3140.

[18] Mourou G, Umstadter D. Development and applications of compact high-intensity lasers[J]. Physics of Fluids B, 1992, 4:2315-2327.

[19] Mourou G A, Barty C P J, Perry M D. Ultrahigh-intensity lasers: Physics of the extreme on a tabletop[J]. Physics Today, 1998, 51:22-34.

[20] Mangles S P D, Murphy C D, Najmudin Z, et al. Monoenergetic beams of relativistic electrons from intense laser-plasma interactions[J]. Nature, 2004, 431:535-546.

[21] Geddes C G R, Toth C, van J Tilborg, et al. High-quality electron beams from a laser wakefield accelerator using plasma-channel guiding[J]. Nature, 2004, 431:538-549.

[22] Faure J, Glinec Y, Pukhov A, et al. A laser-plasma accelerator producing monoenergetic electron beams[J]. Nature, 2004, 431:541-553.

[23] Sprangle P, Esarey E. Interaction of ultrahigh laser fields with beams and plasmas[J]. Physics of Fluids B, 992, 4:2241-2252.

[24] Dawson J M. Nonlinear electron oscillations in a cold plasma[J]. Physical Review, 1959, 113:383-390.

[25] Sprangle P, Esarey E, Ting A, et al. Laser wakefield acceleration and relativistic optical guiding [J]. Applied Physics Letters, 1988, 53:2146-2158.

[26] Keinigs R, Jones M E. Two-dimensional dynamics of the plasma wakefield accelerator[J]. The Physics of fluids, 1987, 30(1):252-263.

[27] Berezhiani V I, Murusidze I G. Interaction of highly relativistic short laser pulses with plasmas and nonlinear wake-field generation[J]. Physica Scripta, 1992, 45(2):87-99.

[28] Esarey E, Ting A, Sprangle P, et al. Nonlinear analysis of relativistic harmonic generation by intense lasers in plasmas[J]. IEEE Transactions on Plasma Science, 1993, 21:95-106.

[29] Bulanov S V, Kirsanov V I, Sakharov A S. Excitation of ultrarelativistic plasma waves by pulse of electromagnetic radiation[J]. JETP Letters, 1989, 50(4):198-206.

[30] Berezhiani V I, Murusidze I G. Relativistic wake-field generation by an intense laser pulse in a plasma[J]. Physics Letters A, 1990, 148(6-7):338-349.

[31] Esarey E, Pilloff M. Trapping and acceleration in nonlinear plasma waves[J]. Physics of Plasmas, 1995, 2(5):1432-1440.

[32] Shadwick B A, Tarkenton G M, Esarey E H, et al. Fluid simulations of intense laser-plasma interactions[J]. IEEE Transactions on Plasma Science, 2002, 30:38-45.

[33] Joshi C. Plasma accelerators[J]. Scientific American, 2006, 294:41-49.

[34] Pukhov A, Meyer-ter-Vehn J. Laser wake field acceleration: the highly non-linear broken-wave regime[J]. Applied Physics B, 2002, 74(4):355-368.

[35] Lu W, Huang C, Zhou M, et al. Nonlinear theory for relativistic plasma wakefields in the blowout regime[J]. Physical Review Letters, 2006, 96(16):165002-165014.

[36] Lu W, Huang C, Zhou M, et al. A nonlinear theory for multidimensional relativistic plasma wave wakefields[J]. Physics of Plasmas, 2006, 13: 056709-056718.

[37] Lu W, Tzoufras M, Joshi C, et al. Generating multi-Ge V electron bunches using single stage laser wakefield acceleration in a 3D nonlinear regime[J]. Physical Review Special Topics-Accelerators and Beams, 2007, 10(6): 61301-61314.

[38] Kalmykov S, Yi S A, Khudik V, et al. Electron self-injection and trapping into an evolving plasma bubble[J]. Physical Review Letters, 2009, 103(13):135004-135018.

[39] Kostyukov I, Nerush E, Pukhov A, et al. Electron self-injection in multidimensional relativistic-plasma wake fields[J]. Physical Review Letters, 2009, 103(17): 175003-175015.

[40] Kuschel S, Schwab M B, Yeung M, et al. Controlling the self-Injection threshold in laser Wakefield Accelerators[J]. Physical Review Letters, 2018, 121:154801-154809.

[41] Streeter M J V, Kneip S, Bloom M S, et al. Observation of laser power amplification in a self-injecting laser wakefield accelerator[J]. Physical Review Letters, 2018, 120: 254801-254811.

[42] Esarey E, Hubbard R F, Leemans W P, et al. Electron injection into plasma wakefields by colliding laser pulses[J]. Physical Review Letters, 1997, 79:2682-2694.

[43] Fubiani G, Esarey E, Schroeder C B, et al. Beat wave injection of electrons into plasma waves using two interfering laser pulses[J]. Physical Review E, 2004, 70, 016402.

[44] Rechatin C, Faure J, Ben-Ismail A, et al. Controlling the phase-space volume of injected electrons in a laser-plasma accelerator[J]. Physical Review Letters, 2009, 102(16):164801-164812.

[45] Rechatin C, Faure J, Lifschitz A, et al. Plasma wake inhibition at the collision of two laser pulses in an underdense plasma[J]. Physics of Plasmas, 2007, 14:060702-060710.

[46] Malka V, Faure J, Rechatin C, et al. Laser-driven accelerators by colliding pulses injection: A review of simulation and experimental results[J]. Physics of Plasmas, 2009, 16:056703-056713.

[47] Malka V. Laser plasma accelerators[J]. Physics of Plasmas, 2012, 19:055501-055509.

[48] Rechatin C, Faure J, Lifschitz A, et al. Quasi-monoenergetic electron beams produced by colliding cross-polarized laser pulses in underdense plasmas[J]. New Journal of Physics, 2009, 11: 013011-013021.

[49] Davoine X, Beck A, Lifschitz A, et al. Cold injection for electron wakefield acceleration[J]. New Journal of Physics, 2010, 12:095010-095021.

[50] Kotaki H, Daito I, Kando M, et al. Electron optical injection with head-on and countercrossing colliding laser pulses[J]. Physical Review Letters, 2009, 103:194803-194810.

[51] Faure J, Rechatin C, et al. Controlled injection and acceleration of electrons in plasma wakefields by colliding laser pulses[J]. Nature, 2006, 444:737-742.

[52] McGuffey C, Thomas A G R, Schumaker W, et al. Ionization induced trapping in a laser wake field accelerator[J]. Physical Review Letters, 2010, 104: 025004-025015.

[53] Pak A, A Marsh K, Martins S F, et al. Injection and trapping of tunnel-ionized electrons into laser-produced wakes[J]. Physical Review Letters, 2010, 104:025003-025016.

[54] Clayton C E, Ralph J E, Albert F, et al. Self-guided laser wakefield acceleration beyond 1GeV using ionization-induced injection[J]. Physical Review Letters, 2010, 105:105003-105014.

[55] Mo M Z, Ali A, Fourmaux S, et al. Quasimonoenergetic electron beams from laser wakefield acceleration in pure nitrogen[J]. Applied Physics Letters, 2012, 100:074101-074115.

[56] Huang K, Li D Z, Yan W C, et al. Simultaneous generation of quasi-monoenergetic electron and betatron X-rays from nitrogen gas via ionization injection[J]. Applied Physics Letters, 2014, 105: 204101-204116.

[57] Chen M, Sheng Z M, Ma Y Y, et al. Electron injection and trapping in a laser wakefield by field ionization to high-charge states of gases[J]. Journal of Applied Physics, 2006, 99:056109-056119.

[58] Bourgeois N, Cowley J, Hooker S M. Two-pulse ionization injection into quasilinear laser wake fields[J]. Physical Review Letters, 2013, 111:155004-155016.

[59] Li F, Hua J F, Xu X L, et al. Generating high-brightness electron beams via ionization injection by transverse colliding lasers in a plasma-wakefield accelerator[J]. Physical Review Letters, 2013, 111: 015003-015012.

[60] Yu L L, Esarey E, Schroeder C B, et al. Two-color laser-ionization injection[J]. Physical Review Letters, 2014, 112:125001-125014.

[61] Bulanov S, Naumova N, Pegoraro F, et al. Particle injection into the wave acceleration phase due to nonlinear wake wave breaking[J]. Physical Review E, 1998, 58: R5257-R5269.

[62] Brantov A V, Esirkepov T Z, Kando M, et al. Controlled electron injection into the wake wave using plasma density inhomogeneity[J]. Physics of Plasmas, 2008, 15(7): 073111-073123.
[63] Gonsalves A J, Nakamura K, Lin C, et al. Tunable laser plasma accelerator based on longitudinal density tailoring[J]. Nature Physics, 2011, 7(11):862-873.
[64] Geddes C G R, Nakamura K, Plateau G R, et al. Plasma-density-gradient injection of low absolute-momentum-spread electron bunches[J]. Physical Review Letters, 2008, 100:215004-215016.
[65] Li F Y, Sheng Z M, Liu Y, et al. Dense attosecond electron sheets from laser wakefields using an up-ramp density transition[J]. Physical Review Letters, 2013, 110(13):135002-135016.
[66] Suk H, Barov N, Rosenzweig J, et al. Plasmaelectron trapping and acceleration in aplasma wake field using a density transition[J]. Physical Review Letters, 2001, 86:1011-1023.
[67] Tomassini P, Galimberti M, Giulietti A, et al. Production of high-quality electron beams in numerical experiments of laser wake filed acceleration with longitudinal wave breaking[J]. Physical Review Special Topics-Accelerators and Beams, 2003, 6:121301-121322.
[68] Schmid K, Buck A, Sears C M S, et al. Density-transition based electron injector for laser driven wakefield accelerators[J]. Physical Review Special Topics-Accelerators and Beams, 2010, 13: 091301-091312.
[69] Buck A, Wenz J, Xu J, et al. Shock-front injector for high-quality laser-plasma acceleration[J]. Physical Review Letters, 2013, 110:185006-185017.
[70] 张树东. 激光烧蚀 Al 等离子体与分子、团簇反应的实验研究[D]. 中国科学院安徽光学精密机械研究所, 2003.
[71] 项志遴, 俞昌旋. 高温等离子体诊断技术(上册)[M]. 上海:上海科学技术出版社, 1982.
[72] Miller J C, Haglund R F. Laser Ablation Mechanism and Application[M]. Berling: Academic Press, 1991.
[73] Harilal S S, Kautz E J, Phillips M C. Spatiotemporal evolution of emission and absorption signatures in a laser-produced plasma[J]. Journal of Applied Physics, 2022, 131(6):1-15.
[74] Whirter M. Plasma dianostic techniques[M]. New York: Academic Press, 1965.
[75] Griem H R. Spectral line broadening by plasmas[M]. New York: Academic Press, 1974:52-53.
[76] 朱沛臣,万春华,熊诗杰,等.热等离子体中 Stark 谱线增宽和移动的理论及实验现状[J]. 物理学进展, 2001, 21(1):88-131.
[77] Griem H R. Spectral line broadening by plasmas[M]. New York: Academic press, 1974:56-58.
[78] Dimitriferic M S, Konjevic N. Simple estimates for Stark broadening of ion lines in stellar plasmas [J]. Astronomy Astrophysics, 1987, 172:345.
[79] Dimitriferic M S, Konjevic N. Simple formulae for estimating Stark widths andshifts of neutral atom lines[J]. Astronomy Astrophysics, 1986, 165:269.
[80] Dimitriferic M S, Konjevic N. Simple formulae for estimating Stark widths andshifts of neutral atom lines[J]. Astronomy Astrophysics, 1986, 163:297.
[81] Griem H R. Plasma spectroscopy[M]. New York: McGraw-Hill, 1964:136-137.
[82] 陆同兴, 路轶群. 激光光谱技术原理及应用[M]. 合肥:中国科学技术大学出版社, 1999.
[83] Yalcin S, Crosley D R, Smith G P. Influence of ambient conditions on the laser air spark[J]. Applied Physics B, 1999, 68(1):121-130.
[84] Griem H R. Plasma spectroscopy[M]. New York: McGraw-Hill, 1964: 138-139.
[85] Lochte-Holtgreven W. Plasma diagnostics[M]. North Holland: Amsterdam, 1968: 156-157.

[86] Befeki G. Principles of laser plasmas[M]. New York:Willey Interscience, 1976: 550-627.

[87] Griem H R. Plasma spectroscopy[M]. New York: McGraw-Hill, 1964: 139-140.

[88] 陆同兴,路铁群.激光光谱技术原理及应用[M]. 合肥:中国科学技术大学出版社, 1999.

[89] Mohamad S, Paolo C. Quantitative analysis of aluminum alloys by laser-induced breakdown spectroscopy and plasma characterization[J]. Applied Spectroscopy, 1995, 49(4):499-507.

[90] Ng C W, Ho W F, Cheung N H. Spectrochemical analysis of liquids using laser-induced plasma emissions:Effects of laser wavelength on plasma properties[J]. Applied Spectroscopy, 1997, 51(7): 976-983.

[91] Ng C W, Cheung N H. Detection of sodium and potassium in single human red blood cells by 193 nm laser ablative sampling: A feasibility demonstration[J]. Analytical Chemistry, 2020, 72(1): 247-250.

第3章 激光等离子体在外加电场中诱导的电流信号特性的实验研究

3.1 引言

“激光与物质的相互作用”在理论研究和实际应用中都是非常重要的课题。例如,脉冲激光沉积技术(Pulsed Laser Deposition)就是一个重要的实际应用的例子。利用脉冲激光沉积可以获得理想化学配比的薄膜,而且此方法具有实验装置简单、适用性强、沉积效率高等优点,因此被广泛用于制备各种薄膜,例如它可以制备外延晶体、多晶、微晶以及非晶材料,尤其是在高温超导、半导体、类金刚石薄膜等方面[1-2]的应用和研究最多。由于上述材料的结构与性质依赖于多种参数,其中包括脉冲激光烧蚀(PLA)发射出来的原子和离子的能量,因此进一步了解原子和离子的能量分布是非常重要的。是否可以利用高功率的脉冲激光烧蚀产生足够高的束流密度来进行薄膜沉积,以及如何控制原子和离子的能量,是一个与实际应用密切相关的基础研究课题。对激光等离子体内电子、离子的动力学特性进行深入的研究,对提高薄膜研制质量、控制实验条件以及理解激光烧蚀沉积的物理机制具有重要的指导意义。

由于激光烧蚀的机理非常复杂,人们对这一过程进行了大量的实验和理论研究。J. M. Hendron[3]和J. P. Zheng[4]等人利用朗缪尔探针和时间飞行质谱,研究了等离子体中电子和离子的产生过程。郑贤锋等人利用准分子激光(308 nm)烧蚀Al靶收集到的电子离子信号半宽约为11.3 μs,且随外界条件无明显变化[5-6]。为了进一步研究激光产生等离子体的电子、离子产生机制,本书利用Nd:YAG(532 nm)脉冲激光对金属Al靶进行烧蚀,采用外加平行板电场的方法收集等离子体中的电子和离子,研究在缓冲气体中电流信号强度和信号半高宽随缓冲气压和激光能量变化的规律,并对等离子体中电子和离子的产生机制及离子的速度和能量分布进行了分析。实验结果表明,激光能量、缓冲气体性质和压力大小对等离子体中电子、离子的特性有很大影响。

3.2 实验装置

实验装置简图如图3.1所示。烧蚀光源为脉冲Nd:YAG激光器(Lab170-10),工作波长为532 nm,脉宽为8 ns,工作频率为10 Hz。样品放置在一平行板构成的电极中间,极板间距为 2 cm。极板间加一直流电压且在 0～800 V 间可调。激光束经一直径为 50 mm、焦距为 150 mm 的透镜垂直入射到固体样品表面上，经透镜聚焦后，激光束在靶面的光斑直径约为 0.5 mm。样品固定于圆柱形不锈钢反应池内，反应池可以抽真空，也可以充缓冲气体。实验用缓冲气体为氩气和氦气，压力在 10^{-3}～760 torr① 范围内可调。实验时，极板上加适当电压，当激光脉冲照射在靶面上时，产生微等离子体，等离子体中的电子和离子到达电极板时在电路中出现电流信号，经取样电阻（100 Ω）后得到电压信号，由 Tektronix TDS460A（400 MHz）四通道数字示波器接收信号，其外触发信号由激光器调 Q 输出脉冲提供，最后信号由计算机保存和处理。实验样品为标准 Al 样品。

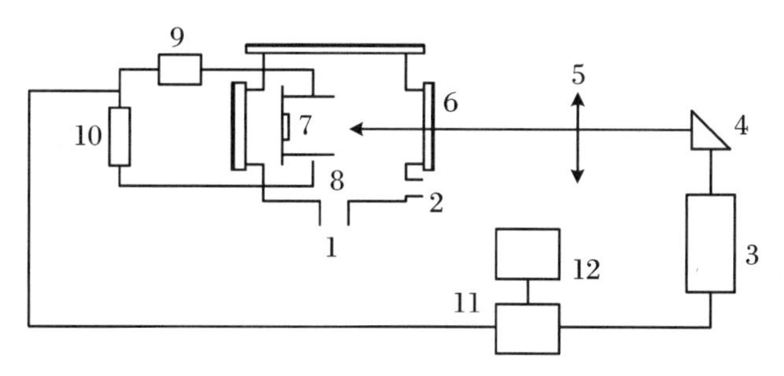

图 3.1　实验装置示意图

1. 气体出口；2. 进气口；3. Nd：YAG 激光；4. 棱镜；5. 聚焦透镜；6. 石英窗口；7. 样品；8. 电极；9. 直流电；10. 样品电阻；11. 数字存储示波器；12. 计算机。

3.3　实验结果和讨论

3.3.1　电流信号的时间演化特性

脉冲激光垂直入射到样品表面时将引起样品烧蚀产生等离子体，通过在与靶面平行的方向上施加一匀强静电场，使等离子体中的电子和离子分离，电子和离子到达极板后在电路中形成电流。

由于实验中极板间距为 2 cm，设电子在离极板最远处（2 cm）且初速度为 0，则在 100 V 的外加电压下到达收集板的时间为 6.75 ns，而在同样假设下收集到 Al 离子的时间为 1.5 μs。由此可知，速度不同的电子到达极板时的时间差别应小于 6.75 ns，由电子产生的电流信号应在激光烧蚀后几纳秒出现，而不同速度的正离子产生的电流信号出现的时间域在激光烧蚀后几十纳秒到几微秒，因此电子产生的电流信号对我们测定的电流信号波形的影响不大，或者电子信号仅影响电流信号上升沿的起始区，电流信号波形主要是由正离子信号决定的，所以我们近似认为实验测定的电流信号是正离子信号。实验中探测到的电流信号

① 1 torr＝133.322 Pa。

如图 3.2 所示，其实验条件为氦气压力为 50 torr、激光单脉冲能量为 120 mJ、外加电压为 500 V。

根据我们以前的实验研究结果可知[7-11]，在激光等离子体形成初期，电子和离子的密度以及电子温度在几百纳秒内达到最大值。由图 3.2 可见，信号上升很快，大约在 300 ns 达到最大值，随后缓慢下降，整个信号持续时间约 3 μs。信号的具体持续时间长短还与激光能量、缓冲气体性质、压力大小、外加电压等因素有关。

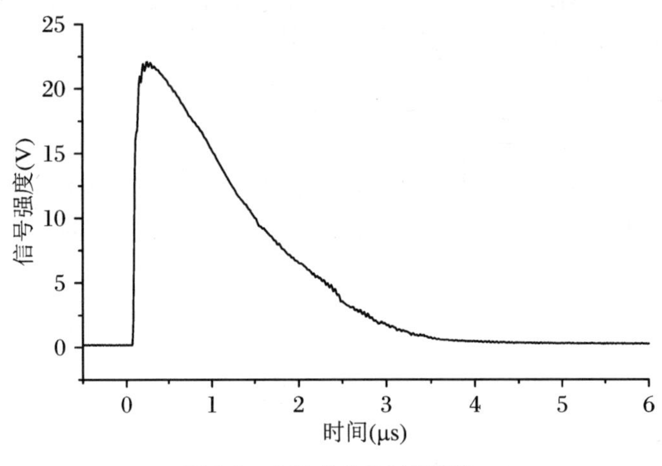

图 3.2　电流信号的时间演化

3.3.2　信号强度和外加电压之间的关系

图 3.3 为信号强度随外加直流电压的变化关系图，图 3.3(a) 为氩气中 100 torr 条件下不同的外加电压下电流信号的时间演化图，图 3.3(b) 为氩气和氦气中缓冲气压为 75 torr 激光脉冲能量为 60 mJ 条件下信号强度随外加直流电压的变化关系图。从图中可以看出，在外加电压较小时，信号强度也较小，并且随外加电压的增加而缓慢增加。当外加电压超过 150 V 时，信号强度开始显著增加。当外加电压超过 600 V 时，信号强度已超过示波器的接收阈值，因此未能观察到信号的饱和现象。由于反应池中充有缓冲气体，这将对等离子体的膨胀产生空间约束。在低的外加电压条件下，由于等离子鞘的屏蔽作用，到达极板的主要是等离子体羽的外围离子，当外加电压较大时，等离子体的屏蔽效应减弱，同时离子在外加电场作用下能获得较大的动能，使得更多的带电粒子到达极板，从而获得很强的电信号，但信号强度的增加明显呈非线性，说明等离子体中电子和离子的形成过程较为复杂。

3.3.3　信号强度随激光能量的变化

图 3.4 为氩气中 300 torr 压力下外加电压为 300 V 和氦气中 75 torr 压力下外加电压为 400 V 时信号强度随激光能量的变化关系图。实验表明，随着激光脉冲能量的增加，信号强度并非持续增强，而是先增加后减小。这说明当激光能量较低时，激光烧蚀靶产生的粒子数较少，形成较为透明的等离子体，激光几乎能全部用来产生等离子体，此时激光能量增加，烧蚀粒子数也增多，因而信号增强。激光能量增加到一定程度会导致如下效应：(1) 等离子体

中电子、离子的密度增加；(2) 等离子体中电子、离子的密度增加会导致等离子体的屏蔽效应增强；(3) 激光能量增加到一定程度时，激光脉冲在固体靶表面烧蚀的深度增加，使得激光脉冲蒸发出来的有效粒子数减少。因此，当激光脉冲能量很大时，由于上述几种原因的综合作用使得收集到的带电粒子数减少，因而导致信号强度减弱。

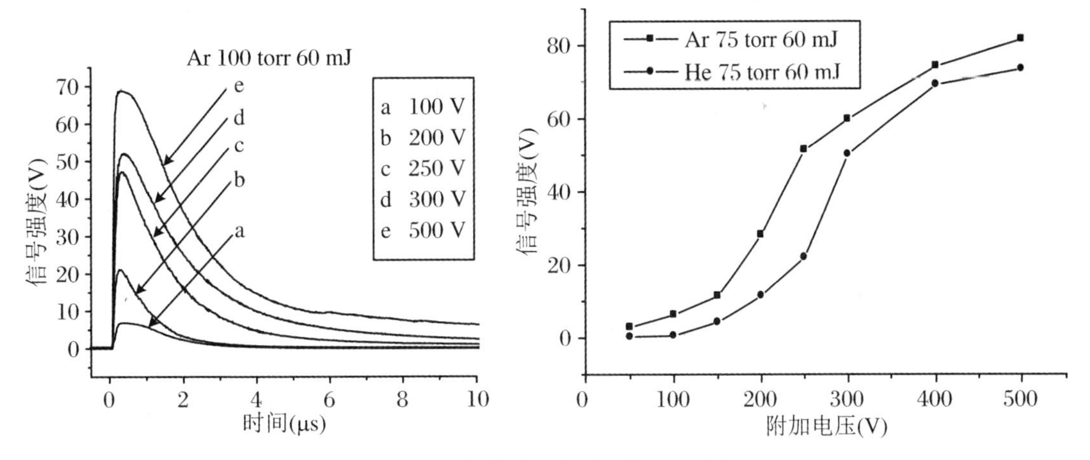

图 3.3　在各种附加电压下的电流信号

(a) 不同附加电压下的电流信号与时间关系；(b) 电流信号强度与不同缓冲气体附加电压的关系。

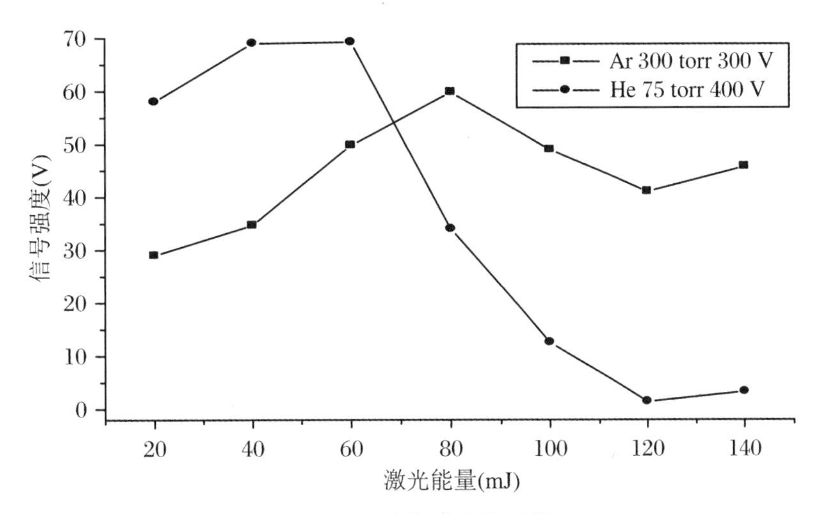

图 3.4　信号强度与激光能量关系图

3.3.4　信号强度随缓冲气压的变化

图 3.5 为激光脉冲能量为 60 mJ 时氩气中外加电压为 300 V 和氦气中外加电压为 200 V 时信号强度随缓冲气压的变化关系图。从图 3.5 可以看出，随着缓冲气压的增加，信号强度先增加后减小。当气压开始增加时，由于载气对等离子体的约束效应增强，等离子体温度升高，等离子体中电子、离子的密度增加，从而信号强度增强。当气压增加到一定条件时，等离子体中电子、离子的密度增加会导致等离子体的屏蔽效应增强，使得在相同的外加电场强度下收集到的离子数目减少，导致信号强度开始减小。

3.3.5 信号半宽随外加电压的变化

电流信号的半宽(半高全宽)反映了等离子体中离子的速度分布情况,因为在我们的实验中等离子体的体积很小,不同点的带电粒子对信号宽度的影响较小,因此可将等离子体看成一个质点,从而带电粒子不同的初始速度对信号宽度的影响很大。信号半宽越小,对应着到达收集板的粒子速度分布范围越小。图 3.6 为氩气中 75 torr 压力下激光脉冲能量为 40 mJ和氦气中 25 torr 压力下激光脉冲能量为 60 mJ 时信号半宽随外加直流电压的变化关系图。从图中可以看出,随着外加直流电压的增加,信号半宽也持续增加,但电压超过 600 V 后信号太强,示波器不能记录此时的信号。当外加电压较小时,只能收集到等离子体羽边缘处的带电粒子,其粒子数目较小,故其速度分布较窄,因而此时的信号半宽较小。当外加电压继续增加时,等离子体的空间电荷屏蔽效应减弱,等离子体内部大量的具有不同速度分布的离子也能在外电场的作用下到达收集板,这样得到了一个速度分布范围较宽的信号。

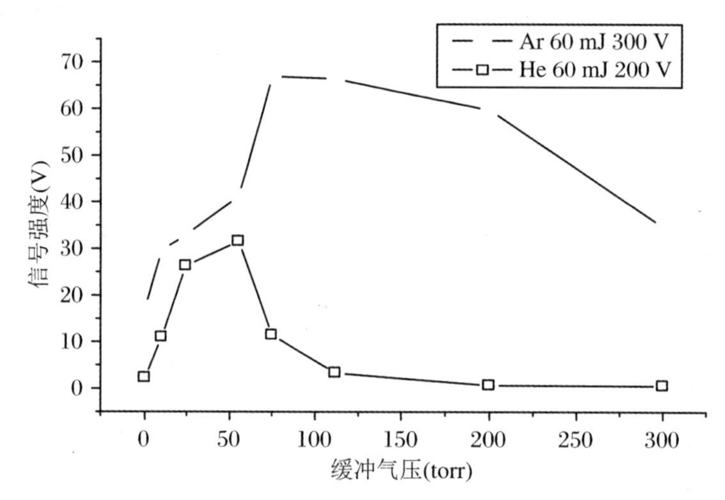

图 3.5 信号强度与缓冲气压关系图

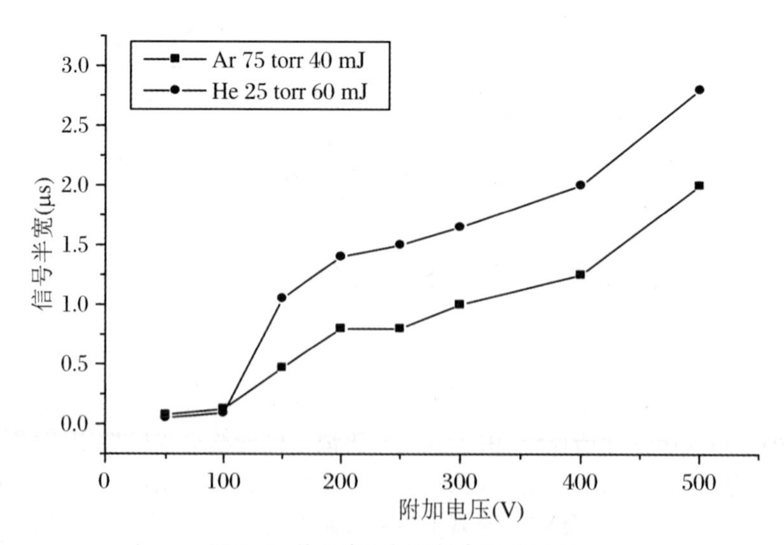

图 3.6 信号半宽与附加电压关系图

3.3.6　信号半宽随激光能量的变化

图 3.7 为外加电压为 300 V 时氩气中压力为 200 torr 条件下和氦气中压力为 300 torr 时信号半宽随激光能量的变化关系图。从图中可以看出，随着激光能量的增加，信号半宽有明显减小的趋势。当激光脉冲能量增加时，单激光脉冲烧蚀的粒子数增多，温度升高，等离子体中电子和离子的密度增加，等离子体的空间电荷屏蔽效应增强，从而导致在同一外加电压下收集到的粒子数目减少，因此其速度分布范围变窄，信号半高宽减小。

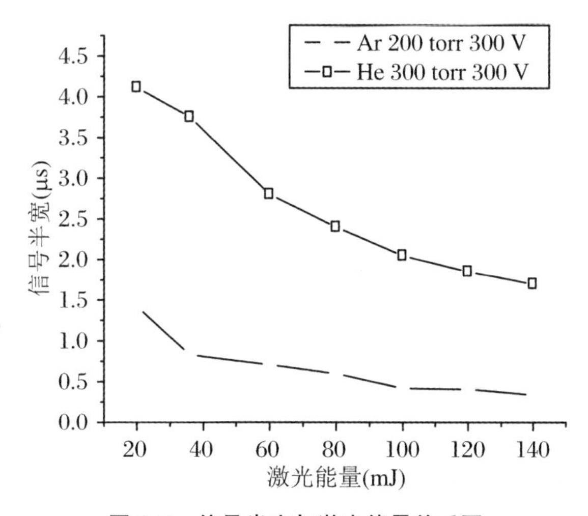

图 3.7　信号半宽与激光能量关系图

3.3.7　信号半宽随缓冲气压的变化

图 3.8 为氩气中激光脉冲能量为 120 mJ 条件下和氦气中激光能量为 20 mJ 条件下外加电压都是 400 V 时信号半高宽随缓冲气压的变化关系图。从图中可以看出，随着缓冲气压的增加，信号半宽先减小，当缓冲气压增加到一定程度时，信号半宽又开始增大。在缓冲气

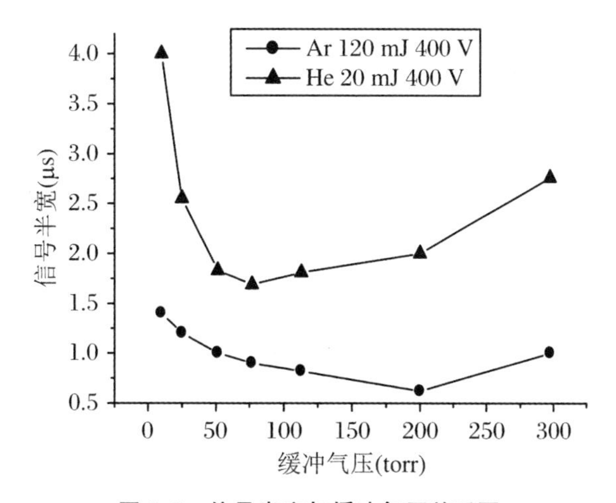

图 3.8　信号半宽与缓冲气压关系图

压较小时，随着缓冲气压的逐渐增加，缓冲气体对等离子体的约束效应增强，等离子体温度升高，密度增大，因此信号半宽减小。当缓冲气压增加到一定程度时，缓冲气体等离子体中带电粒子密度增大，其热库效应显著增强。激光烧蚀金属 Al 靶形成的微等离子体会继续从热库中吸收能量，等离子体寿命延长，导致在激光脉冲过后的一段时间内，带电粒子仍会不断产生，这样带电粒子到达收集板的时间也会延长，所以信号半宽有所增加。

3.3.8 带电粒子速度与动能分布

激光烧蚀溅射技术有着广泛的应用前景，包括薄膜沉积(PLD)、材料微区分析、表面刻蚀与改性等[12-13]，因此激发了人们对激光烧蚀过程深入研究和探讨的热情。激光烧蚀材料产生的中性原子和离子的能量引起了许多研究学者的关注，他们研究的方法主要基于质谱和离子探针的各种技术[14]。各种纳秒和皮秒量级的脉冲激光都已经用来进行这方面的研究，如果激光脉冲的功率密度超过 10^8 W/cm^2，则脉冲激光烧蚀将产生范围非常宽的离子能量分布，峰值位置在几十电子伏特，最大能量超过 1 keV，另外最可几能量还线性依赖于离子的荷电数目 Ze。Demtroeder 等人[15]利用功率密度超过 10^{11} W/cm^2 的 Nd：YAG 激光脉冲烧蚀 Al 靶和 Cu 靶，然后使用时间飞行质谱(TOF)测量离子速度，他们观察到了 5 价 Cu 离子的信号，其得到的最可几动能是 1 价离子，大约为 300 eV，4 价离子大约为 1.3 keV。Bykovskii 等人[16]观察到了 5 价 Zr 离子，Tonon 和 Rabeau[17]观察到了 4 价 C 离子，其最可几动能为 1.4 keV。Akhsakhalyan 等人[18]利用功率密度为 10^9 W/cm^2 的 Nd：YAG 激光脉冲烧蚀 Ti 靶和 Cr 靶，他们观察到了非常宽的离子能量分布，峰值大约在 100 eV，最大能量明显超过 1 keV。一般说来，离子能量随激光功率密度增加而增加，Koester 和 Mann[19]等人使用纳秒和皮秒量级的脉冲激光，功率密度范围为 10^8～10^{13} W/cm^2，观察到烧蚀 C 离子的能量范围超过 10 keV。

尽管人们在脉冲激光烧蚀方面做了大量的实验工作，但是对于离子的动能分布以及它们如何受到激光和靶参数的影响等方面还没有一个清晰的物理图像。本节对外加直流电场情况下由平行板收集到的离子电流信号进行处理，以期获得在我们的实验条件下激光烧蚀产生的离子动能分布。

设 $f(t)$为离子电流信号对时间的函数，也即实验中收集到电压信号除以取样电阻 R，N_i 为离子的总数(只考虑 1 价离子)，则等离子体中的 1 价离子速度和能量分布可利用下面的转换关系得到：

$$N_i = \int f(t)\mathrm{d}t = \int f(u)\mathrm{d}u = \int f(E)\mathrm{d}E \tag{3.1}$$

其中，$f(u)$和 $f(E)$分别对应离子的速度和能量分布。从式(3.1)可得

$$f(u) = \frac{f(t)}{\mathrm{d}u/\mathrm{d}t} \tag{3.2}$$

$$f(E) = \frac{f(t)}{\mathrm{d}E/\mathrm{d}t} \tag{3.3}$$

假设等离子体直径远小于等离子质心到极板的距离且粒子无碰撞到达极板，则具有相同极板法向速度的 1 价离子，将同时被负极板收集，这样我们就可以建立等离子体中 1 价离子速度 u 与时间 t、外加电压 U 的关系，故有

$$\frac{d}{2} = ut + \frac{1}{2}\frac{Uq}{Md}t^2 \tag{3.4}$$

即

$$u = \frac{d}{2t} - \frac{1}{2}\frac{Uq}{Md}t \tag{3.5}$$

其中，U 为外加电压，M 为 1 价离子的质量，d 为极板间距，q 为粒子荷电量。则

$$\frac{\mathrm{d}u}{\mathrm{d}t} = -\frac{d}{2t^2} - \frac{Uq}{2Md} \tag{3.6}$$

因为

$$E = \frac{1}{2}Mu^2 \tag{3.7}$$

所以

$$\frac{\mathrm{d}E}{\mathrm{d}t} = M\left[\frac{d^2}{4t^3} + \left(\frac{Uq}{2Md}\right)^2\right] \tag{3.8}$$

将式(3.6)和式(3.8)分别代入式(3.2)和式(3.3)得

$$f(u) = \frac{f(t)\cdot 2t^2}{\mathrm{e}\left(d + \frac{Uqt^2}{Md}\right)} \tag{3.9}$$

$$f(E) = \frac{f(t)\cdot 4t^3}{M\left[-d^2 + \left(\frac{Uq}{Md}\right)^2 t^4\right]} \tag{3.10}$$

利用式(3.9)和式(3.10)即可将电流信号转换为离子的速度和能量分布。图 3.9(a)为在氩缓冲气中 300 torr 条件下外加电压为 200 V 时得到的电流信号，图 3.9(b)和图 3.9(c)分别为由图 3.9(a)得到的离子速度和动能的分布图。

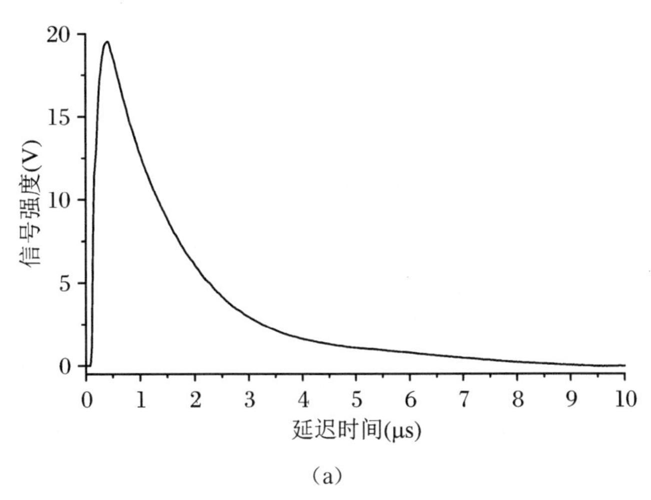

(a)

图 3.9　离子电流轨迹及相应的速度和能量分布

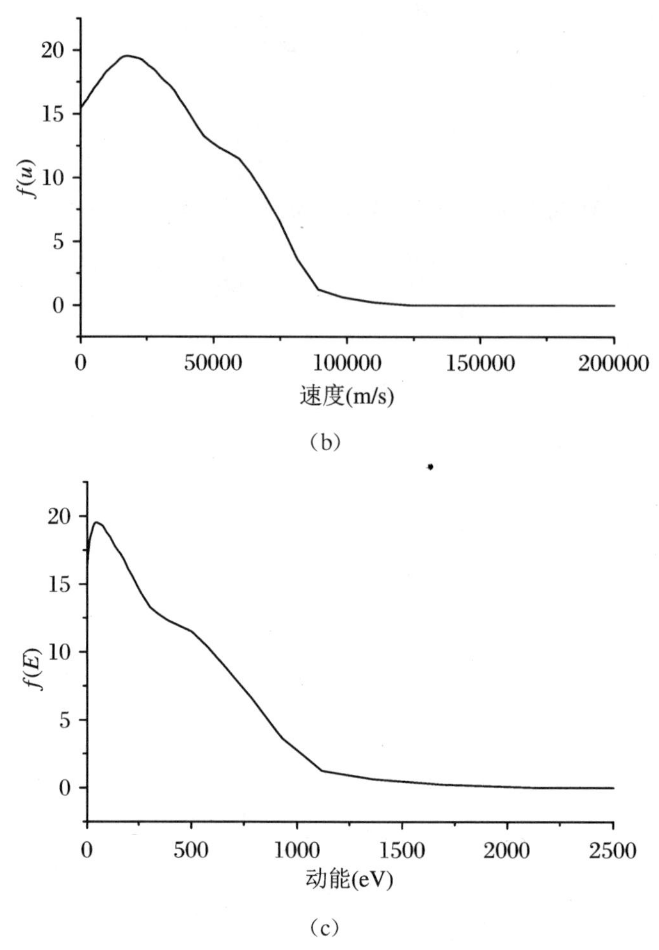

续图 3.9　离子电流轨迹及相应的速度和能量分布

从图中可以看出，在激光功率密度约为 2.4×10^{9} W/cm^{2} 时，Al 离子的最可几速率为 17130 m/s，最可几动能为 41.4 eV，而最大动能明显超过 1 keV。我们的结果同其他研究小组的结果一样表明脉冲激光烧蚀可以产生几十到几百电子伏特的离子动能，这比由气体动力学效应预期的要高，基于这些实验结果，许多研究小组提出了静电离子加速模型。Kools[20] 和 vanIngen[21] 等人假设脉冲激光烧蚀产生的等离子体是球形，推导出了等离子体中静电势垒的较为简单的分析表达式，但是式中含有一些不能精确估计的参数，如等离子体半径、离子密度、净电荷等。Bykovskii 等人[22] 通过对电子、离子在其产生的电场中心的运动方程的自洽数值计算，模拟了膨胀的等离子体对离子加速的影响，他们的数值计算结果表明离子在等离子体鞘层中得到了有效的加速，最大离子速度依赖于离子所带的电荷数目，而与离子的质量无关，他们假定等离子体初始温度为 1 eV，通过计算得到 1 价离子的最可几动能为 30 eV。

激光脉冲轰击金属靶后产生高温、高密度的等离子体，在激光功率密度高于烧蚀阈值的情况下，激光光子被电子通过逆韧致辐射过程吸收，电子比离子具有高得多的速度，这样有部分电子先逃出等离子体，从而在等离子体中出现净的正电荷 Q_{n}，当由于电损失而产生的静电势垒 W 较高时将阻止电子的进一步流失。设激光脉冲持续时间为 τ_{LP}，我们可得到下式：

$$\frac{\partial Q_{\mathrm{n}}}{\partial t} \approx \frac{Q_{\mathrm{n}}}{\tau_{\mathrm{LP}}} \tag{3.11}$$

由 Richardson Dushman 方程可以得到当势垒为 W 时热电离辐射电子的电流密度：

$$J = \frac{\partial Q_n}{\partial t} = AT^2 \exp\left(-\frac{W}{KT_{\mathrm{e}}}\right) \tag{3.12}$$

Bykovskii 等人[22]由式(3.12)可以估计

$$W \approx 30KT_{\mathrm{e}} \tag{3.13}$$

由式(3.13)可知在等离子体外围离子承受一个排斥的电场力从而被加速离开等离子体时，其获得的动能为

$$\mathrm{MPKE}(Z) \approx Z \cdot 30KT_{\mathrm{e}} \tag{3.14}$$

MPKE(Z)为带电量为 Z 的离子的最可几动能。随着离子的出射，净电荷 Q_{n} 会减小，但同时也会有高能电子从等离子体中发射从而得到补偿，如果 T_{e} 为常数则静电势也将保持不变。Y. Franghiadakis 等人[23]的实验表明了离子与中性原子的比值在百分之几的范围内，这意味着实际的电离程度会更高，因为激光脉冲结束后，电子和离子会重新复合从而明显降低离子与中性原子的比值。在脉冲激光烧蚀中 KT_{e} 通常为几电子伏特，如果 KT_{e} 与电离势相当则等离子体中的电离程度可达 100%。由式(3.13)和实验得到的几千电子伏特的离子动能意味着在等离子体形成之初具有非常高的温度。在下一章的实验中我们测定了相对激光脉冲延迟时间 0.5 μs 时等离子体中的 $KT_{\mathrm{e}} \approx 1$ eV，这与 41.4 eV 的离子最可几动能相差甚远，故应该考虑以下几点：① 等离子体温度应该在激光与等离子体相互作用期间达到最大值，然后随着等离子体的膨胀，温度快速衰减。② 离子是在一个复杂的、不稳定的系统中获得加速的，其形成的动能分布要比由离子发射时的等离子体温度所决定的动能分布宽得多。③ 在我们的离子收集模型中没有考虑到多价离子，而且仅认为离子是在激光与靶作用期间产生的，没有考虑碰撞电离等因素的影响。总之，在脉冲激光烧蚀过程中，等离子体中的电场力和气体动力学效应导致发射离子具有非常高的动能。

参 考 文 献

[1] Zhou X H, Zhou X F. Pulsed laser deposition preparation and laser-induced voltage signals of TiO_2 thin film[J]. Thin Solid Films, 2022, 756(5):139375-139386.

[2] Ismail A R, Abdulnabi R K, Abdulrazzaq O A, et al. Preparation of $MAPbI_3$ perovskite film by pulsed laser deposition for high-performance silicon-based heterojunction photodetector[J]. Optical Materials, 2022, 126(5):112147.

[3] Hendronl J M. Langmuir probe measurement of plasma parameters in late stages of a laser ablation plume[J]. Applied Physics, 1997, 81(5):2131-2134.

[4] Zheng J P. Electrostatic measurement of plasma plume characteristics in pulsed laser evaporated carbon[J]. Applied Physics Letter, 1989, 54:280-292.

[5] 郑贤锋,杨锐,唐小闩,等. 外加静电场下激光诱导等离子体电子、离子特性的实验研究[J].原子与分子物理学报,2002,19(1):1-5.

[6] 郑贤锋,凤尔银,马靖,等.激光诱导等离子体电信号探测[J].原子与分子物理学报,2002,19(4):390-394.

[7] 崔执凤,凤尔银,赵献章,等.准分子激光诱导铅等离子体中谱线 Stark 展宽时空特性研究[J].原子与分子物理学报,1999,16(3):307-312.

[8] 陆同兴,崔执凤,赵献章.激光等离子体镁光谱线 Stark 展宽的测量与计算[J].中国激光,1994,A21(2):114-120.

[9] 崔执凤,黄时中,陆同兴,等.激光诱导等离子体中电子密度随时间演化的实验研究[J].中国激光,1996,A23(7):627-635.

[10] 陆同兴,赵献章,崔执凤.用发射光谱测量激光等离子体的电子温度与电子密度[J].原子与分子物理学报,1994,11(2):120-129.

[11] Zhao X Z, Shen L J, Lu T X, et al. Spatial distributions of electron density in microplasmas produced by laser ablation of solids[J]. Applied Physics B, 1992, 55:327-330.

[12] Singh R K, Narayan J. Pulsed-laser evaporation technique for deposition of thin films[J]. Physical Review B, 1990, 41(13):8843-8859.

[13] Lu Y F, Yoshinobu Y, Namba S. Laser surface cleaning in air: mechanisms and applications[J]. Japanese Journal Applied Physics, 1994, 33:7138-7134.

[14] Geohegan D. In pulsed laser deposition of thin films[M]. New York: Wiley, 1994.

[15] Demtroeder W. Laser spectroscopy V_2 experimental techniques[M]. 4th ed. Berlin: Springer, 2008.

[16] Bykovskii Y A, Konyukhov I Y, Peklenkov V D, et al. A laser-plasma ion source with normal light incidence on the target surface[J]. Instruments and Experimental Techniques, 2000, 43:777-779.

[17] Tonon G, Rabeau M. Interferometric study of a TEA-CO_2 laser produced plasma[J]. Physics Letters A, 1972, 40(3):215-216.

[18] Akhsakhalyan A D, Bityurin Y A, Gaponov S V. High-resolution Auger depth profiling of multilayer structures Mo/Si, Mo/B_4C, Ni/C[J]. Soviety Physics Technical Physics, 1982, 27(8): 969-974 .

[19] Koester H, Mann K. Influence of beam parameters on the laser induced particle emission from surfaces[J]. Applied Surface Science, 1997, 109-110:428-432.

[20] Kools J C S, Brongersma S H, van de Riet E, et al. Concentrations and velocity distributions of positive ions in laser ablation of copper[J]. Applied Physics B, 1991, 53:125-130.

[21] vanIngen R P. Ejection of positive ions from plasmas induced by laser ablation of Si and $Nd_{1.85}Ce_{0.15}CuO_4$ [J]. Journal Applied Physics, 1994, 76(12):8055-8062.

[22] Bykovskii Y A, Degtyarenko N I, Elesin V F, et al. Recombination in scattered bunches[J]. Zhurnal Tekhnicheskoi Fiziki, 1994, 64:73-78.

[23] Franghiadakis Y, Fotakis C, Tzanetakis P. Monitoring of the ion energy and current density at the surface of films grown by excimer laser ablation[J]. Journal Applied Physics, 1998, 84(2):1090-1094.

第4章　激光诱导Al等离子体发射光谱的实验研究

4.1　引　　言

当高功率脉冲激光聚焦到样品表面时，会在靶面附近形成激光等离子体，通过直接观察激光等离子体发射光谱，或者将激光气化的样品粒子引入到另一激发源中来观察等离子体中原子或离子的发射光谱，这一方法已被广泛应用于分析固体样品的物理化学特性。由于激光束是在探测区域蒸发靶材料的，因此它可以用来测量气体、液体和固体样品中杂质元素的含量，使用多色仪还可以同时进行多种元素的探测及含量分析。使用均匀的固相靶材料，稳定的激光和成像参数，则激光诱导等离子体将是一个可以重复的光源。利用等离子体的发射光谱（也称作激光诱导击穿光谱）来进行微量元素的定量分析是一项非常重要的应用，作为一种在线的和原位的分析技术，其产生发射光谱的环境条件并不能像在实验室中一样可以很好地控制。因此研究缓冲气体对等离子体发射光谱的影响以及修正这些影响的方法具有重要的指导意义。

关于激光等离子体发射光谱的许多研究工作主要集中在高真空或是大气压环境下。L. Moenke-Boegershausen[1]曾报导了0.5 torr和760 torr缓冲气压下Pb等离子体发射光谱的差异。W. Boegershausen等人[2]研究了低气压下缓冲气体氩气、氦气、氮气和二氧化碳对氮分子激光诱导等离子体的影响，压力范围为0.02～6 torr。N. Idris等人[3]指出缓冲气体不仅可以延长烧蚀原子的驻留时间，而且有助于烧蚀成分的原子化。最近几年，许多研究小组在激光诱导等离子体时空特性研究方面做了很多工作[4-9]。尽管如此，缓冲气体影响等离子体产生过程的机理以及缓冲气体怎样影响等离子体的物理特性（如单次激光脉冲所气化的样品的量、激发温度、样品特性对等离子体演化的影响等）仍不清楚。

在局部热平衡（LTE）条件有效的情况下，来自等离子体中特定原子和离子谱线的特性主要取决于以下三个因素：元素的浓度、等离子体中的电子密度和温度。实际上在定量分析时还要受到等离子体空间位置和时间变化的影响，以及自吸收现象、其他元素谱线的干扰、光学收集方法等因素的影响，但这些次要因素的影响可以通过优化实验手段得到控制。然而如果主要参数电子密度和温度有很大变化，则要进行定量测量是非常困难的。我们将主要研究电子密度和温度这两个重要参数与延迟时间、缓冲气体的性质及压力之间的关系，以便于更好地理解缓冲气体对激光诱导等离子体发射光谱的影响。在本节内容中，我们从实验的角度研究了各种气压下缓冲气体（He、Ar、N_2和空气）对激光气化和激发过程的影响，得到了激光诱导等离子体的时间分辨发射光谱，在假定LTE成立条件下利用发射谱线的

Stark 展宽、相对强度对等离子体中的电子密度和温度进行了计算，最后对 LTE 条件的有效性进行了讨论。

4.2 实 验 装 置

实验装置示意图如图 4.1 所示，实验仪器及其工作条件见表 4.1。脉冲激光束经焦距为 150 mm 的石英透镜聚焦在 Al 靶表面上，焦斑直径约为 0.5 mm，由激光器输出的 Q 开关同步脉冲信号去触发 Boxcar 取样积分器和示波器。样品放置在一可充、放气的不锈钢反应池内，实验时，反应池由机械泵抽真空，并可充相应气压，压力在 10^{-3}～760 torr 范围内变化。在与激光束垂直且与样品表面平行的方向上，激光等离子体的发射光谱信号经 80 mm的成像透镜成像于双光栅单色仪的入射狭缝处，成像大小比为 4∶1。单色仪利用 Hg 灯 546.07 nm 和 579.07 nm 等发射谱线进行定标，使用 He-Ne 激光器调节光路准直，单色仪的分辨率为 0.001 nm。光信号经光电倍增管放大后送入 Boxcar 平均器，其输出信号一路送至示波器进行观察，另一路与计算机相连，数据由计算机记录并处理。

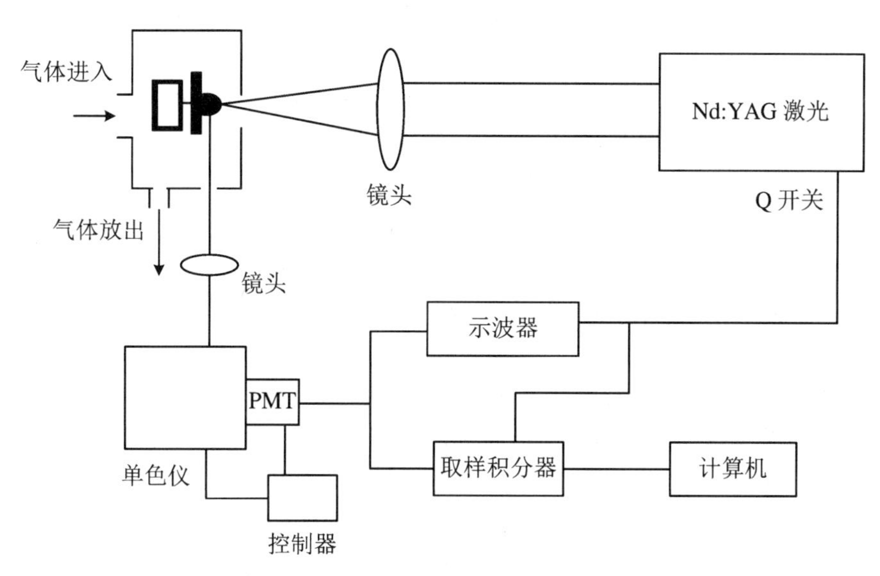

图 4.1　实验装置示意图

实验样品为标准铝样品。铝样品中的主要元素含量分别为 98.1% Al，0.11% Mg，0.12% Mn，0.81% Si，0.795% Fe。

表 4.1　主要仪器及工作条件

主要仪器	工作条件
Nd:YAG 激光器(Lab170-10)	单脉冲能量:60 mJ;脉冲宽度:8 ns;频率:10 Hz
双光栅单色仪:HRD-1(Jobin-Yvon)	焦距:1000 mm;光栅:1200/mm;缝宽:12 μm;缝高:5 mm
光电倍增管(PMT)(R376)	其所加高压可在 600～1200 V 范围内进行调节

续表

主要仪器	工作条件
取样积分器(Boxcar)	美国,普林斯顿公司;门宽:300 ns;平均次数:30 次;延迟时间可根据实验目的改变;灵敏度:50 mV/V
记录装置	计算机与 Boxcar 通过 RS232 相连,采用 Igor Pro 软件接收并处理数据

4.3 实验结果和讨论

本实验通过改变反应池内缓冲气体的种类、压力以及光谱信号与激光脉冲之间的延迟时间,测定了等离子体中 Al(Ⅰ)、Al(Ⅱ)及杂质元素 Mn(Ⅰ)若干谱线的强度、线宽和线移,实验结果表明,谱线强度、线宽及线移与缓冲气体的性质、压力大小和延迟时间密切相关。实验测定的部分谱线参数如下:

Al(Ⅰ) $3s^2 3p^2 P_{1/2} - 3s^2 4s^2 S_{1/2}$, 394.403 nm

$3s^2(^1S)3p - 3s^2(^1S)3d$, 308.215 nm

$3s^2 3p^2 P_{3/2} - 3s^2 4s^2 S_{1/2}$, 396.153 nm

Al(Ⅱ) $3p^{21} D_2 - 3s3p^1 P_1$, 466.305 nm

$3s3d^3 D - 3s4f^3 F$, 358.656 nm

$3s3p^1 P - 3p^{21} D$, 390.067 nm

4.3.1 激光能量对等离子体光谱特性的影响

图 4.2 为在氩气中 100 torr 条件下、延迟时间为 3 μs、门宽为 300 ns 时测得的 Al 原子 394.40 nm的发射谱线,激光的能量变化范围为 20～140 mJ。从图中可以看出,随激光脉冲能量的增加,信号强度明显增强,但当激光脉冲能量超过 40 mJ 时,谱线强度变化的幅度减小,因此在下面的实验中激光脉冲能量固定在 60 mJ,因为在激光能量很高时,产生的背景辐射也比较强,而且还容易使缓冲气体击穿从而导致光谱信号的重复性较差。从图中还可以看出,随着激光脉冲能量的增加,谱线的峰值位置变化很小,半高宽度略有增加。

4.3.2 缓冲气体对等离子体光谱特性的影响

激光等离子体是空间各向异性和时间相关的,等离子体的空间分辨和时间分辨测量可以提高等离子体光谱的信背比(SBR,信号强度与连续背景的比值)。缓冲气体对激光诱导等离子体影响可以通过时间分辨光谱的测量来研究。当脉冲激光辐照到 Al 样品表面瞬间,立即有强烈的连续辐射产生,在激光脉冲作用后约 300 ns 时间内都无法清晰地记录到原子或离子的分立谱线。300 ns 以后发射光谱的信背比开始明显增强,大约在 3 μs 时原子发射光谱强度达到最大值,随后缓慢下降并维持较长时间(约几十微秒)。图 4.3 给出了在氩气中气压为 100 torr 条件下激光诱导 Al 等离子体中 Al（Ⅰ）308.215 nm 谱线的时间分辨发射谱，图中对连续的辐射背景进行了扣除。

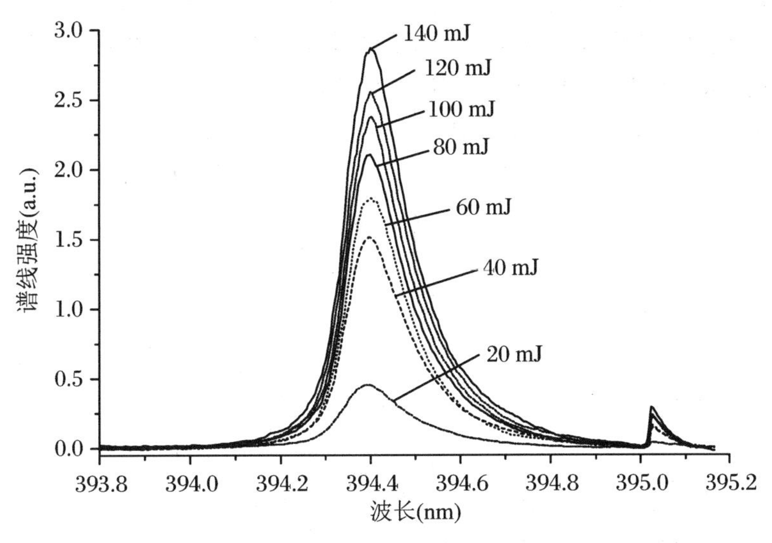

图 4.2　激光诱导 Al 等离子体在不同激光能量下的发射光谱

测得的 Al 线为：Al（Ⅰ）394.403 nm，延迟时间为 0.3 μs，栅极宽度为 3。

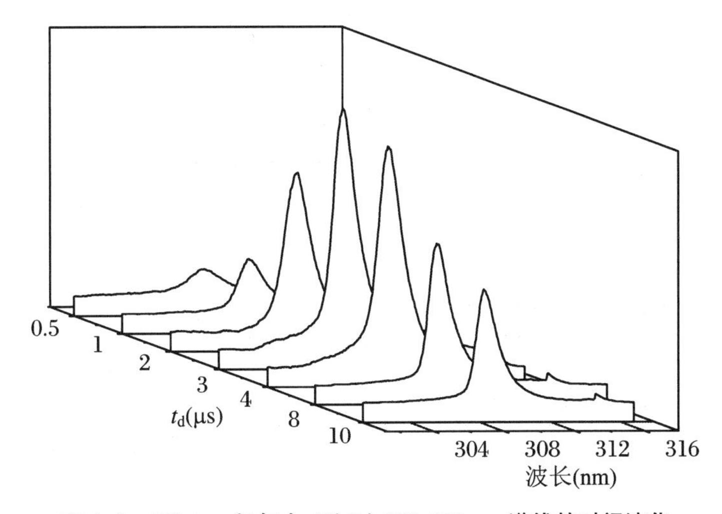

图 4.3　100 torr 氩气中 Al（Ⅰ）308.215 nm 谱线的时间演化

图 4.4 为 Al 等离子体 394.40 nm 谱线在不同缓冲气体中 50 torr 压力下延迟时间分别为1 μs和 3 μs 时的发射谱线。从图中可以看出，在氩气环境下等离子体发射谱线强度最强，在延迟时间 1 μs 时约是氮气和空气中谱线强度的 1.6 倍，是氦气中的 5 倍。当延迟时间进一步增加到3 μs时，各种缓冲气体中的发射光谱强度都有所增强，但氩气中增幅最大，氦气中次之，氮气和空气中的发射光谱强度只有微弱增长，此时氩气与其他气体中的发射光谱强度比值达到最大。在更高的缓冲气压下，如 500 torr 时实验结果表明，氦气中的等离子体发射光谱强度达到最大。缓冲气体的存在，导致等离子体的电子密度增大，从而使得等离子体中的原子和离子受电子碰撞激发和电离的效率明显增加，因而光谱发射强度增强。Ar 原子的电离能为 15.760 eV，比 He 电离能 24.588 eV 小得多，因此 Ar 原子比 He 原子更容易电离

而产生电子，从而在相同的激光能量条件下，氩气中的等离子体电子密度更大，因而得到的发射光谱强度也就大得多。实验结果也表明，氩气环境中连续背景光强度远大于 He 环境中背景光强度。而连续背景光主要是自由电子的连续跃迁，即轫致辐射、自由与束缚及电子与离子复合时产生的。因此，连续背景光的强度是和电子密度成比例的。这从另一个侧面反映了电子碰撞激发机理，关于等离子体内的粒子之间碰撞传能的整个动力学过程是非常复杂的，这个问题有待于进一步的实验研究。

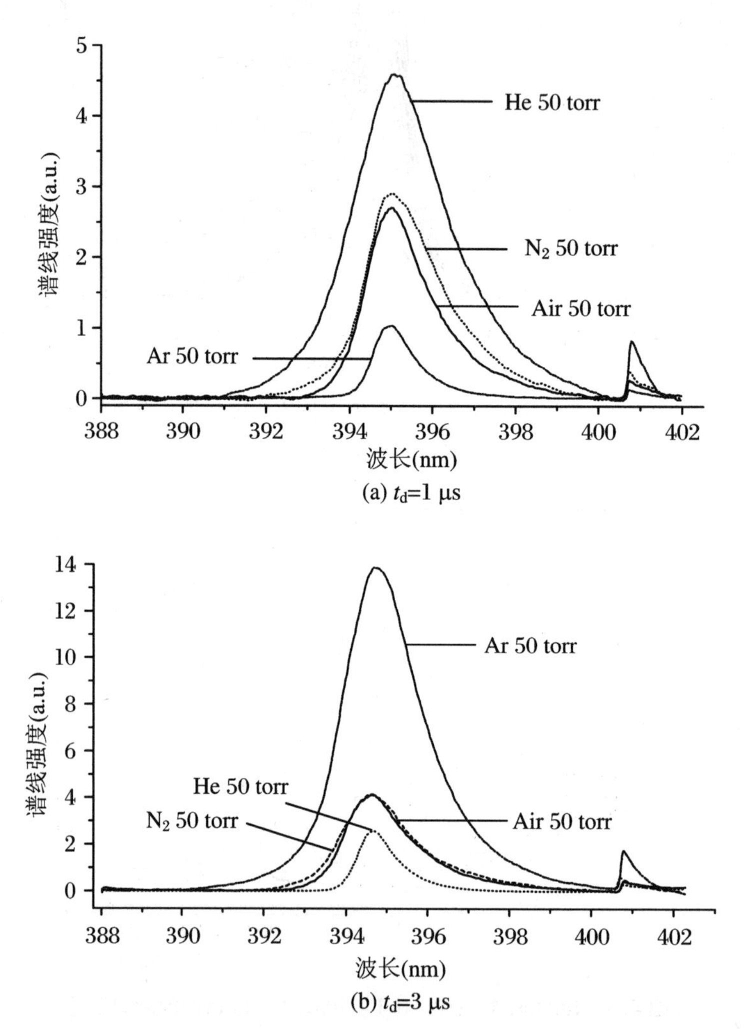

图 4.4 在 50 torr 的氦气、空气、氮气和氩气大气压下，激光诱导 Al 等离子体的发射光谱从激光火花开始到光学探测之间的时间延迟

4.3.3 缓冲气体对 Stark 展宽的影响

在等离子体中，谱线轮廓与跃迁粒子所处的环境具有非常复杂的关系，与电子密度、温度也有关系。谱线的主要展宽机制有 Doppler 展宽及 Stark 展宽，Doppler 展宽的线形基本上是对称的 Guass 线型。原子或离子谱线的 Doppler 展宽的半高宽度为 $\Delta\lambda_D = 7.16\times10^{-7}\times$

$\lambda \times (T/M)^{1/2}$(单位为nm),理论计算表明谱线的Doppler展宽一般为10^{-2} Å① 量级,而实验测量的这几条谱线的半高宽度一般为几埃,因此可以忽略Doppler展宽。如果考虑到跃迁粒子是处于电子及离子的包围之中,则长程库仑力相互作用占主导地位,从而引起谱线的Stark展宽。Stark展宽的线型为Lorentz线型,Lorentz线型可用下式表示:

$$I(\omega) = I_0 \frac{\gamma/2\pi}{(\omega_0 - \omega)^2 + \gamma^2/4} \tag{4.1}$$

图4.5给出了原子发射谱线的洛伦兹轮廓,在$\omega = \omega_0$处,它的强度最大,在$\omega = \omega_0$的两侧,强度逐渐减小。通常将强度下降到一半时相应的两个频率之间的间隔$\Delta\omega$定义为谱线的频率宽度,常称半宽度,简称线宽。

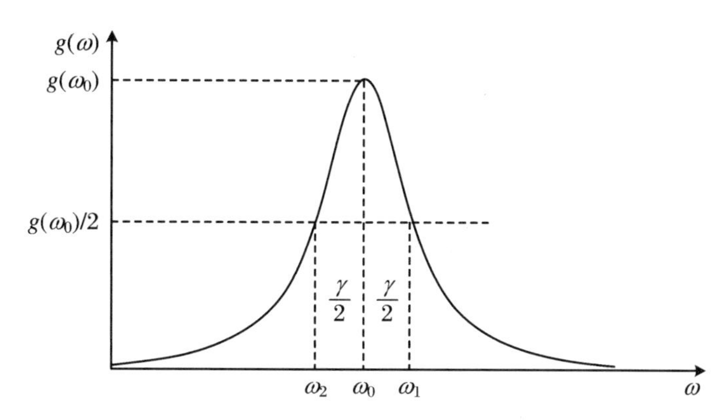

图4.5　原子发射光谱线的洛伦兹分布

谱线的Stark展宽可用公式$\Delta\omega = C_n/R^n$表示,C_n为展宽常数。$n=2$为线性Stark展宽,氢原子和类氢离子属于该类。其他原子与离子属于$n=4$的平方Stark展宽。谱线的Stark展宽包括了谱线的线宽增大和谱线位置相对于孤立粒子发射该谱线的线移。Stark展宽的大小取决于等离子体中电子密度和离子密度。跃迁粒子与电子及离子间的碰撞将分别导致谱线半高宽度的增大和影响谱线的两翼[10,11],因此,谱线的线型是Lorentz线型和Gauss线型的混合。

在激光功率密度为2.4×10^9 W/cm²,相对激光脉冲前沿延迟时间为0.3～15 μs时,实验测定了不同缓冲气压下Al等离子体中多条发射谱线的Stark展宽和线移。实际测量时考虑到,当延迟时间超过10 μs时,谱线的半高全宽增宽和线移很小,由实测半高宽度和谱线峰值位置扣除延迟时间为15 μs时的谱线半高宽度和峰值位置得到该谱线的Stark展宽和线移。在测定谱线增宽和线移时先进行Lorentz拟合,由拟合参数直接得到谱线的半高全宽和谱线峰值位置。图4.6对氩气环境中压力为50 torr延迟时间为2 μs条件下Al(Ⅰ) 394.40 nm($3s^2(^1S)3p - 3s^2(^1S)4s$)谱线进行了洛伦兹拟合,从图中可以看出,等离子体中的发射谱线基本符合Lorentz线型,仅谱线左侧存在稍许差异。

当一束激光聚焦到样品表面时,在相对于激光脉冲前沿延迟时间约40 ns后,即可观察到光谱信号。但在小于300 ns延迟时间内只观察到较强的连续谱,在延迟时间为300 ns以后可观察到原子谱线和离子谱线,但由于此时连续背景仍然较强,因而对谱线半高全宽和线移的定量测定仍然很困难。离子谱线持续时间很短,离子谱线强度上升的速度都很快,约为1 μs。

① 1 Å=10^{-10} m。

原子谱线持续直到十几微秒,具体持续时间的长短还与缓冲气体的性质和压力大小有关。

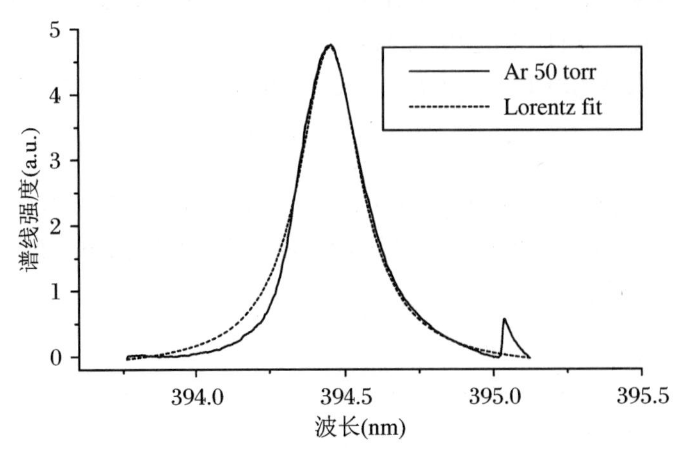

图 4.6 发射谱线和拟合的洛伦兹分布

表 4.2、表 4.3 给出了部分谱线的 Stark 展宽和线移的实验值,图 4.7、图 4.8 为等离子体发射谱线的 Stark 展宽随延迟时间、缓冲气压以及缓冲气体种类之间的关系。实验结果表明:(1) 对于相同的缓冲气体,谱线的 Stark 展宽和线移都是随缓冲气压的升高而增大;(2) 在氩气环境下,当缓冲气体压强小于 100 torr 时,谱线的半高全宽随气压升高增加很快;当压力大于 100 torr 时,谱线的半高全宽增加缓慢,谱线的 Stark 线移随气压的变化关系具有与之相似的特点;(3) 在气压不变的条件下,随着相对激光脉冲的延迟时间增加,谱线的 Stark 展宽持续减小,但延迟时间在 2 μs 以前衰减速度要快得多,延迟时间在 2 μs 以后则变化较为缓慢,而在5 μs以后谱线半高全宽的变化则非常小,谱线的 Stark 线移随延迟时间的变化关系具有相似之处,但变化速率要小一些;(4) 在相同气压下,氩气环境中谱线的半高全宽和线移都要大于氦气、空气和氮气环境中的半高全宽和线移,但气压较小时差别也小。

表 4.2 氦气、空气、氮气和氩气在 50 torr 压力下由激光脉冲产生的 Al 激光等离子体在不同延迟时间下的 Stark 位移和展宽

Stark 位移和展宽(Å)(50 torr)								
延迟时间(μs)	氦气		空气		氮气		氩气	
	$\Delta\lambda_{width}$	$\Delta\lambda_{shift}$	$\Delta\lambda_{width}$	$\Delta\lambda_{shift}$	$\Delta\lambda_{width}$	$\Delta\lambda_{shift}$	$\Delta\lambda_{width}$	$\Delta\lambda_{shift}$
0.5	0.19231	0.23077	0.5	0.57692	0.61538	0.69231	0.88462	1
1	0.11923	0.13462	0.34615	0.32692	0.42308	0.38462	0.57692	0.69231
1.5	0.08846	0.07692	0.28846	0.26923	0.30769	0.27692	0.38462	0.48077
2	0.07692	0.06154	0.23077	0.20769	0.23846	0.22308	0.26923	0.34615
2.5	0.06538	0.04615	0.18846	0.15769	0.19231	0.17308	0.19231	0.19231
3.5	0.05769	0.03462	0.15385	0.11538	0.16154	0.15	0.11538	0.10769
4	0.03846	0.02885	0.07692	0.06538	0.08846	0.08077	0.07692	0.07692
5	0.03077	0.02385	0.06346	0.05769	0.07308	0.06346	0.06538	0.05
8	0.01923	0.01538	0.03846	0.03462	0.04615	0.03654	0.04231	0.03846

表4.3　激光作用下产生的Al等离子体在10 torr、50 torr、100 torr、300 torr的压力下，在不同的延迟时间由激光脉冲产生的氩气中产生的Stark位移和展宽

延迟时间(μs)	Ar 10 torr		Ar 50 torr		Ar 100 torr		Ar 300 torr	
	$\Delta\lambda_{width}$	$\Delta\lambda_{shift}$	$\Delta\lambda_{width}$	$\Delta\lambda_{shift}$	$\Delta\lambda_{width}$	$\Delta\lambda_{shift}$	$\Delta\lambda_{width}$	$\Delta\lambda_{shift}$
0.5	0.5	0.42308	0.88462	1	1.27692	1.53846	1.65385	1.88462
1	0.30769	0.23077	0.57692	0.69231	0.96154	1.07692	1.11538	1.34615
1.5	0.17308	0.13462	0.38462	0.48077	0.73077	0.76923	0.80769	1
2	0.11538	0.09615	0.26923	0.34615	0.51923	0.54615	0.61538	0.67308
2.5	0.07692	0.07692	0.19231	0.19231	0.38462	0.42308	0.51923	0.51923
3.5	0.06923	0.06923	0.11538	0.10769	0.25	0.30769	0.37692	0.38462
4	0.05385	0.05385	0.07692	0.07692	0.15385	0.19231	0.25	0.28077
5	0.03846	0.03462	0.06538	0.05	0.11538	0.11923	0.15385	0.17308
8	0.02692	0.01923	0.04231	0.03846	0.05769	0.05385	0.09615	0.08077

Stark位移和展宽(Å)

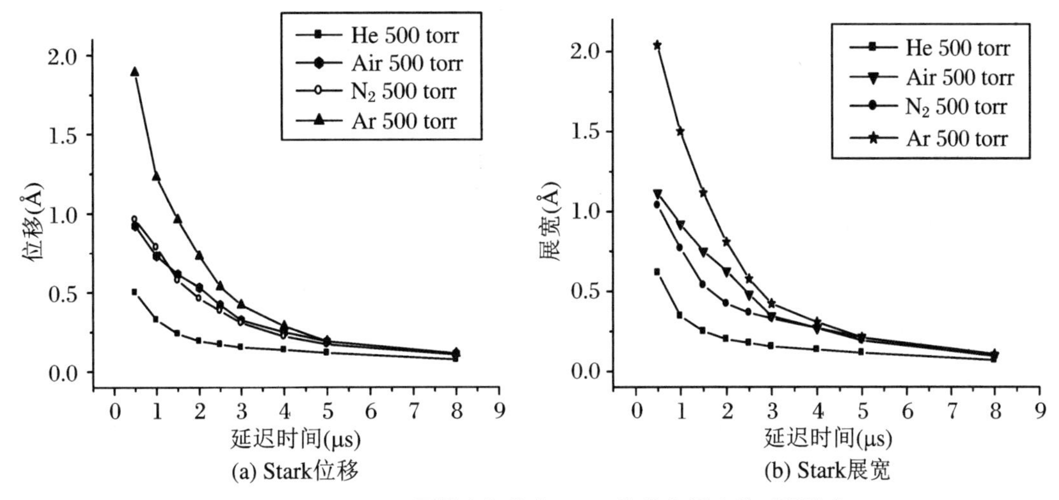

图4.7　500 torr不同缓冲气体中Stark位移和展宽的时间演化

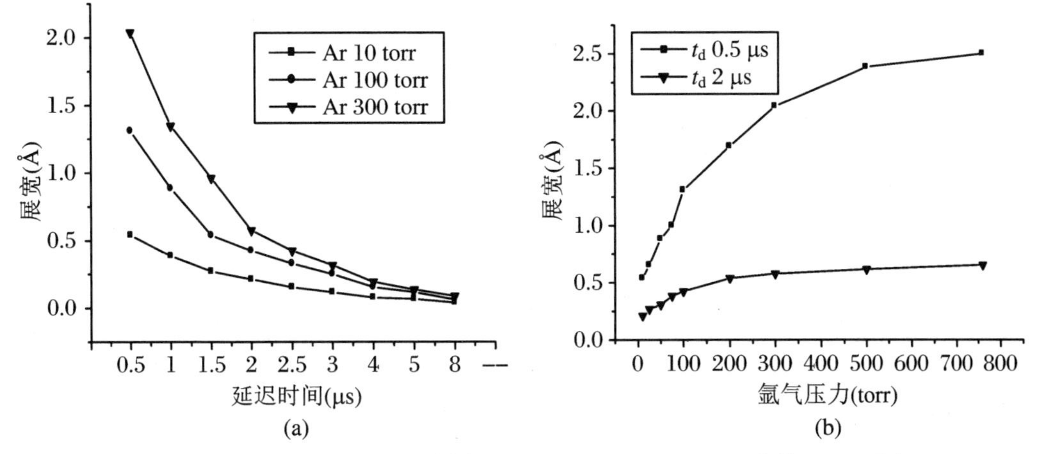

图4.8　不同延迟时间和不同缓冲压力下Al(Ⅰ) 308.215 nm线的Stark展宽

4.4 激光等离子体中电子密度随时间演化的实验研究

激光等离子体是与时间相关的微等离子体，电子密度和电子温度都是随时间变化的。Hermann 等人[12]根据 Ti 原子光谱数据，分析了用 CO_2 激光诱导的等离子体中电子密度及温度随时间的变化关系。X. Z. Zhao 等人[8]通过测量等离子体中 Mg 原子和离子谱线的 Stark 展宽，计算了 YAG 激光诱导等离子体电子密度的空间分布。本节研究了 Nd：YAG 激光诱导 Al 等离子体电子密度在不同缓冲气体中随时间、气压的演化规律。

4.4.1 电子密度随时间演化的实验结果

根据实验测定的谱线的 Stark 展宽和线移，可由式(2.70)或式(2.71)计算出不同缓冲气体和压力下的电子密度。这样就可以得到缓冲气体的性质和气压大小对等离子体中电子密度的影响。由于式(2.70)或式(2.71)对温度变化很不敏感，温度的粗略估计不会给电子密度的计算带来很大误差[13-14]。根据对电子温度测量的实验结果，我们取 $T_e \approx 10000$ K。在忽略 Doppler 展宽的情况下，我们根据式(2.70)和式(2.71)计算得到不同缓冲气体及压力下的等离子体的电子密度。在四种缓冲气体中电子密度数量级均为 $10^{17}/\mathrm{cm}^3$。这同文献[15,16]给出的结果在数量级上一致。据估计，理论的准确性为 20%[10]。计算结果表明：(1) 当延迟时间在 0.5～8 μs 之间变化时，随延迟时间的增加电子密度下降；(2) 在我们的实验条件下，当延迟时间在 0.5～8 μs 之间变化时，电子密度变化范围为 $(11 \sim 0.2) \times 10^{17}/\mathrm{cm}^3$。(3) 在延迟时间较小时，由谱线的 Stark 线移计算得到的电子密度要比由 Stark 展宽计算得到的电子密度小，而当延迟时间较大时情况相反。

利用 Al(Ⅰ)394.40 nm($3s^2(^1S)3p - 3s^2(^1S)4s$)发射谱线在氩气中的 Stark 展宽和线移计算得到电子密度如图 4.9 所示。从图 4.9(a)中可以看出，随着时间的推移，等离子体中的电子密度明显减小，在约 5 μs 以后电子密度变化很小。氩气在 10 torr 压力下，电子密度在激光脉冲轰击后 2 μs 内迅速衰减，而 2 μs 以后电子密度则缓慢减小。在较高的缓冲气压下，激光与靶相互作用之初产生了较高的电子密度，如在氩气中 200 torr 压力下 0.5 μs 时的电子密度超过了 $10^{18}/\mathrm{cm}^3$，然后随相对激光脉冲的延迟时间增加迅速衰减，但在 2 μs 时仍然具有较高的电子密度，一直到 5 μs 左右电子密度才降到较低的水平。利用 Al(Ⅰ)394.40 nm 发射谱线在 Ar 中的 Stark 线移计算得到的电子密度与由该发射谱线的 Stark 展宽计算得到的电子密度测量结果基本相同，如图 4.9(b)所示。

在等离子体中的电子密度随气压变化的关系图(图 4.10)上(缓冲气体为氩气，门宽为 300 ns，由 Stark 展宽计算)可以看出，电子密度随缓冲气压的增加明显增加。当缓冲气压较小时，电子密度增加要快，当缓冲气压超过 100 torr 以后电子密度缓慢增加。在不同的延迟时间下，电子密度的变化范围不同，当延迟时间越小时电子密度的变化范围越大，在 0.5 μs 延迟时间条件下实验得到的电子密度的变化范围从 10 torr 时的 $2.58 \times 10^{17}/\mathrm{cm}^3$ 增加到 760 torr 时的 $13.18 \times 10^{17}/\mathrm{cm}^3$。

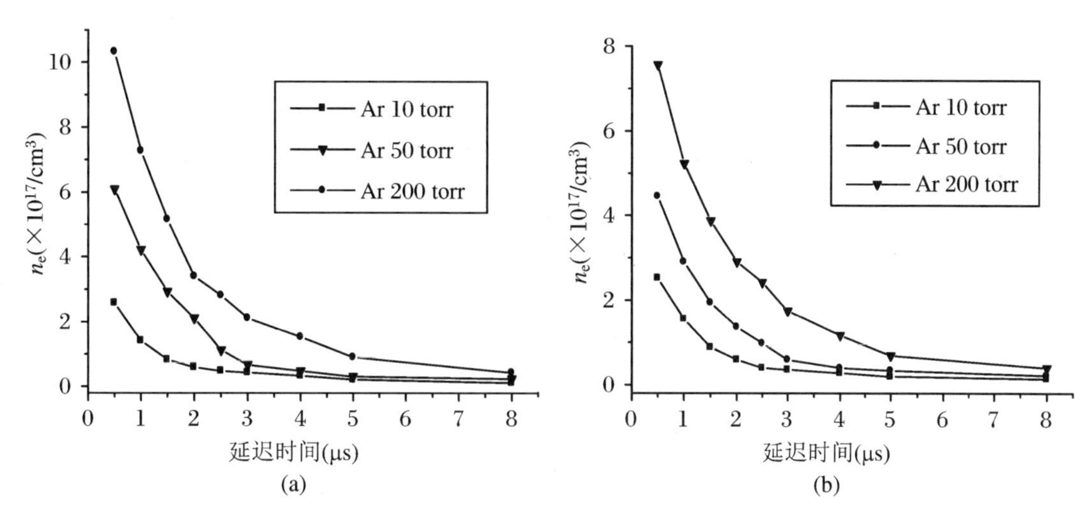

图 4.9　不同压力下 Ar 气中激光诱导 Al 等离子体电子密度的时间演化

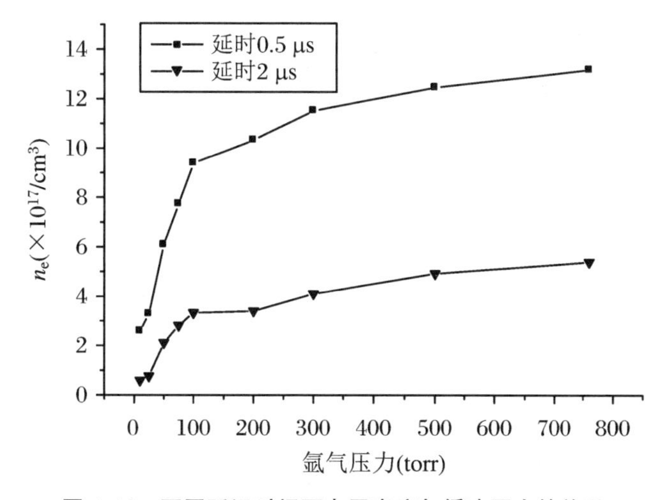

图 4.10　不同延迟时间下电子密度与缓冲压力的关系

在氦气、空气、氮气和氩气中电子密度随时间演化关系如图 4.11 所示，缓冲气压都是 50 torr。从图中可以看出，在氦气中电子密度最低，而在氩气环境中的电子密度要比氮气、空气和氦气中电子密度都大，这可从以下几个方面得到解释：(1) Ar 原子的电离能比 He 原子低，故在氩气中由于氩原子的电离而能提供更多的电子；(2) Ar 原子的质量大，即相同气压下密度最大，因而对等离子体膨胀的空间束缚也强，更容易阻止电子逃离观察区域；(3) 氩气具有更低的热导率和较小的热容，这些热学性质的不同导致氩气中产生的等离子体温度更高，这样等离子体羽中的颗粒或团簇离解和原子化的程度也更高。电子密度在四种气体中某些延迟时间下的数值(由线移计算得到)列于表 4.4 中。

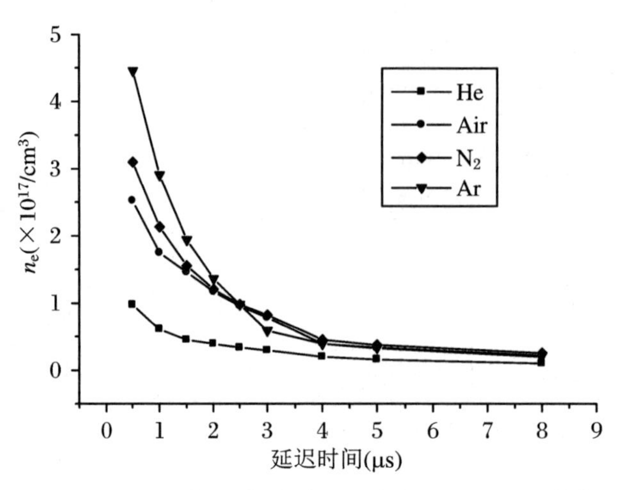

图 4.11 50 torr 时氦气、空气、氮气和氩气中激光诱导 Al 等离子体电子密度的时间演化(由 Stark 位移计算)

表 4.4 在 50 torr 压力下,由氦气、空气、氮气和氩气组成的 Al 激光等离子体在不同的延迟时间下的电子密度

延迟时间(μs)	电子密度			
	氦气	空气	氮气	氩气
0.5	0.9728	2.52	3.1	4.454
1	0.607	1.747	2.133	2.906
1.5	0.4507	1.457	1.554	1.94
2	0.3921	1.167	1.206	1.36
2.5	0.3335	0.9587	0.9782	0.9782
3	0.2944	0.7829	0.8219	0.5875
4	0.1967	0.3921	0.4507	0.3921
5	0.1577	0.3237	0.3726	0.3335
8	0.09906	0.1967	0.2538	0.2163

4.4.2 讨论

在不计及因扩散而引起的电子损失时,激光等离子体中的电子密度随时间演化方程近似为[13]

$$\frac{dn_e}{dt} = -a_{cr}n_e^2 + S_{cr}n_e n \tag{4.2}$$

其中 a_{cr}及 S_{cr}分别为碰撞复合速率系数和电离速率系数,n 为中性原子密度。一般情形下,a_{cr}及 S_{cr}与电子密度及电子温度有关,因此求解上述方程是很困难的。我们仅考虑在

激光脉冲过后等离子体的演化过程，此时电子与离子碰撞复合速率远大于原子的电离速率，即 $a_{cr}n_e^2 \gg S_{cr}n_e n$，则方程(4.2)可写为

$$dn_e/dt = -a_{cr}n_e^2 \tag{4.3}$$

对于 a_{cr} 为常数的情形，解为

$$n_e(t) = [a_{cR}(t - t_0) + n_e(t_0)^{-1}]^{-1} \tag{4.4}$$

式(4.4)即为电子密度随时间演化的方程，根据 Al(Ⅰ) 394.4 nm 谱线的 Stark 展宽计算得到的电子密度和式(4.4)，我们得到电子密度对延迟时间的实验曲线和拟合曲线。从式(4.4)出发对实验数据进行拟合，考虑到电子与离子复合过程是主要的，拟合曲线见图 4.12，由函数 $n_e(t)=[a_{cr}(t-t_0)+n_e(t_0)^{-1}]^{-1}$ 得到的拟合曲线和实验曲线符合得较好，拟合参数为：在 Ar 300 torr 条件下，$\alpha_{cr}=1.4346\times10^{-12}$，$t_0=0.552\ \mu s$，$n_e(t_0)=8.268\times10^{17}/cm^3$。从图 4.12 中可以看出，当延迟时间大于 3 μs 时，拟合曲线和实验曲线之间存在偏差，这说明在延迟时间超过 3 μs 以后，等离子体中电子密度的下降一方面是由于电子、离子的复合过程导致的，另一方面还应考虑电子扩散的损失，同时将碰撞复合速率系数 a_{cr} 看作常数也是导致偏差的一个原因。

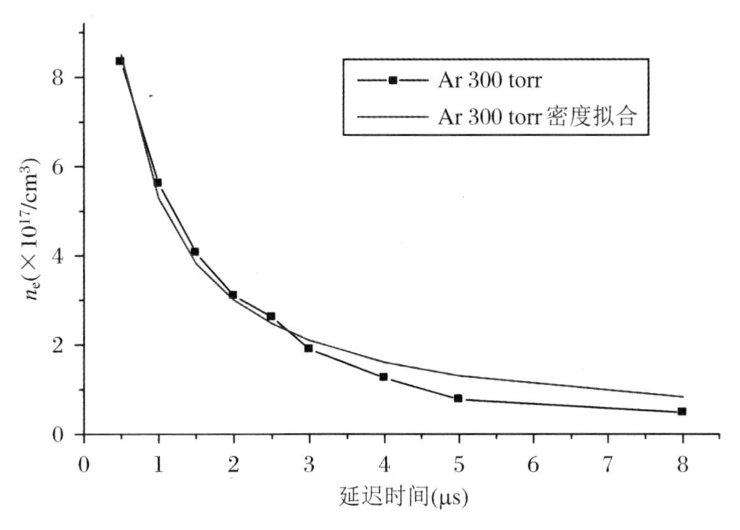

图 4.12　电子密度与时间延迟的关系及拟合曲线

4.5　电子温度的测定

在绪论中，我们得到利用等离子体发射光谱测量电子温度的一般方法，即可以通过测量谱线相对强度，作出 Boltzmann 斜线来求出电子温度。在实验中，激光功率密度为 $2.4\times10^9\ W/cm^2$，缓冲气为氩气，气压为 25 torr。我们选用 Al 样品中的杂质元素锰的五条谱线来测定电子温度。表 4.5 列出了这五条谱线的波长、激发能量、跃迁上能级的权重因子以及跃迁概率。图 4.13 给出了激光 Al 等离子体在不同延迟时间下 $\ln(I\lambda/gA)\sim E_k$ 的曲线，我们得到当延迟时间在 0.5～10 μs 范围内变化时，相应的电子温度 T_e 的范围为 6700～12500 K。

表 4.5　激发能、Mn(Ⅰ)线高能级的统计权重以及相应的跃迁概率

展宽 (nm)	激发能量 (/cm)	g_k	$A_k(\times10^8/s)$
403.076	24802	8	0.17
403.307	24788	6	0.165
403.449	24779	4	0.158
401.81	41933	8	0.254
404.136	41790	10	0.787

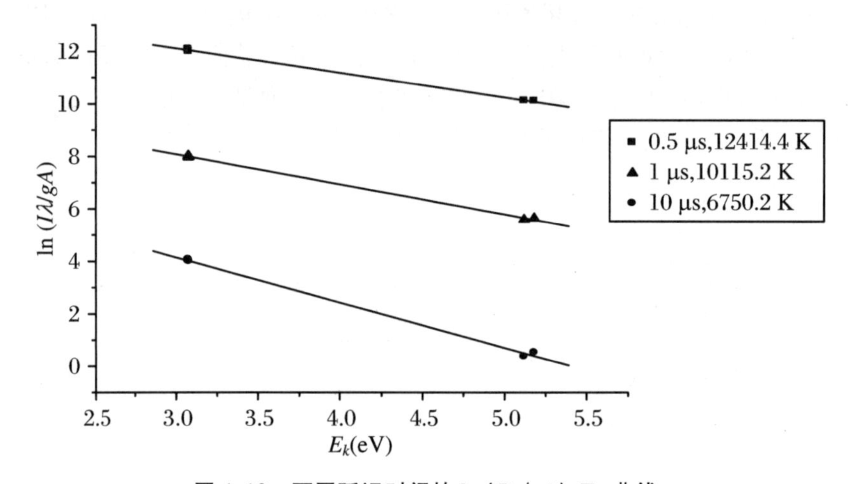

图 4.13　不同延迟时间的 $\ln(I\lambda/gA)$-E_k 曲线

表 4.6　激发能、高能级 Al 线的统计权重以及相应的跃迁概率

展宽 (nm)	激发能量 (/cm)	激发能量 (eV)	g_k	$A_k(\times10^8/s)$
308.216	32435.453	4.02	4	0.63
309.271	32436.796	4.02	6	0.74
390.068	85481.35	10.59	5	0.0048
394.401	25347.756	3.14	2	0.493
396.152	25347.756	3.14	2	0.98
466.305	106920.56	13.25	3	0.53

注：表中的激发能量来自不同的能量来源。

由于 Al 元素的原子和一价离子的发射谱线较少，且部分谱线的跃迁概率还不能确定，所以利用 Al 元素发射谱线的相对强度来作 Boltzmann 斜线从而确定等离子体的电子温度，其精确性不是很高。我们利用绪论中介绍的萨哈-玻尔兹曼多线图方法来求等离子体的电子温度，所选用的谱线及其相关参数列于表 4.6。由于选用的发射谱线间隔较大，在实际实验时分段进行测量，但实验条件严格相同，从而保证谱线强度的可比较性。发射谱线的相对强度采用积分强度，对于独立的无干扰的谱线则可以直接积分得到其积分强度，如图 4.14 所示，而对于有重叠或干扰的谱线则先采用 Voigt 轮廓线型拟合再积分，如图 4.15 所示。

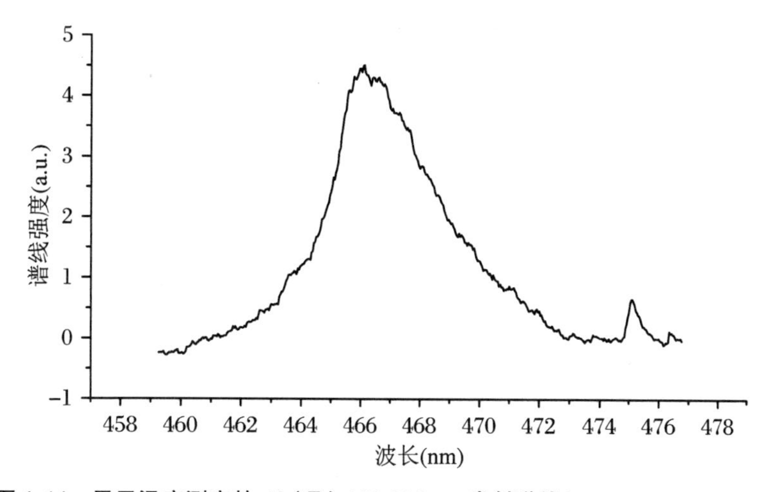

图 4.14　用于温度测定的 Al (Ⅱ) 466.305 nm 发射谱线(Ar 25 torr, t_d = 1 μs)

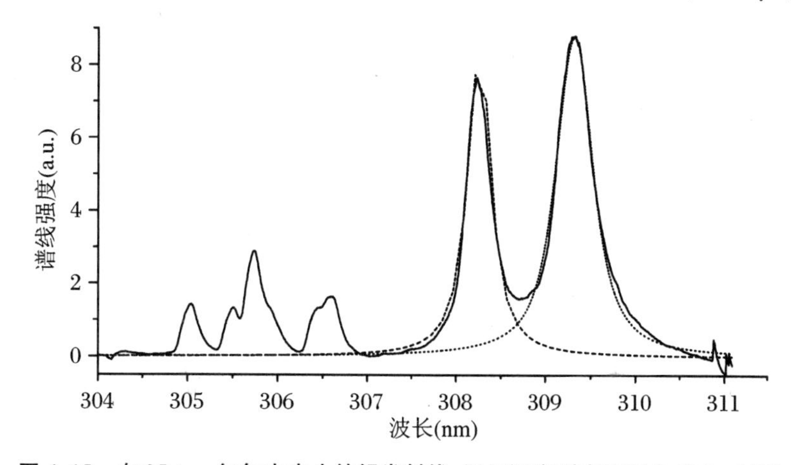

图 4.15　在 25 torr 氩气中产生的铝发射线,用于温度测定和拟合 Voigt 剖面

利用 Al 元素的原子和离子发射谱线,我们得到在不同延迟时间下的萨哈-Boltzmann 斜线如图 4.16 所示。当相对激光脉冲延迟时间在 0.5～8 μs 范围内变化时,等离子体中相应的电子温度 T_e 范围为 7400～11900 K。电子温度随时间的演化关系如图 4.17 所示,从图中可以看出,等离子体的电子温度在前 2.5 μs 内下降较快,而后缓慢变化。

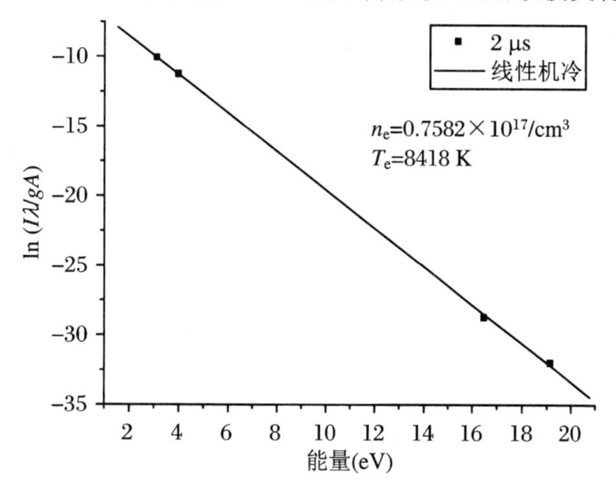

图 4.16　不同延迟时间下的萨哈-Boltzmann 斜线

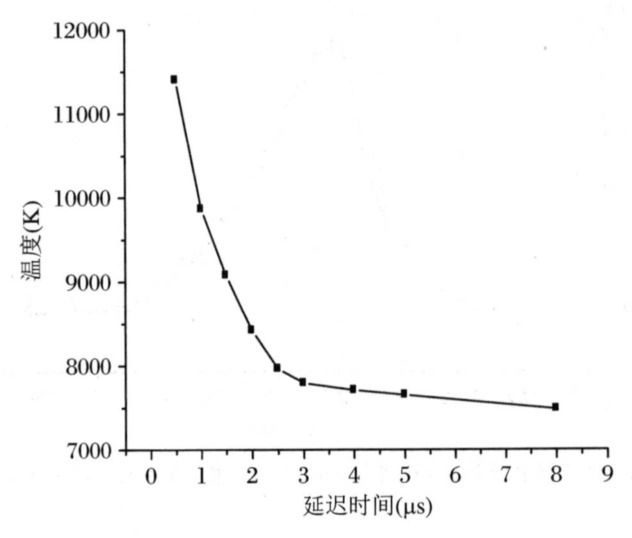

图 4.17 电子温度随时间的演化关系

4.6 局部热平衡

在计算电子密度和电子温度时我们假定局部热平衡条件是有效的，实际上根据文献[17]可知局部热平衡条件成立的一个必要但非充分条件是

$$N_e \geqslant 1.4 \times 10^{14} T^{1/2} (E_m - E_n)^3 \tag{4.5}$$

式中 N_e 为电子密度，单位为/cm^3，T 为等离子体温度，单位为 K，$E_m - E_n$ 为上下能级差，单位为 eV。在本书中测定电子密度时主要使用了 Al(Ⅰ) 394.4 nm 发射谱线，其对应的能级差为 3.1 eV，而电子密度的临界值与温度有关，但不是很敏感，本实验的最高温度 $kT \approx 1.1$ eV，由式(4.5)可知电子密度的极限值为 4.5×10^{15}/cm^3，这远低于由谱线的 Stark 展宽计算得到的电子密度值。因此在等离子体演化过程中使用局部热平衡假设是有效的。

参 考 文 献

[1] Moenke-Blankenburg L. Laser micro analysis[M]. New York: Wiley, 1989.

[2] Boegershausen W. Studies of effects of atmosphere on emission spectroscopy of Pb plasma[J]. Spectrochimica Acta, 1969, B24: 103-108.

[3] Idris N, Pardede M, Jobiliong E, et al. Enhancement of carbon detection sensitivity in laser induced breakdown spectroscopy with low pressure ambient helium gas[J]. Spectrochimica Acta Part B: Atomic Spectroscopy, 2019, 151: 26-32.

[4] 崔执凤，凤尔银，赵献章，等. 准分子激光诱导铅等离子体中谱线 Stark 展宽时空特性研究[J]. 原子与分子物理学报，1999，16(3): 307-312.

[5] 陆同兴，崔执凤，赵献章. 激光等离子体镁光谱线 Stark 展宽的测量与计算[J]. 中国激光，1994，A21(2): 114-120.

[6] 崔执凤，黄时中，陆同兴，等. 激光诱导等离子体中电子密度随时间演化的实验研究[J]. 中国激光，1996，A23(7): 627-635.

[7] 陆同兴，赵献章，崔执凤. 用发射光谱测量激光等离子体的电子温度与电子密度[J]. 原子与分子物理学报，1994，11(2): 120-129.

[8] Zhao X Z, Shen L J, Lu T X, et al. Spatial distributions of electron density in microplasmas produced by laser ablation of solids[J]. Applied Physics B, 1992, 55: 327-330.

[9] 郑贤锋，杨锐，唐小闩，等. 外加静电场下激光诱导等离子体电子、离子特性的实验研究[J]. 原子与分子物理学报，2002，19(1): 1-5.

[10] Dittrich K, Spivakov B Y, Shkinev V M, et al. Molecular absorption spectrometry (MAS) by electrothermal evaporation in a graphite furnace-IX Determination of traces of bromide by mas of AlBr after liquid-liquid extraction of bromide with triphenyltin hydroxide[J]. Talanta, 1984, 31(1): 39-44.

[11] Andreic Z. Phase properties of Schrodinger cat states of light decaying in phase-sensitive reservoirs [J]. Physica Scripta, 1993, 48: 331-338.

[12] Hermann J, Boulmer-Leborgne C, Dubreuil B. Spectroscopic study of the plasma created by interaction between a TEA CO_2 laser beam and a Ti target in a cell containing helium gas[J]. Applied Surface Science, 1990, 46: 315-320.

[13] Griem H R. Plasma Spectroscopy[M]. New York: McGraw-Hill, 1964.

[14] Lochte-Holtgreven W. Plasma Diagnostics[M]. Amsterdam: North Holland, 1968.

[15] 张树东，陈冠英，袁萍，等. Al 激光等离子体 Stark 加宽光谱观测[J]. 原子与分子物理学报，1999，16(4): 457-461.

[16] Sabsabi M, Cielo P. Quantitative analysis of aluminum Alloys by laser-induced breakdown spectroscopy and plasma characterization[J]. Applied Spectroscopy, 1995, 49(4): 499-507.

[17] NcWhirter R W P. Plasmadiagnostic techniques[M]. New York: Academic Press, 1965.

第5章　激光诱导Ni等离子体的发射光谱分析

5.1 引　　言

在众多的研究手段中，等离子体发射光谱诊断技术以其操作简洁，对等离子体无干扰等特点而被人们广泛应用。人们利用这一技术已经给出了许多等离子体的有关信息：如等离子体的产生机制（包括击穿、激光自持燃烧及爆轰等过程）及其热力学特性（电子密度、激发温度及宏观膨胀等）[1-3]。对等离子体时间、空间分辨光谱的测量，可获得等离子体中不同组分及其状态的演化特征，有助于人们了解等离子体羽的形成和膨胀规律，反映了处于激发态的原子、离子的状态变化，对了解烧蚀过程中的有关物理化学过程特别重要，也是材料气相沉积中最为关注的内容。对激光诱导等离子体的发射光谱的研究已有很多文献报道[4-18]。我们用YAG 532 nm激光烧蚀Ni靶，研究了烧蚀过程中产生的等离子体光谱的时间、空间分辨特性。

5.2 实验装置

实验装置由激光烧蚀源、成像系统、光谱测量系统三大部分组成。下面分别介绍它们的性能和工作过程。

5.2.1 激光烧蚀源[19]

激光烧蚀源为YAG调Q脉冲激光器。主要由工作物质、泵浦系统、光学谐振腔三部分组成[20]。

工作物质是激光器的核心部分，其发光粒子是工作物质中的金属离子。依据工作物质的不同来分类，可以把激光器分为固体激光器、气体激光器、液体激光器、半导体激光器及自由电子激光器等[21]。YAG激光器属于固体脉冲调Q激光器。固体激光器通常是指以均匀掺入少量激活离子的光学晶体或光学玻璃作为工作物质的激光器，真正发光的是激活离子，晶体或玻璃则作为提供一个合适配位场的基质材料，使激活离子的能级特性产生对激光运转有利的变化。我们知道要产生激光有三个条件，分别为粒子数反转、满足阈值条件和谐振。YAG激光器的工作物质是掺钕钇铝石榴石（Nd：YAG），激活离子是Nd^{3+}，属于四能级系统，如图5.1所示。原来处于E_3($^4F_{3/2}$)能级上，由于$^4F_{3/2}$能级寿命比较长(约为230 μs)，所以在E_3能级上积累了大量粒子，实现了E_3和E_2($^4I_{11/2}$)能级间粒子数的反转。

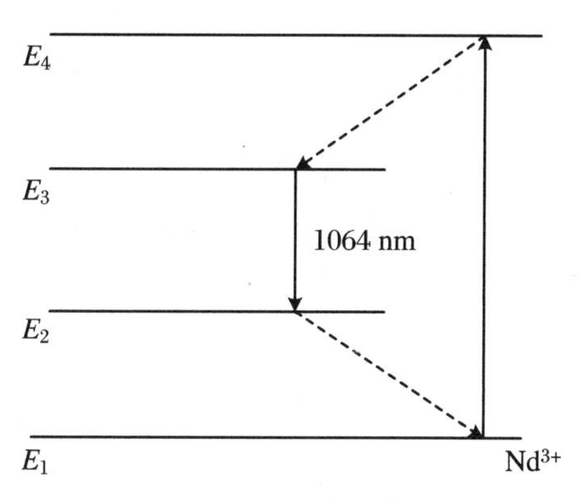

图5.1　Nd:YAG的四能级跃迁

在室温下，从E_3到E_2能级间产生的1064 nm光的增益，当增益超过阈值时，产生YAG激光器的基频为1064 nm，其中最大能量输出为每脉冲900 mJ。

泵浦系统由泵灯和聚光器两部分组成。泵灯向外辐射的光由聚光器汇聚到工作物质上，使工作物质中的激活粒子形成粒子数反转，YAG激光器为脉冲Xe灯泵浦。

光学谐振腔：由全反镜和部分反射镜组成，对激活粒子进行反馈。激光具有高亮度和方向性、单色性及相干性好等特点，与光学谐振腔在激光产生中所起的作用是不可分的。激活粒子实现能级反转后，所发出的光子在谐振腔的光轴方向被全反镜反射，并与其他激发态离子相互作用，使能量、相位、方向相同的两光子变为四光子，四光子变为八光子，依次成几何级数增长，直到激发光子与出射光子达到平衡，最后激光由部分反射镜输出。YAG激光器光学谐振腔有稳定腔和非稳定腔两种形式，稳定腔是指光在两反射镜间来回反射过程中始终不离开谐振腔，由于它只利用了YAG棒近轴小体积内的能量，激光输出受到限制；非稳定腔指光在腔内反射时不会逸出谐振腔外，它的光束直径大，利用了全棒体积的能量。实验中所用的是稳定腔，激光输出空间模式为近Gauss模式，直径为7 mm。

除了以上三部分基本组成外，YAG激光器还有Q开关和倍频晶体两种特殊部件。在Xe灯泵浦下，YAG激光器中粒子反转数上升很快，当达到一个确定的阈值后，很快就能建立振荡。但是这样的运转方式有很大的缺点：首先，会出现随机的多个尖峰脉冲，波形很差。粒子反转数超过阈值振荡起来后，振荡激光又将消耗粒子反转数，使其快速下降，振荡起来的激光很快熄灭。由于泵浦脉冲很宽，泵浦光还在持续照射，粒子反转数又重新建立，激光再次振荡，又重复发生上述过程。因此，输出激光是一些随机的尖脉冲。其次，激光振荡时间拉得很长，泵浦光持续时间达数百微秒，几乎在泵浦的持续照射时间内都有输出，使脉冲输出功率受到限制。Q开关的作用是设法在泵浦期间控制损耗，压缩脉冲输出宽度，提高其输出功率。

我们的YAG激光器使用的是电光Q开关，由1/4波片、普克尔斯盒和偏振器组成，图5.2为YAG脉冲激光器的Q开关工作原理示意图。其基本思想是1/4波片光轴与光振动方向成45°，所以光两次通过1/4波片后其光振动方向偏转90°。当在P盒上加4 kV电压，Q开关打开时，产生一个与1/4波片相反的相位延迟，抵消1/4波片的作用，同时Xe灯闪亮，激活介质，使Nd离子在200 μs内实现大部分粒子数反转，当粒子数反转最大时，损耗最小。最后使脉冲输出宽度小于 10 ns，功率达到 10 MW，发出激光（$\Delta\nu\sim10^{-9}$ s）。

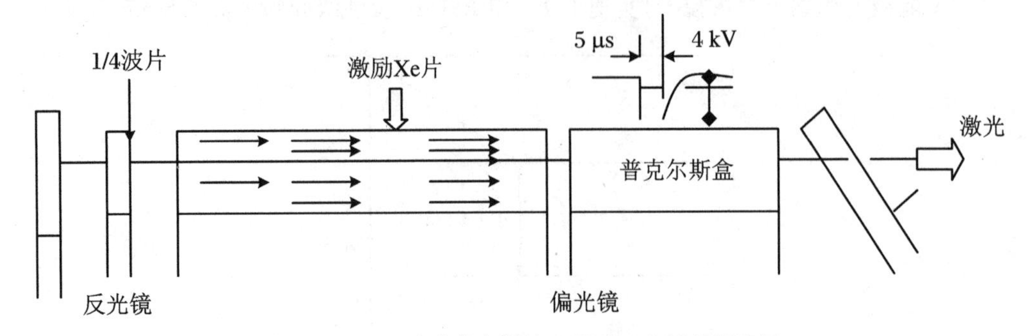

图 5.2 YAG 脉冲激光器的 Q 开关工作原理示意图

YAG 激光器的倍频晶体，共可产生四个波长的激光。其基频输出是 1064 nm；二倍频是 532 nm；三倍频由基频与二倍频之和产生，波长为 355 nm；四倍频由二倍频的倍频产生，波长为 266 nm。

图 5.3 和图 5.4 中给出了 Nd:YAG 激光器输出功率的特性曲线，表明激光输出功率与其振荡器和放大级输出存在线性关系。

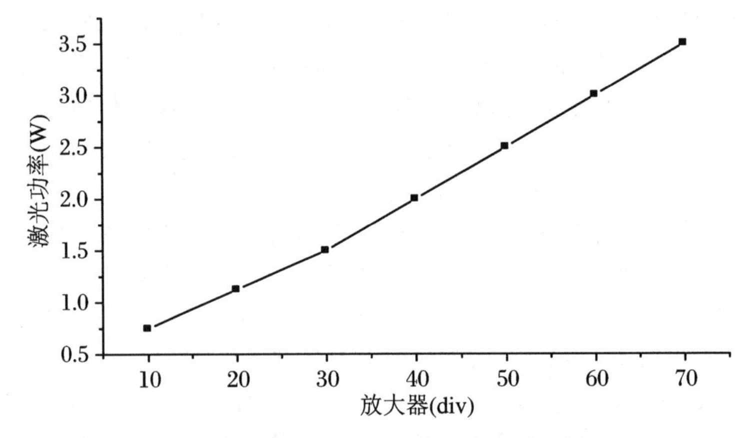

图 5.3 振荡频率为 50 Hz 时，激光能量的输出与放大器的关系

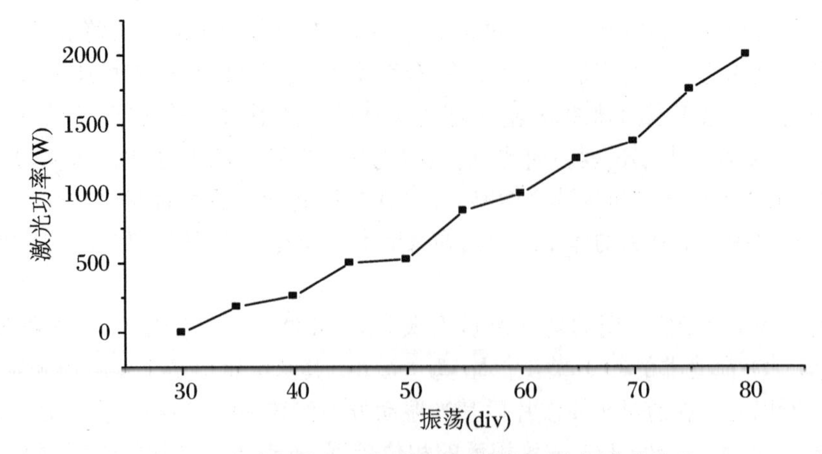

图 5.4 当放大器为 0 时，激光能量的输出与振荡的关系

烧蚀激光光源为 YAG 调 Q 脉冲激光(Spectra-Physics, LAB170-10),并配有二倍频(532 nm)和三倍频(355 nm)输出,激光的重复频率为 10 Hz,脉宽为 7 ns,光束直径为 6 mm,单脉冲激光能量(532 nm)在 2～400 mJ 范围内可调,本实验采用的激光波长为 532 nm。

5.2.2 成像系统

成像系统采用组合成像透镜,在给定的激光能量下,选择合适的狭缝宽度(20～80 μm),固定成像透镜位置(置于光轴中心)并使物距为 10.35 cm,像距为 20.55 cm,使之能成两倍像,光路图如图 5.5 所示,成像透镜的焦距为 70 mm,分辨率为 0.1 mm。

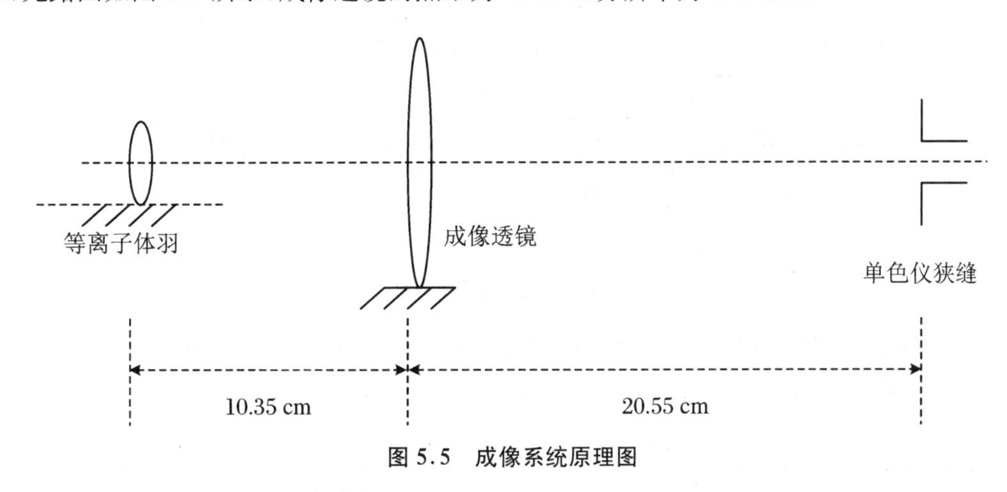

图 5.5　成像系统原理图

5.2.3 光谱测量系统

我们的光谱测量系统主要由单色仪组成:单色仪的任务是分光,即将包含多种波长的复合光以波长进行分解,通过分解,使光强分布按波长排列。所以,可同时在单色仪的出射口得到一个完整波段的光谱信息。SP-2750 型光栅单色仪由三块 150/mm、600/mm、1200/mm 的全息光栅组成,分辨率依次提高。实验中,通过选取单色仪中的不同光栅来选择一定的光谱测量范围和分辨率。并且,我们使用的单色仪是专门的单色仪软件通过计算机控制的。主要功能包括:促使单色仪快速至一波长;固定步长扫描;改变光栅和优化单色仪的参数等。

由以上激光烧蚀源、成像系统、光谱测量系统三部分实验仪器组成,我们采用的实验装置如图 5.6 所示。

实验仪器及其工作条件见表 5.1。实验过程为:脉冲激光束经焦距为 100 mm 的石英透镜聚焦在 Ni 靶表面上(Ni 靶放置在转速为 1 rad/min 的步进电动机上),焦斑直径约为 0.5 mm,由激光器输出的 Q 开关同步脉冲信号去触发 Boxcar 取样积分器和示波器。样品放置于空气中,实验时,在与激光束垂直且与样品表面平行的方向上,激光等离子体的发射光谱信号经 28 mm 的成像透镜成像于三光栅单色仪的入射狭缝处,成像大小比为 2∶1。单色仪利用波长为 589.60 nm 和 589.00 nm 的 Na 灯发射谱线进行定标,使用 He-Ne 激光器调节光路准直,单色仪的分辨率为 0.001 nm。光信号经光电倍增管放大后送入 Boxcar 取样积分器,其输出信号一路送至示波器进行观察,另一路与计算机相连,数据由计算机记录并处理。

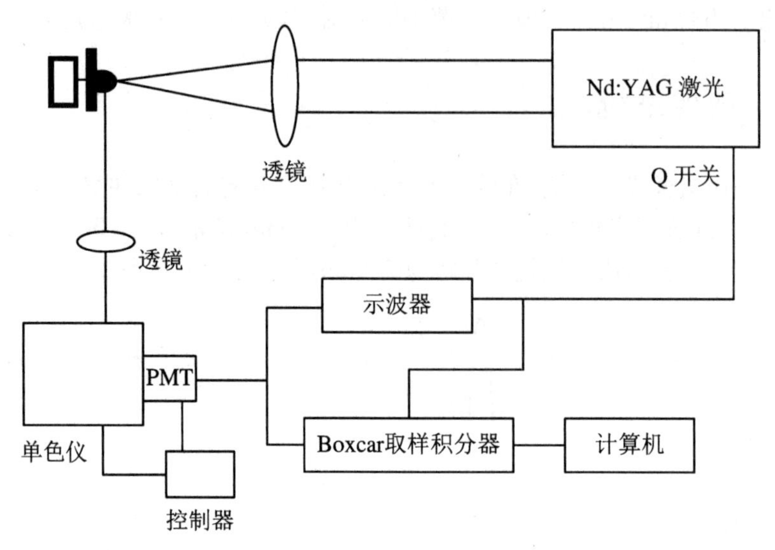

图 5.6 实验装置示意图

实验样品为标准镍样品。镍样品中的主要元素成分为:99.5% Ni,0.01% Mg,0.02% Mn,0.03% Si,0.05% Fe,0.01% Cu,0.02% Co,0.037% C,0.002% S。

表 5.1 主要仪器及工作条件

主要仪器	工作条件
Nd:YAG 激光器(Lab170-10)	单脉冲能量:60 mJ;脉冲宽度:8 ns;重复率:10 Hz
三光栅单色仪(SP-2750)	光栅:1200/mm;缝宽:10 μm;缝高:4 mm。入射狭缝在实验时开到 80 μm,出射狭缝开到 500 μm
光电倍增管 PMT(R376)	其所加高压可在 900～1200 V 范围内进行调节
Boxcar 取样积分器:美国,普林斯顿公司	门宽:300 ns;平均次数:30;延迟时间可根据实验目的改变;灵敏度:50 MV/V
记录装置	计算机与 Boxcar 通过 RS232 相连,采用 Igor Pro 软件接收并处理数据

5.3 光谱法测量

近年来,随薄膜的激光溅射技术、同位素激光富集技术、激光痕量分析技术等研究的发展,要求对激光等离子体的性质展开深入研究。此外,作为一种新的分析手段,激光等离子体技术越来越受到人们的重视。同时,等离子体的温度、密度、介电性、稳定性等特性是天体物理、空间物理等研究领域中不可缺少的参数[22],但由于天体和空间的特殊性,我们不可能直接测量这些必要的等离子体参数,然而,我们可以通过实验室产生的等离子体进行模拟。

激光烧蚀金属产生等离子体便是重要的研究途径之一。

一般而言，激光烧蚀等离子体的测量方法使用最多、最广泛的主要有各种静电探针法、微波和激光干涉量度法与全息法、质谱学方法、光谱学方法等。在这几种方法中，静电探针法应用于测量激光等离子体方面，比较受局限；而光谱法所使用的仪器相对简单，采用不接触测量，不会影响等离子体的状态，从而广泛地应用于等离子体性质的研究和参数的诊断。而且，光谱法对于我们实验室的装置来说是比较适用的。用光谱法研究激光烧蚀等离子体时，可以分为等离子体发射光谱法和吸收光谱法。而发射等离子体光谱又有下面两种基本的实验技术。

(1) 时间分辨光谱

激光烧蚀等离子体从产生到消失，其等离子体成分间有非常复杂的相互作用，并随时间而变化，是一个动态变化过程。表现在激光烧蚀等离子体各发光成分的光谱随时间的推移，有不同的演化行为。而对不同时间等离子体发射光谱的测量(时间分辨光谱)，就能够对这一过程进行分析和研究，时间间隔越小，精确度越高。图5.7为激光烧蚀Ni等离子体在384.5～386.5 nm波长范围内的时间分辨光谱，从图中可以看出Ni等离子体谱线随时间有比较明显的变化。

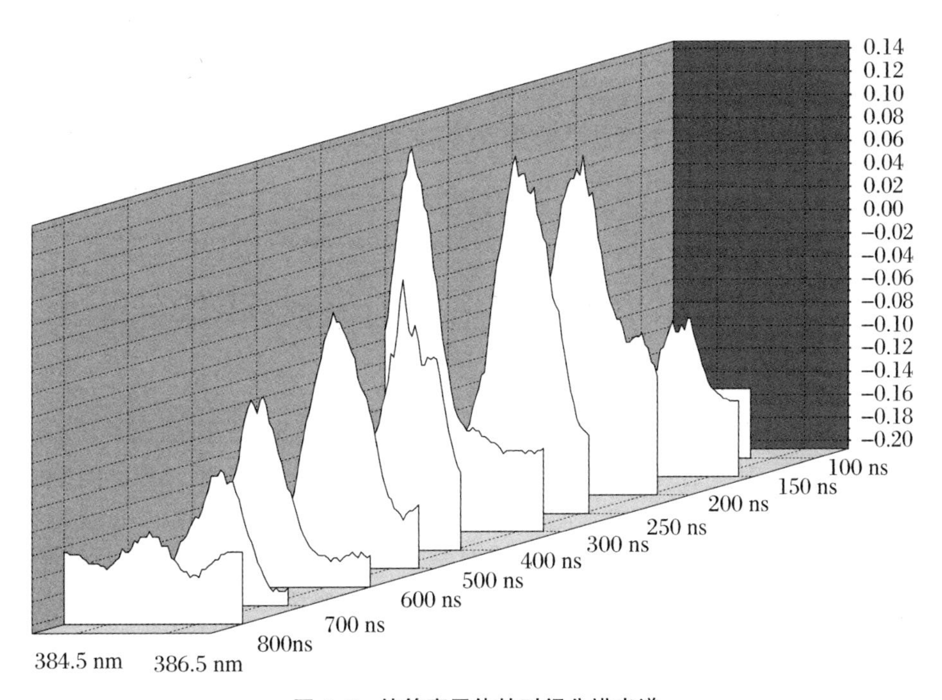

图5.7　镍等离子体的时间分辨光谱

(2) 空间分辨光谱

等离子体的光辐射在空间形成一个较大的辐射区，即等离子体羽，不能视为发光点源。同时，在形成等离子体的两步过程中，等离子体各成分及它们的相互作用沿靶面有不同的分布。通过对等离子体羽空间不同位置光谱的测量(空间分辨光谱)，可以对此进行观察和研究。图5.8为Ni等离子体的空间分辨光谱。

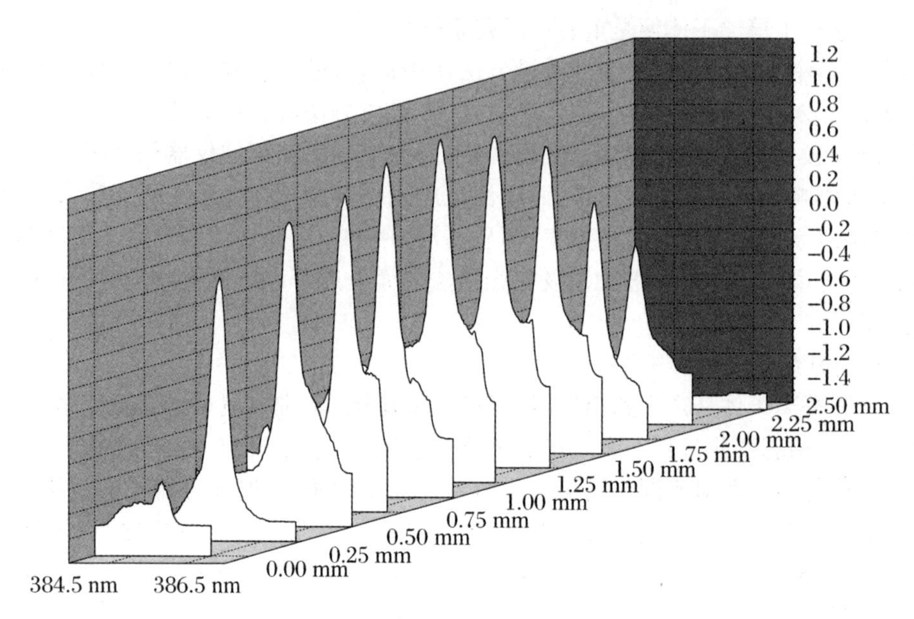

图 5.8 镍等离子体的空间分辨光谱

因此，通过对等离子体时间、空间分辨光谱的测量，可获得等离子体中不同组分及其状态的演化特征，有助于人们了解等离子体羽的形成和膨胀规律。特别是发射谱的测量，它们反映了处于激发态的原子、离子的状态变化，它们对了解烧蚀过程中的有关物理化学过程特别重要，也是材料气相沉积中最为关注的内容。

5.4 原子发射光谱线的测定和归属

在有关激光诱导镍等离子体发射光谱动力学的研究中，Kenji Kodama 小组研究了镍原子发射光谱与激光能量之间的关系[23]，当激发能量达到大约 5 eV 时镍原子的谱线强度剧烈增长。Kazuaki 等人研究了镍离子谱线在不同缓冲气体（氩气和氦气）中的光谱特性[24]，实验结果表明镍离子在两种缓冲气体中的谱线是不一样的。我们重点测定了激光烧蚀 Ni 靶产生的等离子体中 Ni 原子在 365～395 nm 区域的发射光谱，得到了 6 条谱线并对这些谱线进行了归属。

实验中使用的激光能量为每脉冲 24 mJ，在距靶面 1.5 mm 处测得的在 365～395 nm 区域内的 Ni 等离子体光谱如图 5.9 所示。在此光谱范围内，观测到 6 条 Ni 原子谱线，对应的波长分别为 377.56 nm、378.35 nm、380.71 nm、383.29 nm、385.83 nm 和 388.59 nm，与这些谱线相对应的跃迁能级见表 5.2。

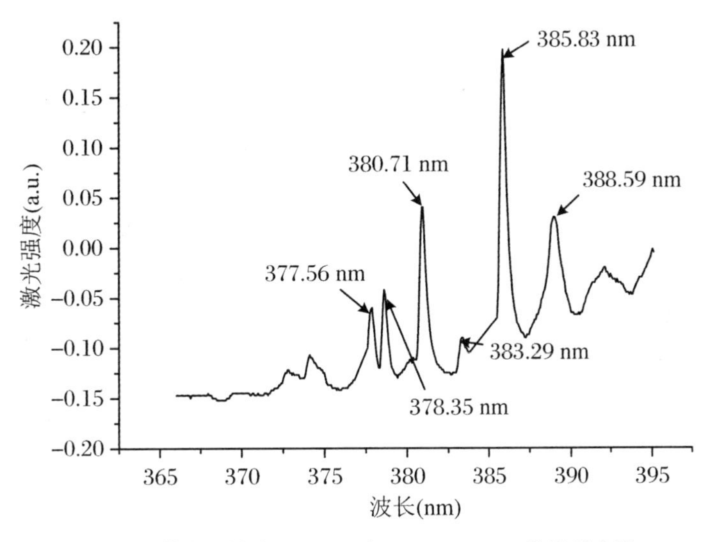

图 5.9　等离子体中 Ni 原子在 365～395 nm 的发射光谱

表 5.2　实验中测量了 Ni 原子跃迁的能级

波长	能级
Ni(Ⅰ) 377.56 nm	$3d^9.(^2D).4s-3d^9.(^2D).4p$
Ni(Ⅰ) 378.35 nm	$3d^9.(^2D).4s-3d^9.(^2D).4p$
Ni(Ⅰ) 380.71 nm	$3d^9.(^2D).4s-3d^9.(^2D).4p$
Ni(Ⅰ) 383.29 nm	$3d^8.(^3F).4s^2-3d^8.(^3F).4s.4p.(^3P^*)$
Ni(Ⅰ) 385.83 nm	$3d^9.(^2D).4s-3d^9.(^2D).4p$
Ni(Ⅰ) 388.59 nm	$3d^8.(^3F).4s-3d^8.(^3F).4s.$

5.5　空间分辨发射光谱的测定

从实验上测定等离子体的时间、空间分辨光谱，可获得激光等离子体形成过程中所包含的丰富的动力学信息，有助于人们认识等离子体羽的形成和膨胀规律。Mitchel 首次报道了用 CO_2 激光分别在真空和大气条件下烧蚀 Al 靶的发射谱[25-26]。Knudtson 用闪光灯泵浦的染料激光研究了激光诱导 Al 等离子体的时间空间分辨光谱[27]。苏茂根等人对在空气中激光烧蚀 Cu 等离子体的发射光谱进行了研究，测定的波长范围为 440～540 nm[28]。在我们调研的文献范围内尚未发现有关激光诱导镍等离子体空间分辨光谱的研究。因此我们用 532 nm激光研究了在 384.5～386.5 nm 和 379.5～381.5 nm 范围内激光诱导 Ni 等离子体发射光谱的空间分辨特性。

图 5.10 为实验测定的在单脉冲激光能量为 24 mJ、延迟时间为 300 ns、波长范围为 384.5～386.5 nm 和 379.5～381.5 nm 内等离子体不同径向区域 Ni 原子的发射光谱。

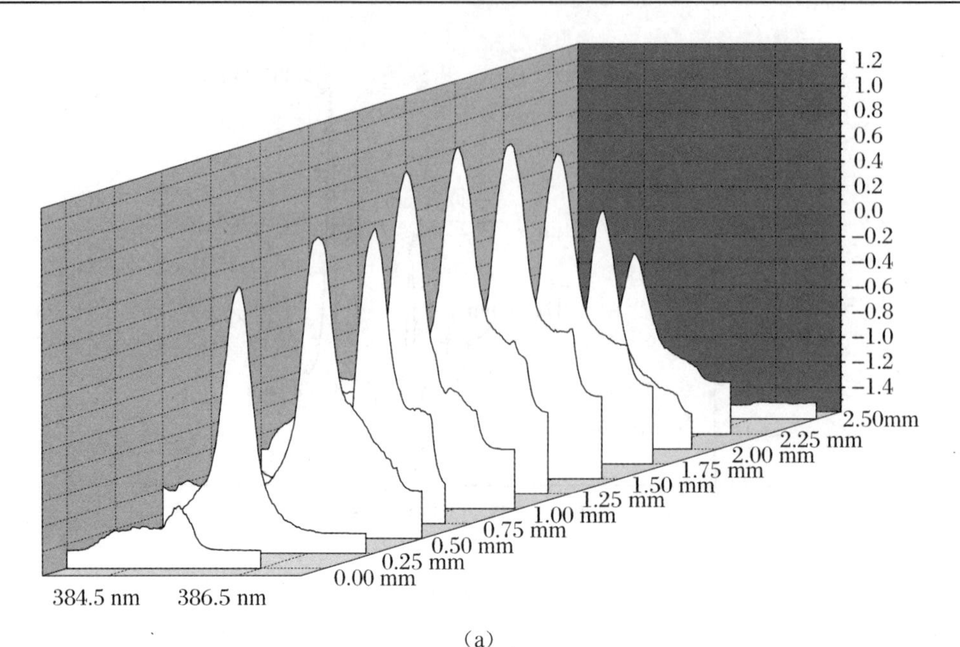

(a)

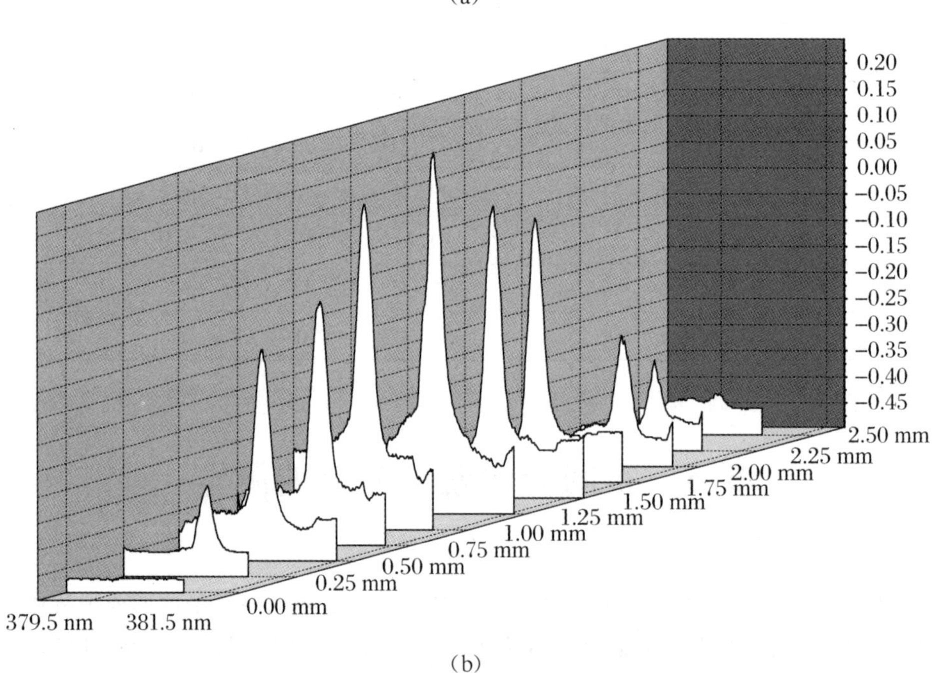

(b)

图 5.10 Ni 谱线在 385.83 nm (a)和 380.71 nm (b)的空间演化

从图中可以看出在靶面附近主要是连续谱,同时也出现了较弱的原子谱线。在距靶面2.5 mm的范围内,一直有很强的连续谱的分布,其上叠加着分立的原子谱线,并且连续谱的强度随着距靶面距离的增加经历了先增强后减弱的过程,我们认为这是等离子体中复合辐射和韧致辐射共同作用的结果。连续谱是由电子的韧致辐射和离子与电子的复合过程产生的。随着距靶面距离的增大,激光能量的吸收和电子碰撞导致能量的传递和转换,使原子的离子化进一步加强。随着等离子体中离子密度的增大,离子的复合逐渐增强,导致了复合过程产生的连续辐射逐渐增强。同时电子的韧致辐射也增强,导致了实验观测到的连续谱强度随距靶面距离的增加而增大。但是随着距靶面距离的进一步增大,由于等离子体在空间上的扩张运动,使等离子体中离子密度减小,导致电子和离子的复合概率减小,引起复合辐射的减弱。同时电子的平均自由程增大,导致碰撞概率下降,也使得韧致辐射减弱。两者的共同作用导致了实验中观测到的结果:当离靶面的距离增加到一定值时连续谱的强度随距离的增加而减弱。

由图 5.9 所示,分立谱线的强度随距离的变化与连续谱线具有类似的变化规律,这是由激光等离子体中激发态原子的动力学特性决定的。在靶面附近,随着距靶面距离的增加,激光能量的吸收和电子碰撞导致能量的传递和转换,使原子的离子化进一步加强。等离子体中电子密度增大,电子与中性原子之间的非弹性碰撞导致原子处在激发态的概率增加,从而使原子谱线的强度增大。随着距离的进一步增大,由于等离子体的扩散,使得等离子体中的原子密度很快减小,导致原子谱线强度随距离的进一步增大而减小。另外由图也可以看出实验中产生等离子体的线径在 2.5 mm 左右。

5.6　发射光谱线 Stark 展宽的空间演化特性

由第 2 章对谱线加宽的描述可知,在本实验条件下激光等离子体发射光谱谱线的展宽基本上取决于 Stark 展宽,其他展宽可以忽略。我们以前的实验研究结果表明,在很长的延迟时间下激光等离子体发射光谱线的宽度基本上不随延迟时间的增加发生变化,同时随着缓冲气体压力的增加,等离子体发射光谱存在的时间变短[29]。因此可以预计在大气环境中激光等离子体发射光谱存在时间会很短,本实验得到的发射光谱存在的时间约为 1 μs,远小于真空中等离子体发射光谱存在的时间(10 μs)。因此我们通过测定某一延迟时间和延迟时间为 1.1 μs 时谱线的宽度差,即可得到谱线在此延迟时间下 Stark 加宽的数值,实验测定的谱线强度和 Stark 展宽随径向的变化特性如图 5.11 所示。

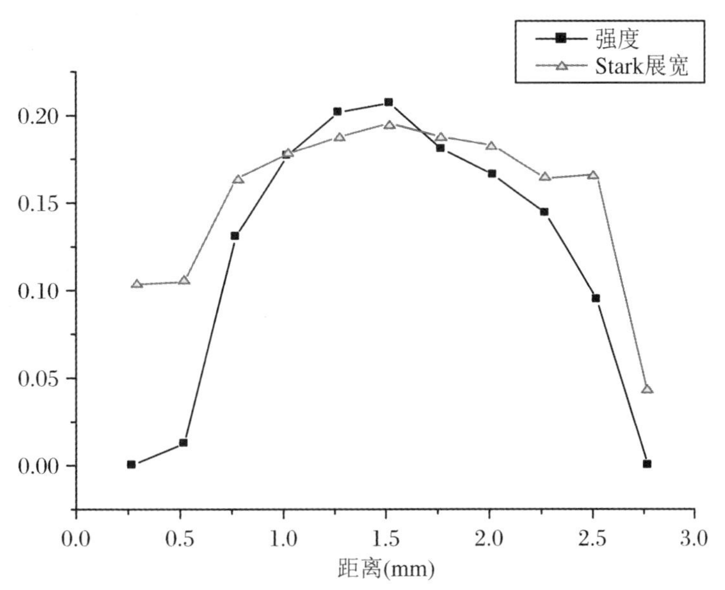

图 5.11　385.83 nm 处的相对强度和 Stark 展宽的空间演化

从图中可看出，谱线的 Stark 加宽和谱线的强度都随距靶面距离的增大先增大，但增大到最大值后随距离的增大而减小。谱线强度和 Stark 加宽的最大值都出现在离靶面约 1.5 mm处，说明在此区域的电子密度最大，导致原子受电子非弹性碰撞而得到激发的概率最大，从而使原子谱线的强度达到最大。同时原子谱线强度随距离的变化规律与连续谱强度变化规律是相似的，也证实了采用不同方法得到的结论是一致的。我们后面得到的等离子体电子密度的测量结果也证实了该结论。

5.7　时间分辨发射光谱的测定

通过调节 Boxcar 取样门的相对延迟时间，我们研究了激光诱导等离子体中 Ni 原子 385.83 nm和 380.71 nm 谱线的时间分辨特性。实验中的取样门宽为 60 ns，选择成像透镜位置使得探测区域位于距样品表面 1.25 mm 处，入射狭缝的宽度为 80 μm。实验测定的时间分辨光谱如图 5.12 所示。由图可见，当脉冲激光辐照到 Ni 样品表面瞬间，立即有强烈的连续辐射产生，在激光脉冲作用后约 100 ns 时间内都无法清晰地记录到原子的分立谱线。150 ns 以后出现 Ni 原子的发射光谱，并且谱线强度随着延迟时间的增加而逐渐增强，在 300 ns 附近谱线强度达到最大值。此后谱线的强度随延迟时间的增加而减小，但减小的幅度缓慢并持续到 1 μs 左右。但是与真空环境中激光等离子体发射光谱的时间分辨特性相比，大气环境中的发射光谱信号强度的上升和衰减都是很快的。同时实验结果表明连续光谱强度也经历了随延迟时间先增大后减小的过程，但其随延迟时间变化的幅度要小于原子谱线强度变化的幅度，这与真空环境中连续光谱强度很快上升和衰减的时间演化特性不同。

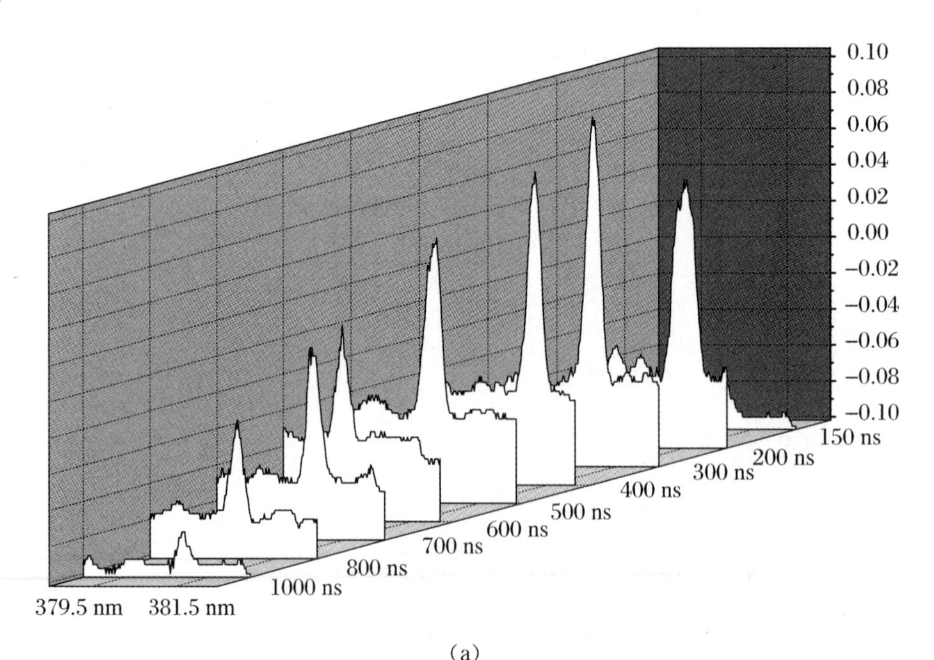

(a)

图 5.12　等离子体中 Ni 380.714 nm (a)和 Ni 385.83 nm (b)谱线的时间演化

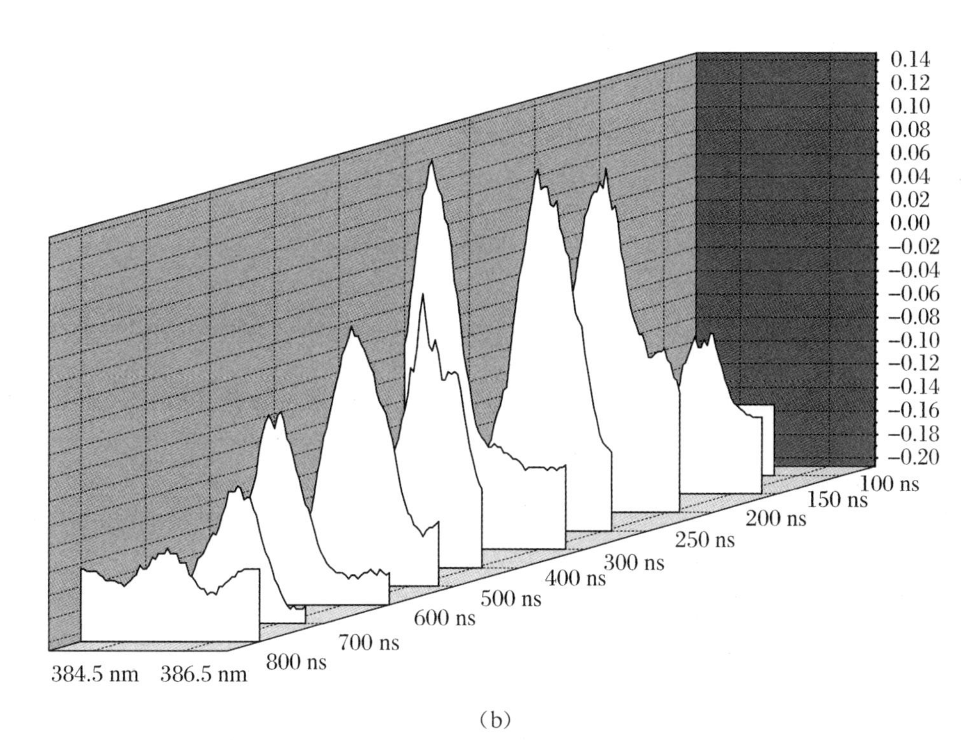

(b)

续图 5.12　等离子体中 Ni 380.714 nm (a)和 Ni 385.83 nm (b)谱线的时间演化

上述光谱信号的时间演化特性结果说明，在激光等离子体形成的初期(延迟时间在 100 ns 以内)，电子密度和离子、电子复合概率随延迟时间的增加而增加，因此电子的轫致辐射导致连续光谱信号强度增加。由于大气环境中的激光等离子体在时间演化过程中，其电子密度能在一段时间内维持较高的数值，因此导致连续光谱信号强度上升和衰减的速度都比较慢，相反原子谱线强度随延迟时间增加上升和衰减的速度都比较快，这说明大气环境中等离子体内部处在激发态的原子数目因电子的非弹性碰撞而增加和减小的速度很快。

参考文献

[1] Dyer P E, Issa A, Key P H. Dynamics of excimer laser ablation of superconductors in an oxygen environment[J]. Applied Physics Letter, 1990, 57: 186-188.

[2] Hermann J, Boulmer-Leborgne C, Dubreuil B. Spectroscopic study of the plasma created by interaction between a TEA CO_2 laser beam and a Ti target in a cell containing helium gas[J]. Applied Surface Science, 1990, 46: 315-320.

[3] Man B Y. Particle velocity, electron temperature, and density profiles of pulsed laser-induced plasmas in air at different ambient pressures[J]. Applied Physics B, 1998, 67: 241-245.

[4] 唐晓闩，李春燕，季学韩，等. 激光诱导 Al 等离子体发射光谱特性的实验研究[J]. 原子与分子物理学报，2004，21(2)：176-180.

[5] 吴凌晖，吴嘉达，伍长征，等. 金属表面激光烧蚀的发射光谱分析[J]. 应用激光，1994，14(4)：149-152.

[6] 崔执凤，黄时中，凤尔银，等. 准分子激光诱导等离子体中镁原子及离子发射光谱线的实验研究[J]. 安徽师范大学学报，1996，19(5)：228-234.

[7] 陆同兴，赵献章，崔执凤. 用发射光谱测量激光等离子体的电子温度与电子密度[J]. 原子与分子物理学报，1994，11(2)：120-129.

[8] Wu Z W, Wan B N, Zhou Q, et al. Space-time resolved spectroscopic system based on a rotating hexahedral mirror for measurement of visible and ultraviolet spectral Line emissions[J]. Plasma Science & Technology, 2005, 7(4): 2915-2918.

[9] 宋光乐，宋一中. 激光诱导 Al 等离子体辐射空间分布[J]. 光谱学与光谱分析，2003. 123：22-24.

[10] 黄庆举，方尔梯，邓尚民. 脉冲 Nd：YAG 激光烧蚀 Cu 产生等离子体总辐射的时空分辨研究[J]. 原子与分子物理学报，1999，16(3)：329-333.

[11] 傅正文，方尔梯，顾英俊，等. 脉冲 Nd：YAG 激光烧蚀金属 Al 产生等离子体的时空分辨光谱研究[J]. 化学物理学报，1996，9(4)：125-130.

[12] 崔执凤，凤尔银，赵献章，等. 准分子激光诱导铅等离子体中谱线 Stark 展宽时空特性研究[J]. 原子与分子物理学报，1999，16(3)：307-312.

[13] 杨柏谦，张继彦，韩申生，等. Al 激光等离子体电子密度的空间分辨诊断[J]. 强激光与粒子束，2005，17(5)：703-706.

[14] Zhao X Z, Shen L J, Lu T X, et al. Spatial distributions of electron density in microplasmas produced by laser ablation of solids[J]. Applied Physics B, 1992, 55: 327-330.

[15] Zhou X H, Zhou X F. Pulsed laser deposition preparation and laser-induced voltage signals of TiO_2 thin film[J]. Thin Solid Films, 2022, 756(5): 139375-139386.

[16] 王红斌，李三伟，陈波，等. 辐射烧蚀区电子温度研究[J]. 原子与分子物理学报，2001，18(3)：252-256.

[17] 张令清，韩申生，徐至展，等. 线状镁激光等离子体电子密度的空间分辨测量[J]. 核聚变与等离子体物理，1994，14(4)：55-59.

[18] Hermann J, Boulmer-Leborgne C, Dubreuil B, et al. Influence of irradiation conditions on plasma

evolution in laser-surface interaction[J]. Journal Applied Physics, 1993, 74(5): 3071-3079.

[19] Quanta-Ray DCR-3 and DCR-4 Pulsed Nd: YAG Laser Introduction Manual[M]. New York: Wiley, 1988.

[20] 陆同兴，路铁群.激光光谱技术原理及应用[M].合肥:中国科学技术大学出版社，1999.

[21] 安毓英.常用激光器[J].激光与红外，2002，32(3):201-205.

[22] 项志遴，俞昌旋.高温等离子体诊断技术(上册)[M].上海:上海科学技术出版社，1982.

[23] Kodama K, Wagatsuma K. Excitation mechanism for nickel and argon lines emitted by radio-frequency glow discharge plasma associated with bias current introduction[J]. Spectrochimica Acta Part B, 2004, 59(4): 429-434.

[24] Wagatsuma K, Honda H. Comparative studies on excitation of nickel ionic lines between argon and krypton glow discharge plasmas[J]. Spectrochimica Acta Part B, 2005, 60(12): 1538-1544.

[25] Mitchell R W, Conrad R W, Roy E L, et al. The role of radiative transfer in pulsed laser plasma-target interactions[J]. Journal of Quantitative Spectroscopy & Radiative Transfer, 1978, 20(5): 519-531.

[26] McKay J A, Bleach R D, Nagel D J. Pulsed-CO_2-laser interaction with aluminum in air: Thermal response and plasma characteristics[J]. Journal Applied Physics, 1979, 50(5): 3231-3240.

[27] Knudtson J T , Green W B, Sutton D G. The UV-visible spectroscopy of laser-produced aluminum plasmas[J]. Journal Applied Physics, 1987, 61(10): 4771-4780.

[28] 苏茂根，陈冠英，张树东，等.空气中激光烧蚀 Cu 产生等离子体发射光谱的研究[J].原子与分子物理学报，2005，22(3):472-477.

[29] 宋一中，李亮，张延惠.气压对激光诱导 Al 等离子体特征的影响[J].原子与分子物理学报，2000，17(2):221-227.

第6章 激光诱导Ni等离子体电子温度与电子密度的时空演化特性

6.1 引言

脉冲激光与固体材料的相互作用有着极其广泛的应用，诸如进行痕量化学分析、薄膜淀积、微结构构造及医学应用[1-3]等。激光与固体的相互作用过程是相当复杂的，它涉及样品靶表面对激光的吸收、样品靶的气化、靶前等离子体的形成、激光与等离子体的相互作用等过程。能够正确把握这些过程是将激光与靶的相互作用应用到国民生产和生活中去的关键。而对这些过程的研究深受激光参数、样品的物理特性及背景气体等因素的影响[4-6]。在众多的研究手段中，等离子体发射光谱诊断技术以其操作简洁、对等离子体无干扰等特点而被人们广泛应用。人们利用这一技术已经给出了许多等离子体的有关信息，如等离子体的产生机制（包括击穿、激光自持燃烧及爆轰等过程）及其热力学特性（电子密度、激发温度及宏观膨胀等）[7-10]。

关于激光等离子体发射光谱的许多研究工作主要集中在高真空或是大气压环境下。Boegershausen[11]曾报道了0.5 torr和760 torr缓冲气压下Pb等离子体发射光谱的差异。Kagawa等人[12]研究了低气压下缓冲气体氩气、氦气、氮气和二氧化碳对氮分子激光诱导等离子体的影响，压力范围为0.02～6 torr。Kagawa等人[12]指出缓冲气体不仅可以延长烧蚀原子的驻留时间，而且有助于烧蚀成分的原子化。最近几年，许多研究小组在激光诱导等离子体时空特性研究方面做了很多工作[13-24]。

在局部热平衡（LTE）条件有效的情况下，来自等离子体中特定原子和离子谱线的特性主要取决于以下三个因素：元素的浓度、等离子体中的电子密度和温度。实际上在定量分析时还要受到等离子体空间位置和时间变化的影响，以及自吸收现象、其他元素谱线的干扰、光学收集方法等因素的影响，但这些次要因素的影响可以通过优化实验手段得到控制。然而如果主要参数电子密度和温度有很大变化时，要进行定量测量是非常困难的。我们将主要研究电子密度和温度这两个重要参数与延迟时间、空间位置之间的关系，以便更好地理解激光诱导等离子体发射光谱。在本章内容中，我们从实验的角度在假定LTE成立的条件下利用发射谱线的相对强度、Stark展宽、线移对等离子体中的电子密度和温度进行了计算，并且得到它们的时间分布图和空间分布图，最后对LTE条件的有效性进行了讨论。

6.2 实　验

烧蚀激光光源为 YAG 激光(Spectra-Physics,LAB170-10)的 532 nm 输出,重复频率为 10 Hz,脉宽为 7 ns,光束直径为 6 mm,单脉冲激光能量(532 nm)在 2～300 mJ 范围内可调。脉冲激光束经焦距为 100 mm 石英透镜聚焦垂直入射在 Ni 靶表面上,焦点在样品内距离样品表面约 2 mm,这样可以得到最佳的等离子体发射光谱信号。为了保证每个激光脉冲入射到不同的靶点位置,用慢速旋转电机(1 rad/min)控制样品做低速转动。样品处于大气环境中。在与激光束垂直且与样品表面平行的方向上,激光等离子体的发射光谱信号经焦距为 70 mm 的组合成像透镜放大两倍成像于单色仪(ACTON,SP-2750)的入射狭缝处,成像透镜置于一精密可调的一维调整架上,在与烧蚀激光束垂直方向上的位置调节精度可达 10 μm,单色仪的分辨率为 0.023 nm,入射狭缝宽度为 80 μm,经过单色仪后的光谱信号由光电倍增管(R376)、Boxcar 平均器和计算机完成探测、采集和处理。光电倍增管输出信号同时接入数字存储示波器(TEK460A)监测,Boxcar 和示波器由 YAG 激光 Q 开关同步输出脉冲触发。通过调节 Boxcar 取样门的延迟时间,即可以测定激光等离子体形成过程中不同时刻的发射光谱信号。实验中取样门的门宽为 60 ns,取样次数为 30,灵敏度为 50 mV。实验中使用的样品为 Alfa Aesar 公司提供的标准镍样品,其中镍元素的含量为 99.5%。

6.3 实验结果和讨论

本实验通过改变光谱信号与激光脉冲之间的延迟时间及移动成像透镜的位置,测定了等离子体中 Ni 谱线的强度、线宽和线移,实验结果表明,谱线强度、线宽和线移、电子温度及电子密度与延迟时间、空间位置密切相关。在第 2 章中,我们得到利用等离子体发射光谱测量电子温度的一般方法,即可以通过测量谱线的相对强度,作 Boltzmann 斜线来求出电子温度。在实验中,激光功率密度为 2.4×10^9 W/cm^2。我们选用了 Ni 原子的五条谱线来测定电子温度。表 6.1 列出了这五条谱线的波长、激发能量、跃迁上能级的权重因子以及跃迁概率。由于选用的发射谱线间隔较大,在实验中是分段进行测量的,但保证了实验条件严格相同,从而保证了谱线强度的可比较性。

表 6.1　Ni Ⅰ 线上层能级的激发能、统计权值及相应的跃迁概率

波长(nm)	物理量(/cm)	激发能量(eV)	g_k	A_k (10^6/s)
377.56	29888.477	3.71	5	4.2
378.35	29832.779	3.70	7	3.3
380.71	29668.918	3.68	7	4.3
385.83	29320.762	3.64	7	6.9
388.59	27943.524	3.46	3	0.0041

6.3.1 激光能量对等离子体光谱特性的影响

强激光脉冲辐射固体材料引起材料烧蚀，从靶面溅射大量的电子、分子、原子和分子团簇及它们的正负离子。在研究的过程中，人们往往采用改变作用条件的方法，如不同的激光波长、脉宽、强度、靶材料、缓冲气体的压强以及其他因素，对靶的烧蚀速率、产物平动能以及产物的光辐射规律等进行研究，对激光烧蚀的机理有一定的认识。Mitchell 等人[25]认为激光既可起到烧蚀作用，又可起到激发作用。在激光等离子体形成的初始时刻，随着时间的变化，激光等离子体的特征会发生明显的变化[26]。于是，为了找到有利于光谱分析的最佳环境条件，人们开展了许多关于不同实验条件下获得最强特征辐射谱线的研究。Grant 和 Paul[27]报道使用准分子激光器(40 mJ，28 ns)烧蚀钢靶，在氩气中50 torr气压下观察到最大特征谱强度和谱线背景比。Kuzuya[28]报道了使用 Nd:YAG 激光器烧蚀镍靶，在氩气中大约 200 torr(26.7 kPa)气压下，95 mJ 脉冲能量时获得最大特征辐射光谱，而最大谱线强度与背景之比是在氦气中大约 40 torr(5.3 kPa)气压下，20 mJ 脉冲能量时获得的。从这些报道中我们不难发现激光能量与等离子体辐射的特征密切关系。本节我们将激光聚焦到 Ni 靶上，改变激光能量，来观察激光能量对 Ni 等离子体辐射的影响。

图 6.1、图 6.2 为在空气中大气压条件下延迟时间为 30 μs、门宽为 300 ns 时测得的 Ni 原子 385.83 nm 的发射谱线，激光的能量变化范围为 14～65 mJ。从图中可以看出，随激光脉冲能量的增加，信号强度明显增强，但当激光脉冲能量超过 34 mJ 时，谱线强度变化的幅度减小，因此在下面的实验中激光脉冲能量固定在 24 mJ，因为在激光能量很高时，产生的背景辐射也比较强，而且还容易使缓冲气体击穿从而导致光谱信号的重复性较差。从图中还可以看出，随着激光脉冲能量的增加，谱线的峰值位置变化很小，半高宽度略有增加。

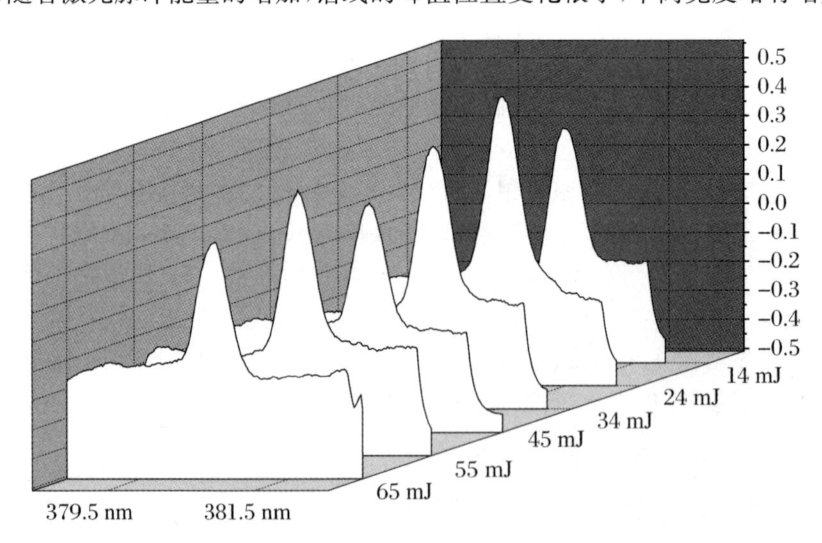

图 6.1 在空气中大气压条件下延迟时间为 30 μs、门宽为 300 ns 时测得的 Ni 原子 385.83 nm 的发射谱线

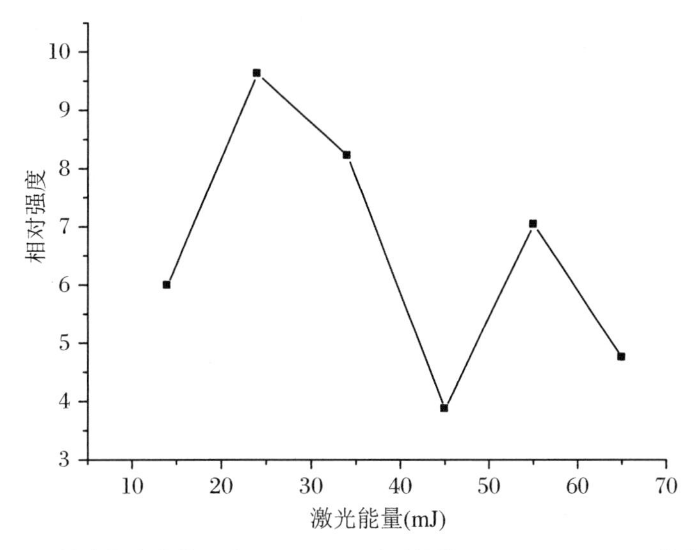

图 6.2 激光的能量变化范围为 14～65 mJ 时测得的 Ni 原子 385.83 nm 的发射谱线

6.3.2 Stark 展宽、线移时间、空间分布关系

在等离子体中，谱线轮廓与跃迁粒子所处的环境具有非常复杂的关系，与电子密度、温度也有关系。谱线的主要展宽机制有 Doppler 展宽及 Stark 展宽，Doppler 展宽的线型基本上是对称的 Guass 线型。原子或离子谱线的多普勒展宽的半高宽度为 $\Delta\lambda_D = 7.16\times10^{-7}\times\lambda(T/M)^{1/2}$，理论计算表明谱线的 Doppler 展宽一般为 10^{-2} Å 量级，而实验测量的这几条谱线的半高宽度一般为几埃，因此可以忽略 Doppler 展宽。如果考虑到跃迁粒子是处于电子及离子的包围之中，长程库仑相互作用占主导地位，从而引起谱线的 Stark 展宽。Stark 展宽的线型为 Lorentz 线型，Lorentz 线型可用下式表示：

$$I(\omega) = I_0 \frac{\gamma/2\pi}{(\omega_0 - \omega)^2 + \gamma^2/4} \tag{6.1}$$

图 6.3 给出了原子发射谱线的洛伦兹轮廓，在 $\omega=\omega_0$ 处，它的强度最大，在 $\omega=\omega_0$ 的两侧，强度逐渐减小。通常将强度下降到一半时相应的两个频率之间的间隔 $\Delta\omega$ 定义为谱线的频率宽度，常称半宽度，简称线宽，用 FWHM(Full Width at Half Maximum Intensity)表示。

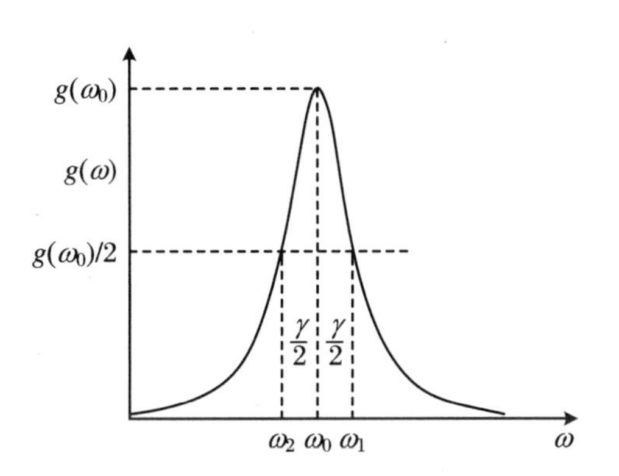

图 6.3 原子发射谱线的 Lorentz 谱线

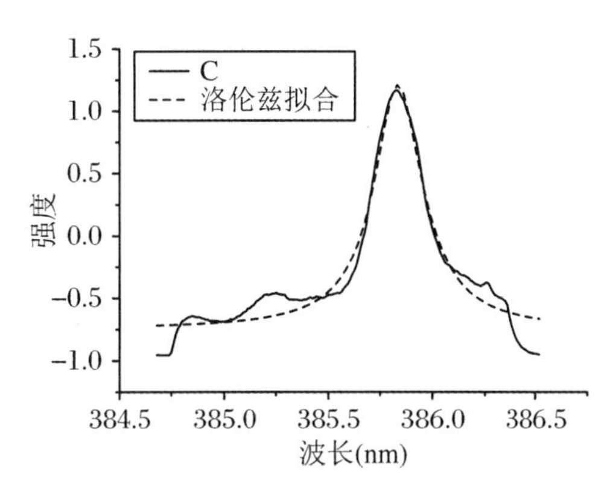

图 6.4 发射谱线和拟合的 Lorentz 谱线

谱线的Stark展宽可用公式$\Delta\omega = C_n/R^n$表示，C_n为展宽常数。$n=2$为线性Stark展宽，氢原子和类氢离子属于该类。其他原子与离子属于$n=4$的平方Stark展宽。谱线的Stark展宽包括了谱线的线宽增大和谱线位置相对于孤立粒子发射该谱线的线移。Stark展宽的大小取决于等离子体中电子密度和离子密度。跃迁粒子与电子及离子间的碰撞将分别导致谱线半高宽度的增大和影响谱线的两翼[29-30]，因此，谱线的线型是Lorentz线型和Gauss线型的混合。在激光功率密度为2.4×10^9 W/cm^2，相对激光脉冲前沿延迟时间为150～1000 ns，实验测定了大气压下Ni等离子体中多条发射谱线的Stark展宽和线移。实际测量时考虑到，当延迟时间大于1100 ns时，谱线的半高全宽增宽和线移很小，由实测半高宽度和谱线峰值位置扣除延迟时间为1100 ns时的谱线半高宽度和峰值位置得到该谱线的Stark展宽和线移。在测定谱线增宽和线移时先进行Lorentz拟合，由拟合参数直接得到谱线的半高全宽和谱线峰值位置。图6.4对空气环境中压力为大气压延迟时间为300 ns条件下Ni(Ⅰ)385.83 nm($3d^9.(^2D).4s-3d^9.(^2D).4p$)谱线进行了洛伦兹拟合，从图中可以看出，等离子体中的发射谱线基本符合Lorentz线型，仅谱线左侧存在稍许差异。

当一束激光聚焦到样品表面时，在相对于激光脉冲前沿延迟时间约40 ns后，即可观察到光谱信号。但在小于100 ns延迟时间内只观察到较强的连续谱，在延迟时间为150 ns以后可观察到原子谱线和离子谱线，但由于此时连续背景仍然较强，因而对谱线半高全宽和线移的定量测定仍然很困难。离子谱线持续的时间很短，离子谱线强度上升的速度都很快，约为300 ns。原子谱线持续到十几微秒，具体持续时间的长短还与缓冲气体的性质和压力大小有关。

表6.2　Ni激光产生的等离子体在空气中产生，在大气中不同延迟时间从激光脉冲385.83 nm处产生Stark位移和展宽

延迟时间(ns)	Stark位移(Å)	展宽(Å)
100	0.0287	0.5535
150	0.215	1.0035
200	0.4069	1.3516
250	0.4959	1.6275
300	0.5506	1.7618
400	0.4072	1.2054
500	0.2617	0.7665
600	0.1367	0.3651
700	0.104	0.1125
800	0.0831	0.0581

表6.3　在距离Ni靶385.830 nm不同距离的空气中产生的Ni激光等离子体的Stark位移和展宽

距离(mm)	Stark位移(Å)	展宽(Å)
0	0.0591	0.6357
0.25	0.25	0.9476

续表

距离(mm)	Stark位移(Å)	展宽(Å)
0.5	0.4401	1.237
0.75	0.6167	1.3784
1	0.7365	1.4772
1.25	0.8046	1.5555
1.5	0.6349	1.1772
1.75	0.4269	0.8278
2	0.2731	0.5187
2.25	0.0601	0.2606
2.5	0.0025	0.1088

表6.2、表6.3给出了部分谱线的Stark展宽和线移的实验值，图6.5为等离子体发射谱线的Stark展宽和线移随延迟时间、离靶距离之间的关系。实验结果表明：① 在相同的环境中，在位置不变的条件下，随着相对激光脉冲的延迟时间增加，谱线的Stark展宽先增大然后持续减小，但延迟时间在300 ns以前增加速度要快得多，延迟时间在300 ns以后则缓慢地减小，谱线的Stark线移随延迟时间的变化关系具有相似之处，但变化速率要慢一些；② 在延迟时间不变的条件下，随着相对金属靶距离增加，谱线的Stark展宽先增大后减小，线移的变化与之有相似之处，但展宽变化比线移变化要快一些。

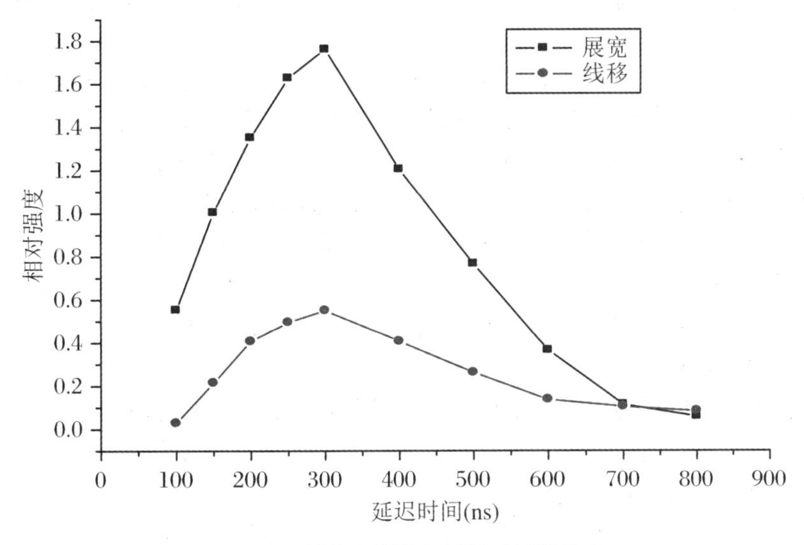

(a) Stark展宽和线移与延迟时间的关系

图6.5　Ni(Ⅰ)385.83 nm线在不同延迟时间和与Ni靶在空气中不同距离下的Stark展宽和线移

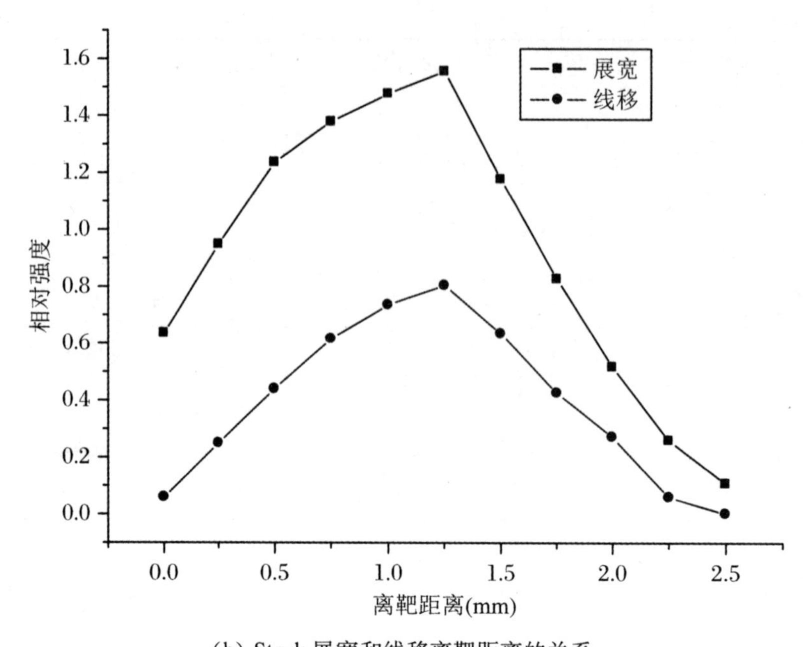

(b) Stark 展宽和线移离靶距离的关系

续图 6.5　Ni(Ⅰ)385.83 nm 线在不同延迟时间和与 Ni 靶在空气中不同距离下的 Stark 展宽和线移

6.3.3　激光等离子体中电子密度的时间、空间演化的实验研究

激光等离子体是与时间相关的微等离子体，电子密度和电子温度都是随时间、空间变化的。J. Hermann 等人[31]根据 Ti 原子光谱数据，分析了用 CO_2 激光诱导的等离子体中电子密度及温度随时间的变化关系。X. H. Zhou 等人研究了激光诱导等离子体中电子密度及温度随空间的变化关系[32]。X. Z. Zhao 等人[33]通过测量等离子体中 Mg 原子和离子谱线的 Stark 展宽，计算了 YAG 激光诱导等离子体电子密度的空间分布。对等离子体的电子温度和电子密度时空分布的研究还有很多报道[17,19-24,34-37]。对激光诱导 Ni 等离子体电子密度随时间和空间的变化的研究工作尚未报道，本节研究了 Nd:YAG 激光诱导 Ni 等离子体电子密度在空气中随时间和空间的变化的规律。

根据实验测定的谱线的 Stark 展宽和线移，可由式(2.70)或式(2.71)计算出不同延迟时间和位置下的电子密度。这样就可以得到延迟时间大小和位置的不同对等离子体中电子密度的影响。由于式(2.70)或式(2.71)对温度变化很不敏感，温度的粗略估计不会给电子密度的计算带来很大误差[38,39]。根据对电子温度测量的实验结果，我们取 $T_e \approx 10000$ K。在忽略 Doppler 展宽的情况下，我们根据式(2.70)和式(2.71)计算得到不同延迟时间及位置下的等离子体的电子密度。电子密度数量级均为 $10^{16}/cm^3$。据估计，理论的准确性为 20%[40]。计算结果表明：① 当延迟时间在 100～800 ns 变化时，随延迟时间的增加电子密度先增加后下降；② 在我们的实验条件下，当延迟时间在 100～800 ns 变化时，电子密度变化范围为 $(3.3\sim0.1)\times10^{16}/cm^3$；③ 在延迟时间较小时，由谱线的 Stark 线移计算得到的电子密度要比由 Stark 展宽计算得到的电子密度小，而当延迟时间较大时情况相反；④ 当与靶距离在0～2.5 mm 之间变化时，随距离的增加电子密度先增加后减小；⑤ 在我们的实验条件下，当距离在 0.0～2.5 mm 之间变化时，电子密度变化范围为$(3.0\sim0.1)\times10^{16}/cm^3$；⑥ 在距离较小时，由谱线的 Stark 线移计算得到的电子密度要比由 Stark 展宽计算得到的电子密度小，而当距离较大时情况相反。

利用 Ni(Ⅰ)385.83 nm($3d^9.(^2D).4s-3d^9.(^2D).4p$)发射谱线在空气中的 Stark 展宽和线移计算得到电子密度如图 6.6 所示。从图 6.6 中可以看出，随着时间的推移，等离子体中的电子密度先增大后明显减小，在约 200 ns 以后电子密度变化很小。然后随相对激光脉冲的延迟时间增加迅速衰减，但在 600 ns 时仍然具有较高的电子密度，一直到 800 ns 左右电子密度才降到较低的水平。利用 Ni(Ⅰ)385.83 nm 发射谱线在空气中的 Stark 线移计算得到电子密度与由该发射谱线的 Stark 展宽计算得到电子密度测量结果基本相同，实验得到的电子密度的变化范围从 $0.1\times10^{16}/cm^3$ 增加到 $3.3\times10^{16}/cm^3$。我们可分析如下：在等离子体形成前 200 ns 内，根据原子谱线的展宽得到的电子密度随时间变化曲线是随着时间的增加而增加的。由相关理论分析结果可知，此时等离子体处于电离相，是由于在激发后 200 ns 以内，高功率密度激光所辐射的固体表面区域迅速被气化，同时产生大量的离子和电子以及固体微粒。由电子密度随延迟时间变化的关系曲线可知，激光等离子体中离子的产生和消失的时间都很快，另外，由图还可以得出结论，在延迟时间超过 300 ns 以后，Ni 原子谱线的展宽得到的电子密度随时间变化规律表明此时等离子体处于复合相，此时等离子体中电子与离子碰撞导致复合过程的产生，形成大量的处于激发态的原子，同时由于复合过程会导致电子密度减少，延迟时间再增大，电子与激发态原子之间的非弹性碰撞会导致激发态原子数目的减少。因此在 300 ns 以后，随着延迟时间的增加，开始时原子谱线的强度增加，谱线的展宽减小，然后谱线的强度和展宽都在减小。等离子体中激发态原子存在的时间一般为十几微秒。由此实验结果表明，在激光等离子体形成前 200 ns，所测定的主要是连续辐射和离子谱，在此以后主要是原子谱，并且其存在的时间较长，因此是一个很好的等离子体光源。

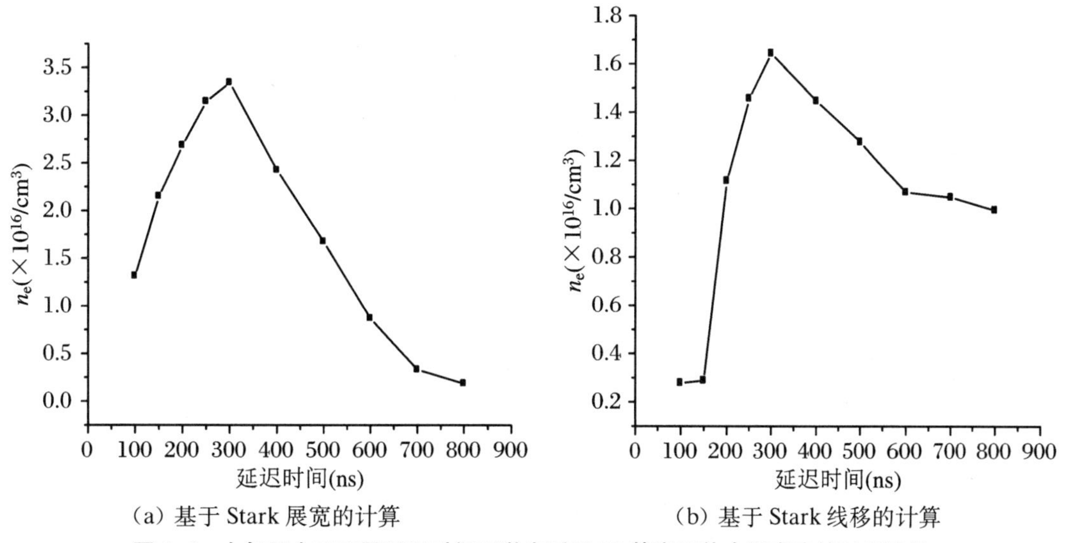

(a) 基于 Stark 展宽的计算　　(b) 基于 Stark 线移的计算

图 6.6　大气压力下不同延迟时间下激光诱导 Ni 等离子体电子密度的时间演化

在空气中电子密度随空间演化关系如图 6.7 所示：

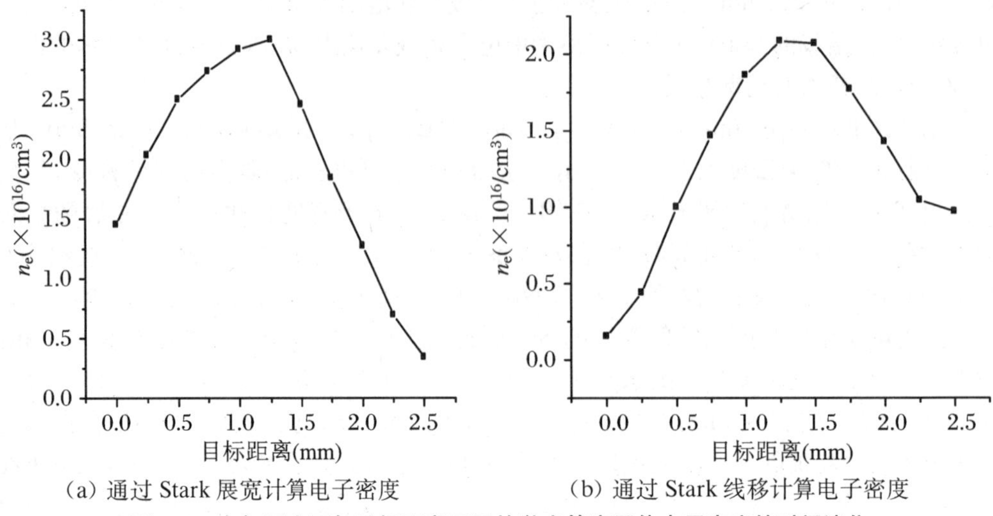

(a) 通过 Stark 展宽计算电子密度　　(b) 通过 Stark 线移计算电子密度

图 6.7　大气压力下与目标距离不同的激光等离子体电子密度的时间演化

从图中可以看出电子密度随距离的变化关系，随着距靶距离的增大电子密度先增大后减小。在我们的实验条件下，当距离在 0～2.5 mm 之间变化时，电子密度变化范围为(3.0～0.1)×10^{16}/cm^3。当距离较小时，由谱线的 Stark 线移计算得到的电子密度要比由 Stark 展宽计算得到的电子密度小，而当距离较大时情况相反。

在数据处理中，误差主要来自以下几个方面：拟合区间两端的选取、噪声对谱线翼部的影响以及对谱线中心波长的标定[41]。为减少噪声的影响，拟合前则对谱线采取平滑处理。对拟合区间两端的选取，由于谱线中心附近主要受电子加宽机制的影响，在选取靠近谱线中心一端时，使偏离谱线中心为零 Stark 展宽宽度(FWHM)的 1～2 倍[42]，则拟合区间内谱线的加宽机制就主要受离子电场的影响；同时，随着靠近靶面附近，选取的拟合区间远端应距中心波长远一些，以保证空间分辨谱中每条曲线的拟合在理论上有一致的误差，估计对拟合区间两端的选取引起的误差约为 20%。最后，还得考虑在对谱线中心波长定标时可能引起的误差，通过把共振线的半高宽作为不确定性加入到拟合区间中，我们得到了电子密度沿靶面分布的最可几点和取值范围，保证了数据处理的可靠性。

我们通过实验所测数据经过了上述处理，通过计算得到电子密度随延迟时间变化的具体数值和电子密度随离靶距离变化的相应计算的数值分别列于表 6.4 中。

表 6.4　在空气中、大气压下、不同的延迟时间以及激光脉冲与靶距的不同距离产生的镍激光等离子体的电子密度

延迟时间(ns)	电子密度($\times10^{16}/cm^3$)		距离(mm)	电子密度($\times10^{16}/cm^3$)	
	展宽	线移		展宽	线移
100	1.31305	0.27855	0	1.45024	0.15379
150	2.14859	0.28781	0.25	2.0339	0.44081
200	2.68581	1.11428	0.5	2.49842	0.99823
250	3.14328	1.45638	0.75	2.73202	1.46562
300	3.34379	1.64321	1.0	2.91744	1.86098
400	2.42276	1.44627	1.25	2.99967	2.08415

续表

延迟时间(ns)	电子密度($\times 10^{16}/cm^3$)		距离(mm)	电子密度($\times 10^{16}/cm^3$)	
	展宽	线移		展宽	线移
500	1.67488	1.27721	1.5	2.45668	2.06856
600	0.8689	1.06818	1.75	1.84323	1.77057
700	0.33014	1.04687	2.0	1.27459	1.42656
800	0.18578	0.99456	2.25	0.69484	1.0429
			2.5	0.34161	0.96882

6.3.4 电子温度的测定及其时空演化特性

在第2章中,我们得到利用等离子体发射光谱测量电子温度的一般方法,即可以通过测量谱线相对强度,作Boltzmann斜线来求出电子温度。在实验中,激光功率密度为2.4 $\times 10^9$ W/cm^2。我们选用了Ni原子的五条谱线来测定电子温度。表6.5列出了这五条谱线的波长、激发能量、跃迁上能级的权重因子以及跃迁概率。由于选用的发射谱线间隔较大,在实验中是分段进行测量的,但保证了实验条件严格相同,从而保证了谱线强度的可比较性。发射谱线的相对强度采用积分强度,对于独立的无干扰的谱线则可以先进行Lorentz拟合,然后直接积分得到其积分强度,如图6.8所示。

表6.5 Ni(Ⅰ)线上层能级的激发能、统计权值及相应的跃迁概率

波长(nm)	激发能量/cm	激发能(eV)	g_k	A_k (10^6/s)
377.56	29888.477	3.71	5	4.2
378.35	29832.779	3.70	7	3.3
380.71	29668.918	3.68	7	4.3
385.83	29320.762	3.64	7	6.9
388.59	27943.524	3.46	3	0.0041

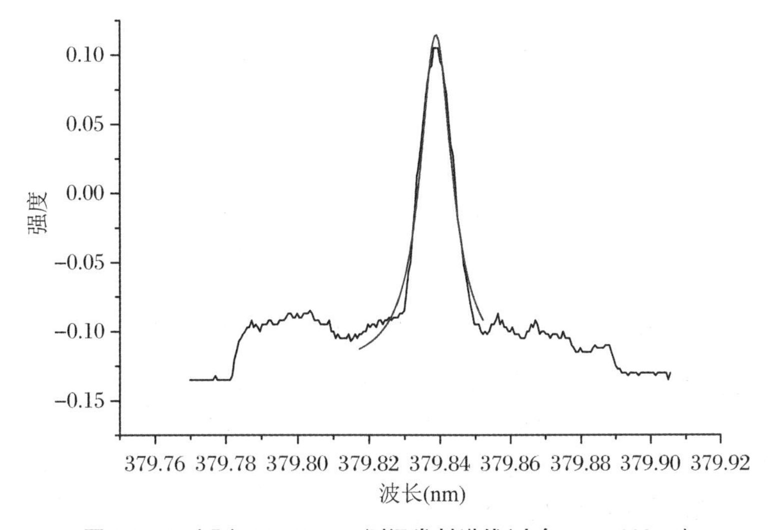

图6.8 Ni(Ⅰ)380.714 nm测温发射谱线(空气,t_d = 300 ns)

利用实验测定的发射谱线的相对强度可以得到不同延迟时间下 Ni 原子光谱线的 $\ln(I\lambda/gA)$-E_k 的曲线，如图 6.9 所示。由该曲线的斜率得到的不同延迟时间下等离子体电子温度的结果如图 6.10 所示。由图可见，当延迟时间在 100～900 ns 范围内变化时，相应的电子温度 T_e 范围为 7500～12000 K，等离子体的电子温度在前 300 ns 内上升较快，在 400 ns附近达到最大，然后随延迟时间的增加而减小。

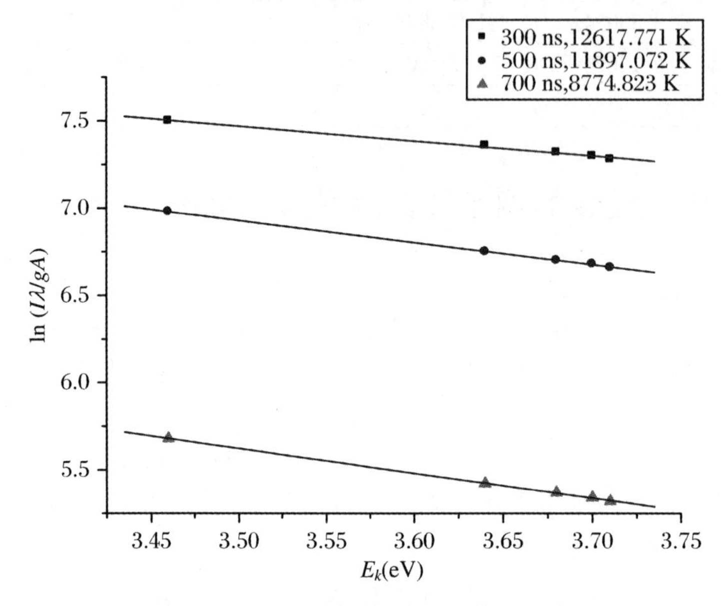

图 6.9 $\ln(I\lambda/gA)$相对 E_k 不同的延迟时间

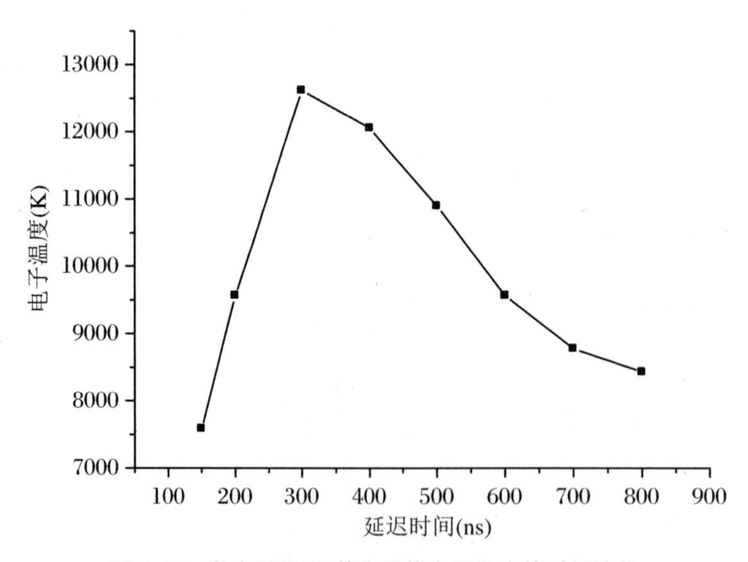

图 6.10 激光诱导 Ni 等离子体电子温度的时间演化

当相对激光延迟时间固定为 300 ns 时，通过调节成像透镜的位置，测定了 Ni 原子空间分辨发射谱线的相对强度，并通过 Boltzmann 斜线得到在径向不同区域的电子温度。实验结果如图 6.11 所示，从图中我们可看出随着距靶距离的增大，电子温度先增大，大约在 1.25 mm 时达到最大，随后逐渐减小。

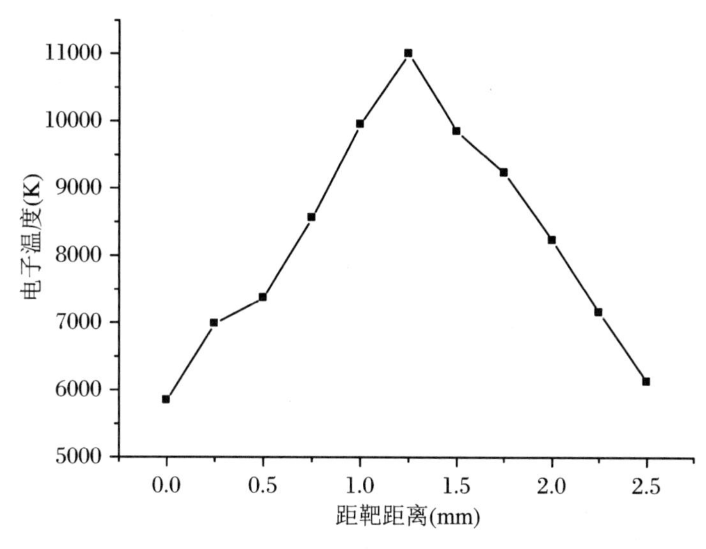

图 6.11 激光诱导镍等离子体电子温度的空间演化

6.3.5 局部热平衡

在计算电子密度和电子温度时，我们假定局部热平衡条件是有效的，实际上根据文献[43]可知局部热平衡条件成立的一个必要但不充分条件是

$$N_e \geqslant 1.4 \times 10^{14} T^{1/2} (E_m - E_n)^3 \tag{6.2}$$

式中 N_e 为电子密度，单位为/cm^3，T 为等离子体温度，单位为 eV，$E_m - E_n$ 为上下能级差，单位为 eV。在本书中测定电子密度时主要使用了 Ni(Ⅰ)385.83 nm 发射谱线，其对应的能级差为 3.21 eV，而电子密度的临界值与温度有关但不是很敏感，本实验的最高温度(kT)约为 1.1 eV，由式(6.2)可知电子密度的极限值为 4.5×10^{15}/cm^3，这远低于由谱线的 Stark 展宽计算得到的电子密度值。因此在等离子体演化过程中使用局部热平衡假设是有效的。

参 考 文 献

[1] Denoyer E R, Fredeen K J, Hager J W. Laser solid sampling for inductively coupled plasma mass spectrometry[J]. Analytical Chemistry, 1991, 63(8):445A-457A.

[2] Mao X L, Russo R E, Liu H B, et al. As-deposited Sb-doped Bi-Pb-Sr-Ca-Cu-O thin films prepared by pulsed laser deposition[J]. Applied Physics Letters, 1990, 57(24):2591-2593.

[3] Tavares T R, Mouazen A M, Nunes L C, et al. Laser-induced breakdown spectroscopy (LIBS) for tropical soil fertility analysis[J]. Soil & Tillage Research, 2022, 216:105250.

[4] Niemz M H. Investigation and spectral analysis of the plasma-induced ablation mechanism of dental hydroxyapatite[J]. Applied Physics B, 1994, 58(4):273-281.

[5] Man B Y, Hu X R, Wang X T. Effect of ambient pressure on the generation and the propagation of plasmas produced by pulsed laser ablation of metal Al in air[J]. Applied Spectroscopy, 1997, 51(12):1910-1915.

[6] Man B Y, Wand X T, Liu A H. Transport of plasmas produced by pulsed laser ablation of HgCdTe [J]. Journal of Applied Physics, 1998, 83(7):3509-3513.

[7] Dyer P E, Issa A, Key P H. Dynamics of excimer laser ablation of superconductors in an oxygen environment[J]. Applied Physics Letters, 1990, 57(2):186-188.

[8] Hermann J, Boulmer-Leborgne C, Dubreuil B. Spectroscopic study of the plasma created by interaction between a TEA CO_2 laser beam and a Ti target in a cell containing helium gas[J]. Applied Surface Science, 1990, 46:315-320.

[9] Man B Y. Particle velocity, electron temperature, and density profiles of pulsed laser-induced plasmas in air at different ambient pressures[J]. Applied Physics B, 1998, 67(2):241-245.

[10] Moenke-Blankenburg L. Laser Micro Analysis[M]. New York: Wiley, 1989.

[11] Boegershausen W, Vesper R. Uber die Erzeugung und aufheizung von plasmen durch absorption intensiver laserstrahlen[J]. Spectrochimica Acta Part B: Atomic Spectroscopy, 1969, 24(2): 103-112.

[12] Kagawa K, Ohtani M, Yokoi S, et al. Characteristics of the plasma induced by the bombardment of N_2 laser pulse at low pressures[J]. Spectrochimica Acta Part B: Atomic Spectroscopy, 1984, 39(4):525-536.

[13] 郑贤锋,唐晓闩, 凤尔银, 等.缓冲气体对激光等离子体光谱特性影响的实验研究[J].原子与分子物理学报, 2002, 19(3):267-270.

[14] 崔执凤,凤尔银, 赵献章, 等.准分子激光诱导铅等离子体中谱线 Stark 展宽时空特性研究[J]. 原子与分子物理学报, 1999, 16(3):307-312.

[15] 陆同兴,崔执凤, 赵献章.激光等离子体镁光谱线 Stark 展宽的测量与计算[J]. 中国激光, 1994, A21(2):114-120.

[16] 崔执凤,黄时中, 陆同兴, 等.激光诱导等离子体中电子密度随时间演化的实验研究[J]. 中国激光, 1996, A23(7):627-635.

[17] 陆同兴,赵献章, 崔执凤.用发射光谱测量激光等离子体的电子温度与电子密度[J]. 原子与分子物

理学报，1994，11(2)：120-129.

[18] Idris N，Pardede M，Jobiliong E，et al. Enhancement of carbon detection sensitivity in laser induced breakdown spectroscopy with low pressure ambient helium gas[J]. Spectrochimica Acta Part B：Atomic Spectroscopy，2019，151：26-32.

[19] Wu Z W，Wan B N，Zhou Q，et al. Space-time resolved spectroscopic system based on a rotating hexahedral mirror for measurement of visible and ultraviolet spectral line emissions[J]. Plasma Science & Technology，2005，7(4)：2915-2918.

[20] 宋光乐，宋一中. 激光诱导Al等离子体辐射空间分布[J]. 光谱学与光谱分析，2003，123(2)：22-24.

[21] 黄庆举，方尔梯，邓尚民. 脉冲Nd：YAG激光烧蚀Cu产生等离子体总辐射的时空分辨研究[J]. 原子与分子物理学报，1999，16(3)：329-333.

[22] 傅正文，方尔梯，顾英俊，等. 脉冲Nd：YAG激光烧蚀金属Al产生等离子体的时空分辨光谱研究[J]. 化学物理学报，1996，9(4)：125-130.

[23] 崔执凤，凤尔银，赵献章，等. 准分子激光诱导铅等离子体中谱线Stark展宽时空特性研究[J]. 原子与分子物理学报，1999，16(3)：307-312.

[24] 杨柏谦，张继彦，韩申生，等. Al激光等离子体电子密度的空间分辨诊断[J]. 强激光与粒子束，2005，17(5)：703-706.

[25] Mitchell R W，Conrad R W，Roy E L，et al. The role of radiative transfer in pulsed laser plasma-target interactions[J]. Journal of Quantitative Spectroscopy & Radiative Transfer，1978，20(5)：519-531.

[26] Mazzinghi P，Burlamacchi P，Matera M，et al. A 200 W average power，narrow bandwidth，tunable waveguide dye laser[J]. Journal Quantum Electron，1981，11：2245 - 2249.

[27] Grant K J，Paul G L. Electron temperature and density profiles of excimer laser-induced plasmas[J]. Applied Spectroscopy，1990，44(8)：1349-1354.

[28] Kuzuya M，Matsumoto H，Takechi H，et al. Effect of laser energy and atmosphere on the emission characteristics of laser-induced plasmas[J]. Applied Spectroscopy，1993，47(10)：1659-1664.

[29] Butcher D J. Molecular absorption spectorometry in flames and furnaces：A review[J]. Analytica Chimica Acta，2013，804：1-15.

[30] Andreic Z. Phase properties of Schrodinger cat states of light decaying in phase-sensitive reservoirs[J]. Physica Scripta，1993，48：331-338.

[31] Hermann J，Boulmer-Leborgne C，Dubreuil B，et al. Influence of irradiation conditions on plasma evolution in laser-surface interaction[J]. Journal Applied Physics，1993，74(5)：3071-3079.

[32] Zhou X H，Zhou X F. Pulsed laser deposition preparation and laser-induced voltage signals of TiO_2 thin film[J]. Thin Solid Films，2022，756(5)：139375-139386.

[33] Zhao X Z，Shen L J，Lu T X，et al. Spatial distributions of electron density in microplasmas produced by laser ablation of solids[J]. Applied Physics B，1992，55：327-330.

[34] 王红斌，李三伟，陈波，等. 辐射烧蚀区电子温度研究[J]. 原子与分子物理学报，2001，18(3)：252-256.

[35] 张令清，韩申生，徐至展，等. 线状镁激光等离子体电子密度的空间分辨测量[J]. 核聚变与等离子体物理，1994，14(4)：55-59.

[36] Hermann J，Boulmer-Leborgne C，Dubreuil B，et al. Influence of irradiation conditions on plasma evolution in laser-surface interaction[J]. Journal Applied Physics，1993，74(5)：3071-3079.

[37] 苏茂根，陈冠英，张树东，等. 空气中激光烧蚀Cu产生等离子体发射光谱的研究[J]. 原子与分子物理学报，2005，22(3)：472-477.

[38] Griem H R. Plasma Spectroscopy[M]. New York：McGraw-Hill，1964.

[39] Lochte-Holtgreven W. Plasma Diagnostics[M]. North Holland：Amsterdam，1968.

[40] Dittrich K，Spivakov B Y，Shkinev V M，et al. Molecular absorption spectrometry (MAS) by electrothermal evaporation in a graphite furnace-IX Determination of traces of bromide by mas of AlBr after liquid-liquid extraction of bromide with triphenyltin hydroxide[J]. Talanta，1984，31(1):39-44.

[41] Zhang L Q，Han S S，Xu Z Z，et al. Space-resolved electron density and temperature measurements of line-shaped laser plasmas[J]. Physical Review E，1995，51(6):6059-6066.

[42] De Michelis C，Mattioli M. Soft-X-ray spectroscopic diagnostics of laboratory plasmas[J]. Nuclear Fusion，1981，21(6):677-754.

[43] NcWhirter R W P. Plasma Diagnostic Techniques[M]. NewYork：Academic Press，1965.

第7章　$AlCl_3$ 和 $MgCl_2$ 水溶液 LIBS 光谱的实验研究

7.1 引　　言

中国国家海洋局2006年1月公布的《中国海洋环境质量公报》显示，2005年中国全海域海水水质污染加剧，我国海域总体污染状况仍未好转，近岸海域污染形势依然严峻。中国全海域未达到清洁海域水质标准的面积约为13.9万平方千米，其中较清洁海域、轻度污染海域、中度污染海域和严重污染海域面积分别约为5.8万平方千米、3.4万平方千米、1.8万平方千米和2.9万平方千米。随着工业的发展，沿海港湾及河口地区重金属废物的排放日益增多，因而监测及检测重金属对海洋生态环境的影响具有特别重要的意义。

对激光诱导等离子体的研究一直备受人们关注，利用等离子体的发射光谱进行物质成分的鉴定和所含痕量杂质成分分析的设想几乎是伴随着第一台激光器诞生应运而生的。近二十年来，激光诱导击穿光谱技术因其快捷、实时分析等优点而备受关注[1-5]，已成功地实现对固体样品和气相样品中的重金属痕量元素进行了定性或半定量分析[6-9]，其中对固体样品的LIBS分析技术已经在实际工业中得到成功实施。然而，对液体样品的LIBS分析目前还停留在实验室阶段，相关研究国内鲜有报道。

尽管对于激光诱导等离子体动力学特性、光谱诊断技术以及在痕量分析领域的应用已经开展了很多的实验和理论研究，但是由于激光烧蚀待测样品生成等离子体是一个相当复杂的过程，受到多种因素的影响，如：所用激光器的波长、激光脉冲宽度、单激光脉冲能量、环境气体的种类和压力以及样品的物理化学特性等，因此对于激光等离子体形成动力学的理论研究仍处于建模阶段，对其内部真实的复杂过程尚需进一步的深入研究，并具有重要的学术和应用价值。

7.2 实验装置

本实验装置简图如图7.1所示。液体样品放置于一较大容器内，容器下端出口与一带微孔的软管相连，液体流速可以通过控制软管的孔径大小微调。激光光源为Nd：YAG激光(LAN-170-10)的二倍频输出，激光波长为532 nm，激光脉宽为7 ns，频率为10 Hz，单脉冲能量在0～400 mJ范围内可变。激光经焦距为10 cm的透镜聚焦后垂直入射到液柱上，该透镜可沿激光束方向平行移动。在与激光束垂直方向上，激光等离子体的发射信号经焦距为 7 cm 的成像透镜成像于双光栅单色仪的入射狭缝处，成像透镜置于可三维移动的调整架上。双光栅单色仪的光栅为 1200 g/mm，分辨率为 0.01 nm。在聚焦透镜后面和成像透镜前面各放置一个小孔光阑，以减少液体溅射对透镜的影响。光电倍增管(R376)的高压可在 0～1200 V 范围内可调，光电倍增管的输出信号可以通过示波器监测，同时由 Boxcar (SR250)平均后由 SR275 接口模块输入计算机，通过计算机完成对信号的采集与处理。在实验过程中 Boxcar 和示波器由 YAG 激光 Q 开关的同步输出触发。

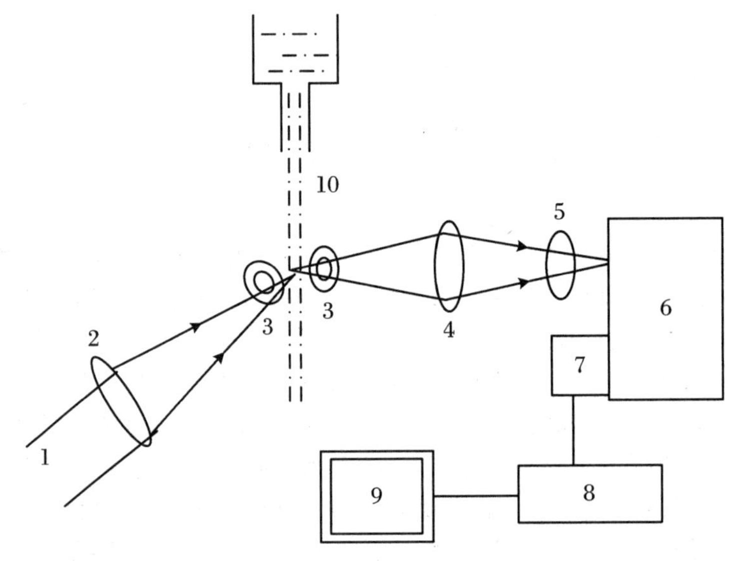

图 7.1　实验装置简图

1. 激光；2. 聚焦透镜；3. 小孔光阑；4. 聚焦透镜；5. 滤波片；6. 单色仪；
7. 光电倍增管；8. Boxcar；9. 计算机；10. 液柱。

在液体样品处于静态时，聚焦透镜到液体表面的距离(LTSD)会影响 LIBS 信号，因此在测量过程中保持 LTSD 不变十分关键。实验过程中需要保持聚焦透镜到样品表面的距离不变，意味着在整个测量过程中样品容器的水平面高度要严格保持一致，但因为聚焦激光脉冲引起液面起伏，难以使聚焦透镜到样品表面的距离精度保持在 1 mm 范围内。所以本实验采用垂直流动液体装置，只要保证聚焦透镜位置和导管下端连接喷嘴固定不动，则聚焦透镜到样品表面的距离保持不变。因此，后者更易于校准和测量。而且因为待测样品水溶液在出口扁平的喷嘴系统中连续流动，避免了由聚焦光束引起液面波动的情况。

7.3　样品与试剂

本实验以 $AlCl_3$ 和 $MgCl_2$ 水溶液作为研究对象，实验样品是用蒸馏水分别和 $AlCl_3$、$MgCl_2$ 按一定的比例自行配制而成的。步骤如下：使用电子天平取适量样品金属盐固体放入一定容量的烧杯中；加入适量蒸馏水作为溶剂，充分搅拌溶解。

例如，在称取 $AlCl_3$ 金属盐 12.5 g，溶解于 200 mL 蒸馏水的情况下，配置溶液中 Al 元素的含量具体计算如下：Al 元素的摩尔质量为 27 g/mol，Cl 元素的摩尔质量为 35.5 g/mol；$AlCl_3$ 化合物的摩尔质量为 133.5 g/mol。其中 Al 元素的含量(以 ppm 为单位)：

$$
\begin{aligned}
\text{Al 元素含量(ppm)} &= \frac{\text{溶液中所含 Al 的质量} \times 10^6}{\text{溶液总质量}} \\
&= \frac{AlCl_3\ \text{使用量} \times \dfrac{\text{Al 原子量}}{AlCl_3\ \text{分子量}} \times 100\%}{AlCl_3\ \text{使用量} + \text{溶解所用二次去离子水的质量}} \\
&= 11896\ \text{ppm}
\end{aligned}
$$

7.4　$AlCl_3$ 水溶液的激光诱导击穿光谱研究

7.4.1　引言

对于液体样品而言，LIBS 技术遇到的最大困难是探测的灵敏度和稳定性。有关水溶液中重金属元素的 LIBS 研究，多数研究小组采用单脉冲激光烧蚀液体表面或使用双脉冲激光技术[10]，实验测定的 LIBS 信号强度可与在大气下固体样品的实验结果相比较[11]。采用单脉冲激光的缺点在于，当激光作用于液面时，液面产生激波，降低了实验的重复性。采用双脉冲激光可以得到可观测的 LIBS 信号，但增加了实验的复杂程度，同时也增加了实际应用的成本。因此人们改进实验方法，希望在采用单脉冲激光方法上取得突破[12-13]。

A. De Giacomo 等人将激光束直接聚焦到液体内部[14]，再收集等离子体发射光谱信号，当激光能量达到 400 mJ 时才可以探测到 LIBS 信号。另外，当这种方法用于有颜色或浑浊的溶液时，LIBS 信号的检测限较低，同时等离子体热效应所产生的气泡对入射激光束和等离子体信号都有散射作用，直接影响信号的强度。

为了克服液体表面因溅射引起水面起伏[15]和有色液体对实验的影响，我们将激光束直接聚焦到不断流动的液柱内部，研究了 $AlCl_3$ 水溶液中 LIBS 的光谱特性。实验分别测定了不同延迟时间和激光脉冲能量下 $AlCl_3$ 水溶液的激光诱导击穿光谱，确定了本实验条件下测定 $AlCl_3$ 水溶液 LIBS 的最佳参数，并在此实验条件下，测定了不同浓度的 $AlCl_3$ 水溶液内 Al 元素的激光诱导击穿光谱。

7.4.2　样品配制

根据实验需要，分别配制不同浓度的 $AlCl_3$ 水溶液。具体配法如下：使用电子天平分次称取 12.50 g、6.06 g、2.985 g、1.48 g、0.737 g 的 $AlCl_3$ 金属盐固体置于 5 个容量为 250 mL 的烧杯中，均加入 200 mL 蒸馏水充分搅拌溶解，静置备用。所配置的 $AlCl_3$ 水溶液中 Al 元素的含量分别为 11896 ppm、5948 ppm、2974 ppm、1487 ppm 和 743 ppm。

7.4.3　实验结果及分析

实验测定的 $AlCl_3$ 水溶液的激光诱导击穿光谱分别如图 7.2、图 7.3 所示，单色仪扫描范围是 307～311 nm 和 393～398 nm，扫描速率为 1 nm/min。此时 Boxcar 的延迟时间为 146 ns，入射激光脉冲能量为 45 mJ。图 7.2 中的 Al 原子谱线对应于 308.22 nm 和 309.27 nm，图 7.3 中两条原子谱线分别对应于 394.40 nm 和 396.15 nm。

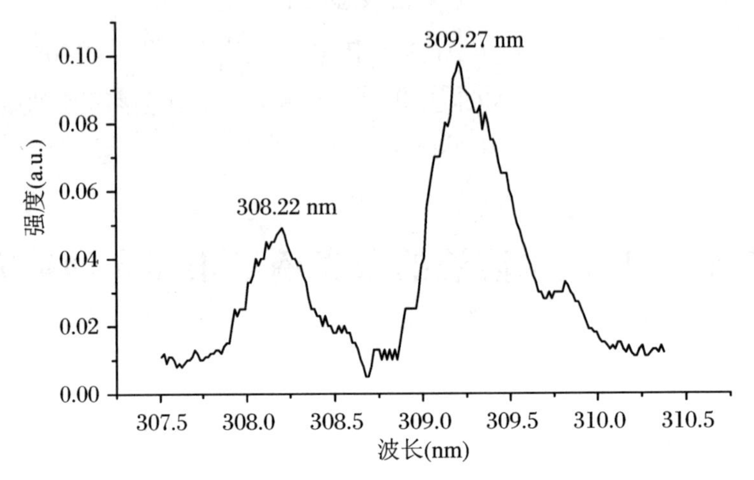

图 7.2 $AlCl_3$ 水溶液内 307～311 nm 范围 LIBS 光谱

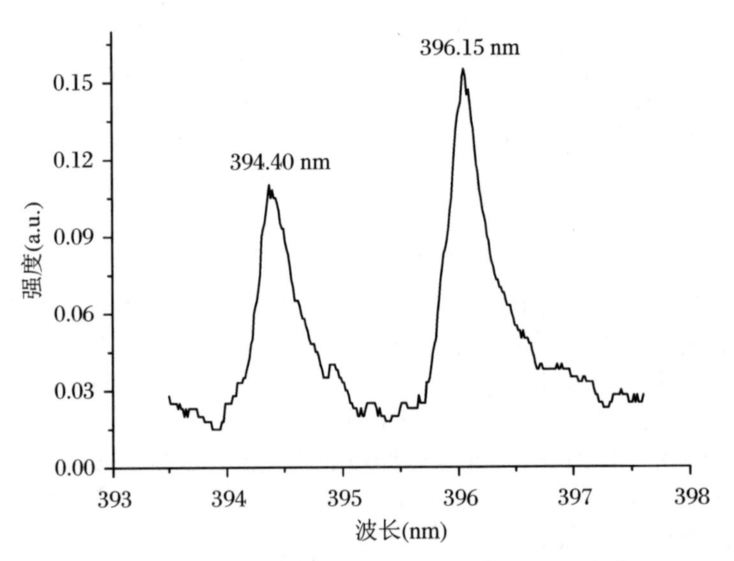

图 7.3 $AlCl_3$ 水溶液内 393～398 nm 范围 LIBS 光谱

1. LIBS 信号的时间演化特性

激光入射液体样品表面，很快形成激光等离子体，在等离子体形成的初期可以观测到很强的连续发射谱，它们以背景光的形式存在，随着时间的推移连续背景信号快速衰减，等离子体发射出锐利的原子谱线。因此我们在实验过程中，选择了恰当的延迟时间，利用背景光的时间衰减特性使原子光谱信号得以优化，以提高信号与背景信号的强度比(简称 S/B)，获得最佳条件来提高 LIBS 技术分析痕量元素的灵敏度，从而提高它的检测限。

当 Boxcar 的取样门宽为 40 ns，激光能量为 45 mJ，延迟时间在 100～200 ns 范围内变化时，实验测定了不同延迟时间下 Al(Ⅰ) 394.40 nm、396.15 nm 两条谱线的强度，实验结果如图 7.4 所示。

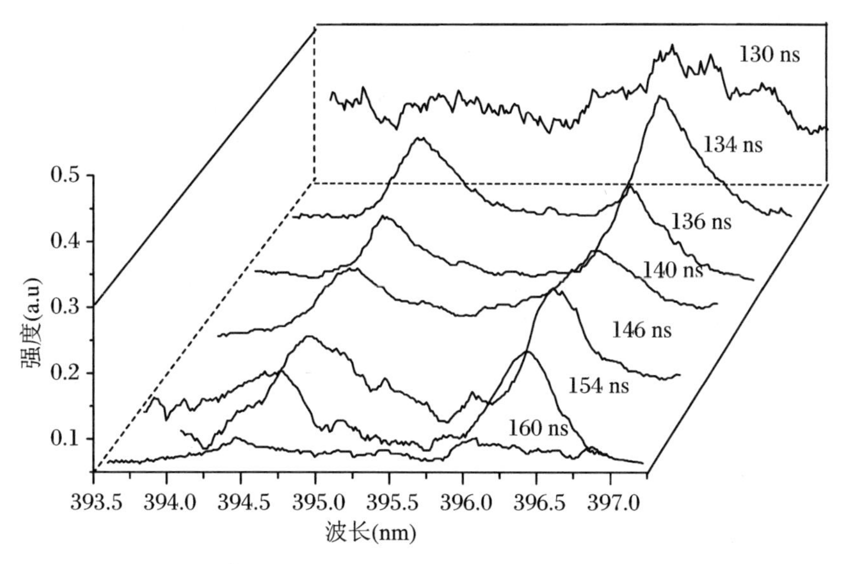

图 7.4　Al 元素 394.40 nm 和 396.15 nm 谱线强度的时间演化特性

图 7.5 是 Al 元素 394.40 nm 和 396.15 nm 两条原子谱线信号 S/B 和不同延迟时间的变化关系图。

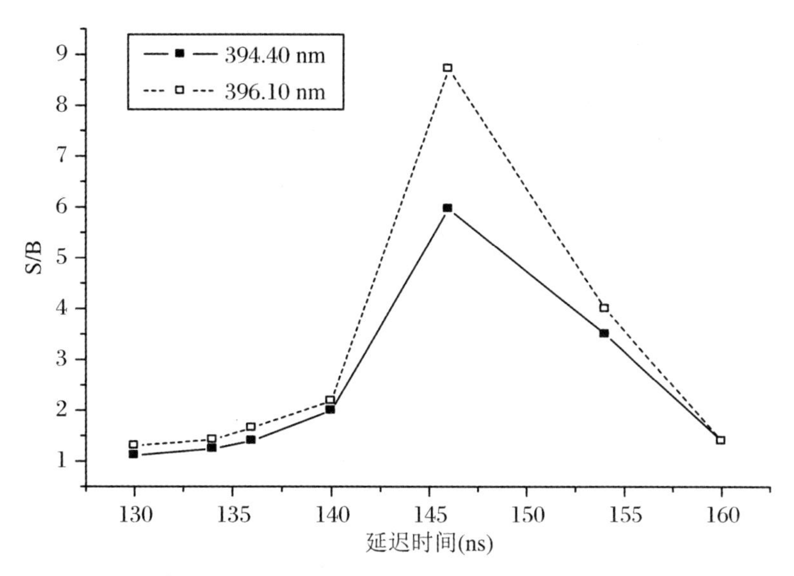

图 7.5　Al 元素 394.40 nm 和 396.15 nm 谱线 S/B 和延迟时间之间的关系

由图 7.4 和图 7.5 可见，在延迟时间小于 130 ns 时，原子谱线淹没在连续背景光中，不能形成可分辨的特征谱线，且噪声也比较大。随着延迟时间的增加，背景信号逐渐变弱，痕量元素的 LIBS 信号开始出现，并且强度逐渐增强。当延迟时间增大到 146 ns 时，LIBS 信号强度最强，连续背景信号已经大幅衰减，使得 LIBS 信号的 S/B 迅速增大到最大值。当延迟时间进一步增大时，LIBS 信号强度开始减小，并且 LIBS 信号减小的幅度要大于背景信号减小的幅度，所以 LIBS 信号的 S/B 又逐渐变小。当延迟时间大于 160 ns 时，不能得到可观测的 LIBS 信号。实验结果表明，LIBS 信号的 S/B 在延迟时间为 146 ns 附近达到最大。

由此可知,$AlCl_3$ 液体 LIBS 信号存在特有的时间演化特性。液体样品的 LIBS 信号的寿命相对于固体样品 LIBS 信号来说要短,只有 30 ns 左右,而固体样品的 LIBS 信号寿命可达到十几微秒。另外由图分析可得,与固体样品 LIBS 信号相比,液体样品 LIBS 信号上升得较快,从 130 ns 仅经过 16 ns 就上升到最大值 146 ns。同时也可以看出,液体样品 LIBS 信号衰减时也比较快,存在的时间区域为 154 ~160 ns,仅有 6 ns。

2. 入射激光能量对 LIBS 的影响

我们测定了延迟时间为 146 ns、门宽为 40 ns 时不同激光能量下液体样品中 Al 元素的 LIBS 信号强度,实验结果如图 7.6 所示。

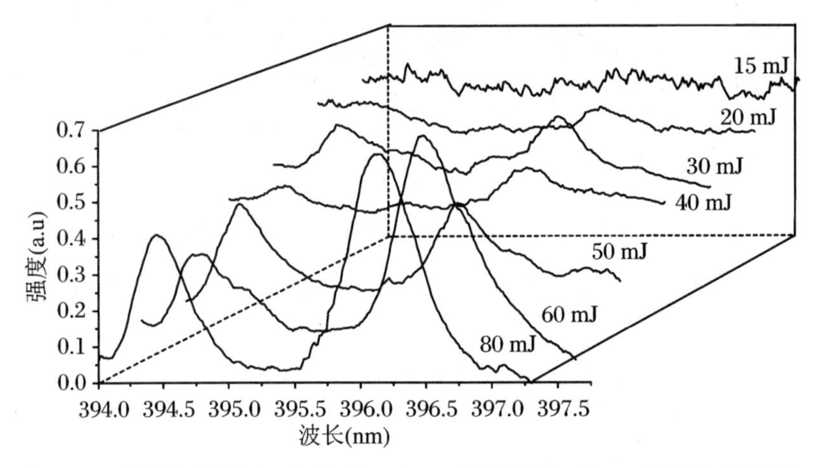

图 7.6 不同激光能量对 Al(Ⅰ)394.40 nm、Al(Ⅰ)396.15 nm 谱线强度的影响

图 7.7 描述了 Al 元素 394.40 nm 和 396.15 nm 两条原子谱线的 S/B 和不同激光能量之间的变化关系。

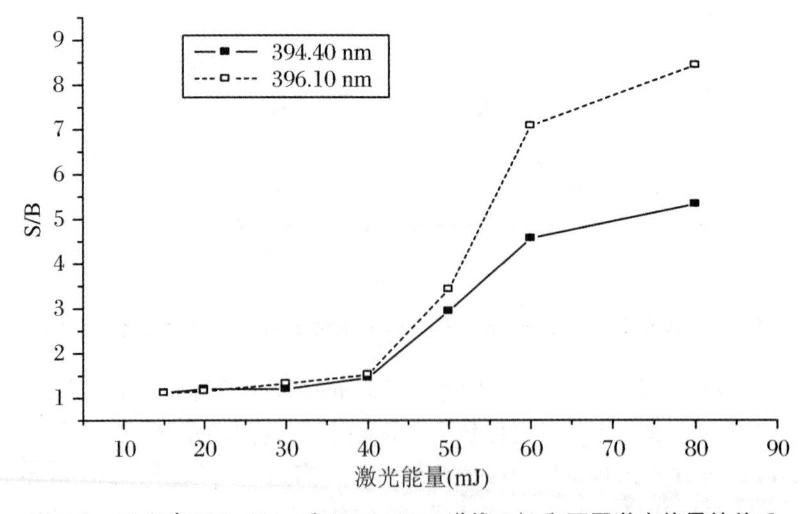

图 7.7 Al 元素 394.40 nm 和 396.10 nm 谱线 S/B 和不同激光能量的关系

由图 7.6 和图 7.7 可以看出,在激光能量小于 15 mJ 时,不能形成可观测的 LIBS 信号,而且噪声也比较大。随着激光能量的增加,LIBS 信号逐渐变强。当能量增加到 30 mJ 时,背景噪声明显减小，同时出现痕量元素的发射谱线。当能量增加到 40 mJ 以后，LIBS 信号强度迅速增大，并且其增幅远远大于背景信号增强的幅度，使得 LIBS 信号的 S/B 迅速增大。但是当能量增大到 60 mJ 以后，LIBS 的信号强度随激光能量增大而增强的幅度在减小，同时背景连续信号的强度又在不断增大，所以 S/B 的增幅变小，但仍有着较高的 S/B。

实验结果表明，在激光能量小于 60 mJ 范围内，激光能量对 $AlCl_3$ 液体 LIBS 信号有着显著的影响。在激光能量增加到 60 mJ 以后，背景信号强度增幅要大于 LIBS 信号强度增幅，S/B 的增幅明显变小，可见此时激光能量对 LIBS 信号 S/B 的影响并不是很大。另外当激光能量高于 50 mJ 以后，液体就容易产生溅射，使得聚焦透镜和信号收集透镜的透明度都有所下降，因而影响光谱的收集效率。所以在下面的实验中，我们选取的激光能量为45 mJ。

3. 不同浓度下 $AlCl_3$ 的 LIBS 光谱

在测定不同浓度的 $AlCl_3$ 液体中 Al 元素的 LIBS 光谱时，选取最佳的实验参数为取样门宽为 40 ns、延迟时间为 146 ns、激光脉冲能量为 45 mJ，实验测定了 Al 元素的含量分别为 11896 ppm、5948 ppm、2974 ppm、1487 ppm 和 743 ppm 时，Al(Ⅰ)394.40 nm、396.15 nm 两条谱线的 LIBS 信号相对强度，实验结果如图 7.8 所示。

由图 7.8 可见，随着液体浓度的减小，液体样品 LIBS 信号逐渐变弱，背景信号也变弱，且 S/B 也逐渐变小。当浓度减小到 1500 ppm 时，痕量元素的发射谱线仍然可以明显看出，但 S/B 较小。当浓度减小到 750 ppm 以后，尽管背景信号较弱，但 LIBS 信号已不具有可探测的强度。

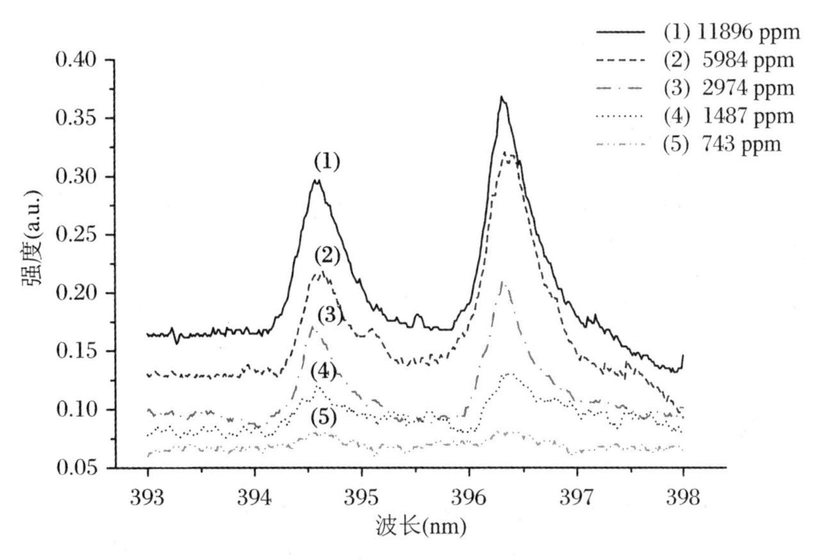

图 7.8　不同浓度下的 $AlCl_3$ 溶液 LIBS 光谱

实验结果表明，$AlCl_3$ 液体中 Al 元素的 LIBS 检测限在 1500 ppm 左右。由我们的实验结果可以推测，若进一步优化实验方案，可以得到一个更高的 LIBS 信号检测限。

7.4.4 小结

实验研究了已知浓度 $AlCl_3$ 液体 LIBS 信号的时间演化特性、激光能量对 LIBS 信号的影响和 LIBS 用于液体中 $AlCl_3$ 痕量分析的检测限，结果表明，获得 $AlCl_3$ 液体样品 LIBS 信号的最佳条件为：延迟时间在 146 ns 附近、信号取样门宽为 40 ns、激光能量为 45 mJ。由于液体样品 LIBS 信号形成后冷却得较快，离子谱线未能观测到，而 Cl 原子在 300～405 nm 光谱范围内不具有可观测强度的发射谱线，因此在本实验中未涉及。和前人的实验相比较，我们实验时使用的激光能量要小得多，同时在我们的实验条件下得到了一个较高的液体样品 LIBS 信号检测限。

另外，实验结果表明液体样品中的 LIBS 光谱特性与固体样品中的 LIBS 光谱相比有着自己的显著特点。液体样品中痕量元素的发射谱线寿命比较短，只有几十纳秒，这要比固体样品中的寿命短得多，且 LIBS 信号强度上升和衰减时都比较迅速。

7.5 $MgCl_2$ 水溶液的激光诱导击穿光谱研究

通过对 $AlCl_3$ 溶液中 Al 原子 LIBS 信号的光谱特性观测和研究，我们发现液体中激光诱导击穿光谱具有某些独特的性质。为了进一步证实液相激光诱导击穿光谱的这些特点，掌握更多的液体 LIBS 光谱实验数据，我们另外研究了 $MgCl_2$ 溶液的 LIBS 光谱。

7.5.1 样品配制

根据实验需要，分别配置了不同浓度的 $MgCl_2$ 水溶液。配法和 $AlCl_3$ 水溶液相同：使用电子天平分次称取 6.54 g、3.218 g、1.596 g、0.795 g $MgCl_2$ 金属盐固体置于 4 个容量为 250 mL的烧杯中，均加入 200 mL 蒸馏水充分搅拌溶解，静置备用。所配制的 $MgCl_2$ 水溶液中 Mg 元素的含量分别为 8000 ppm、4000 ppm、2000 ppm 和 1000 ppm。

7.5.2 实验结果分析

实验测定的 $MgCl_2$ 水溶液的激光诱导击穿光谱如图 7.9 所示。单色仪扫描范围是 382.5～384.5 nm，此时入射激光脉冲能量为 40 mJ，Boxcar 延迟时间为 150 ns。实验观测到三条 Mg(Ⅰ)的 LIBS 谱线：382.90 nm、383.20 nm、383.80 nm。其中 382.90 nm 和 383.20 nm 两条谱线因谱线展宽而没有完全分辨出来。

1. LIBS 信号时间演化特性

当 Boxcar 的取样门宽为 40 ns、激光能量为 40 mJ、单色仪扫描速度为 0.5 nm/min，延迟时间在 130～210 ns 范围内变化时，实验测定了不同延迟时间下 Mg(Ⅰ)383.20 nm、

Mg(Ⅰ)383.80 nm 两条 LIBS 谱线的强度，实验结果如图 7.10 所示。

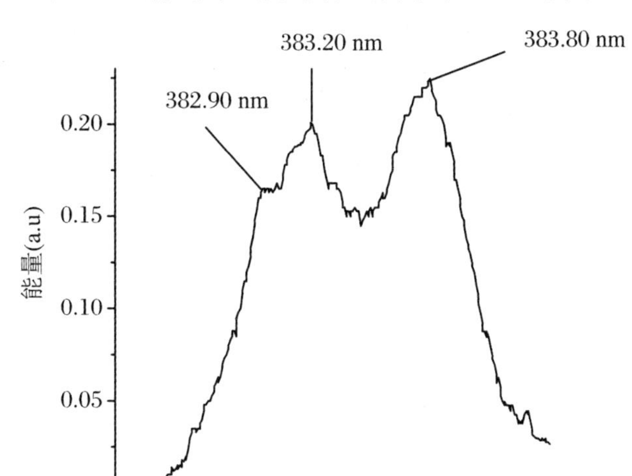

图 7.9　Mg 元素在 382.5～384.5 nm 区域内的 LIBS 光谱

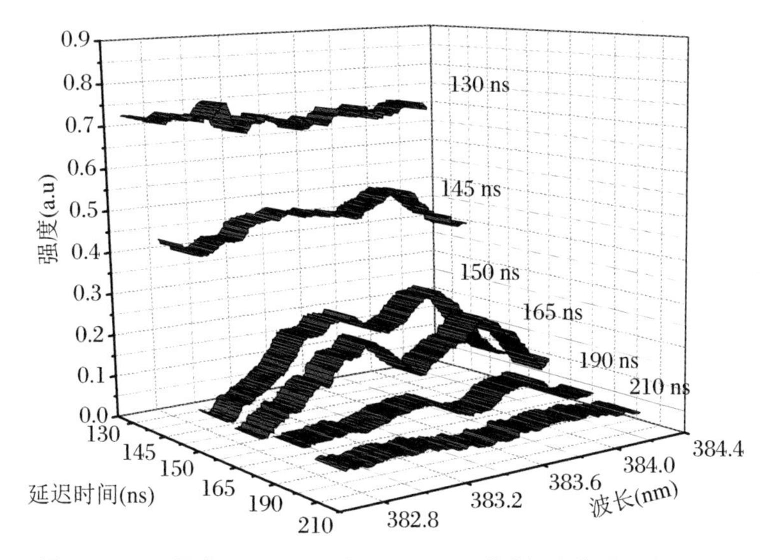

图 7.10　Mg 元素 383.20 nm 和 383.80 nm 谱线强度的时间演化特性

图 7.11 是 Mg 元素 383.20 nm 和 383.80 nm 两条原子谱线 S/B 和不同延迟时间之间的变化关系图。

由图 7.10 和图 7.11 可见，在延迟时间小于 130 ns 时，液体 LIBS 信号淹没在连续背景光中，不能形成可分辨的特征谱线，且背景信号强度也比较大。随着延迟时间的增加，背景信号逐渐变弱，痕量元素的 LIBS 信号开始出现，并且强度逐渐增加。当延迟时间增大到 150 ns 时，LIBS 信号强度最大，连续背景信号强度已经大幅度衰减，使得 LIBS 信号的 S/B 迅速增大到最大值。当延迟时间进一步增大时，LIBS 信号强度开始减小，并且减小的幅度要大于背景信号减小的幅度，所以 LIBS 信号的 S/B 又逐渐变小。当延迟时间大于 210 ns 时，不能得到可观测的 LIBS 信号。实验结果表明，LIBS 信号的 S/B 在延迟时间为 150 ns 附近达到最大。

实验结果同样表明，$MgCl_2$ 液体 LIBS 信号存在特有的时间演化特性，其 LIBS 信号的寿命相对于固体样品 LIBS 信号来说也比较短，只有 100 ns 左右，而固体 LIBS 信号寿命可达到十几微秒。另外 $MgCl_2$ 液体样品的 LIBS 信号上升得较快，从 130 ns 到 150 ns 仅经过 20 ns 就上升到最大，而同时我们也可以看出，$MgCl_2$ 液体样品的 LIBS 信号衰减得也比较快，存在的时间区域为 150～210 ns，仅有 60 ns。

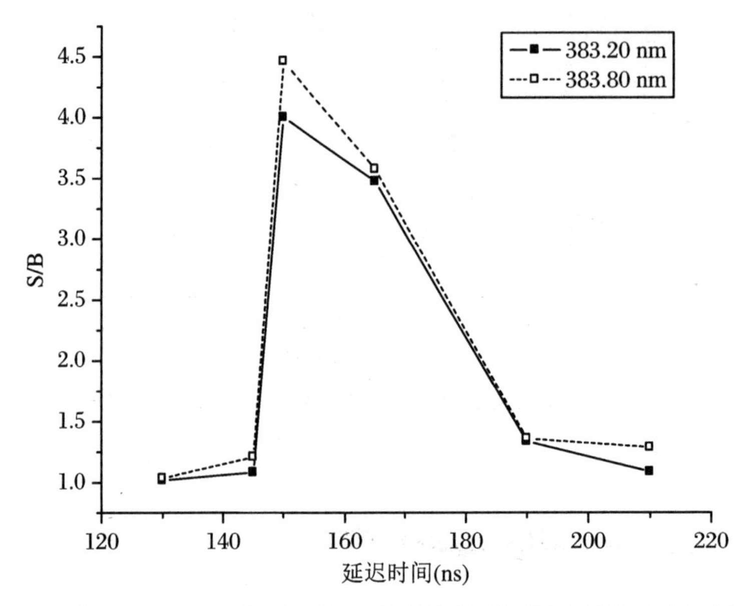

图7.11　Mg 元素 383.20 nm 和 383.80 nm 两条谱线 S/B 和不同延迟时间之间的关系

2. 入射激光能量对 LIBS 的影响

我们测定了延迟时间为 150 ns、门宽为 40 ns 时不同激光能量下液体样品中 Mg 元素的 LIBS 信号强度，实验结果如图 7.12 所示。

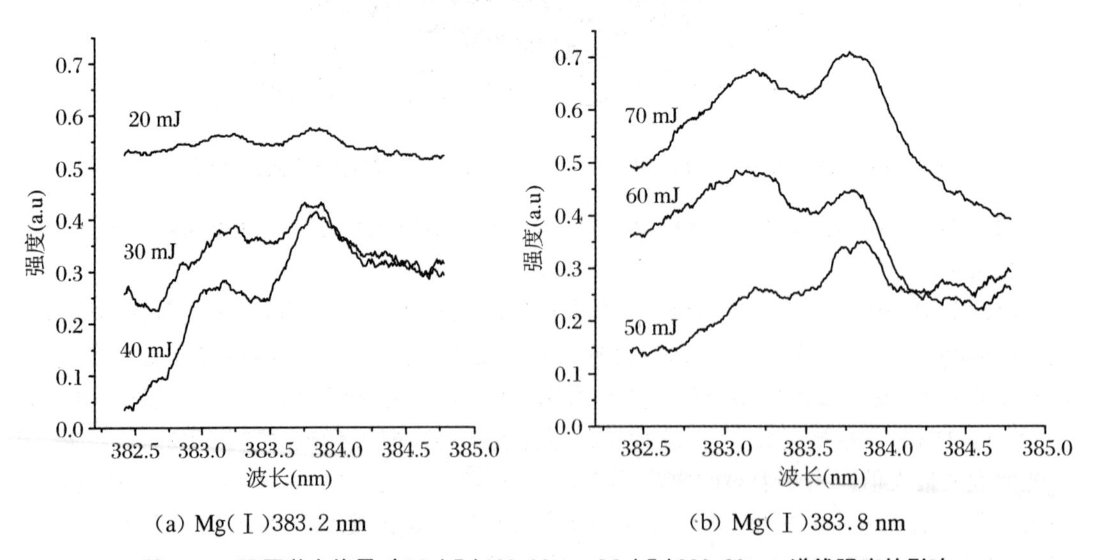

(a) Mg(Ⅰ)383.2 nm　　(b) Mg(Ⅰ)383.8 nm

图 7.12　不同激光能量对 Mg(Ⅰ)383.20 nm、Mg(Ⅰ)383.80 nm 谱线强度的影响

由图 7.12 和图 7.13 可以看出，在激光能量小于 20 mJ 时，不能形成可观测的 LIBS 信号，而且背景信号也比较大。随着激光能量的增加，LIBS 信号逐渐变强，并且超过背景信号增强的速度，使得 S/B 逐渐增大。当能量增大到 40 mJ 时，LIBS 信号 S/B 达到最大。但当能量再进一步增大后，LIBS 信号强度随激光能量增大而增强的幅度在减小，并且远小于背景连续信号强度增大的幅度，所以 S/B 迅速变小。

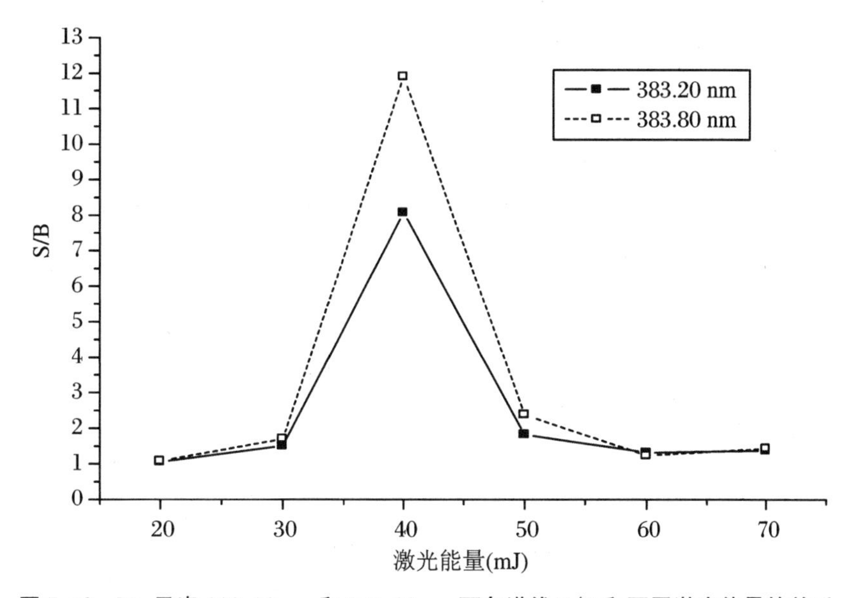

图 7.13　Mg 元素 383.20 nm 和 383.80 nm 两条谱线 S/B 和不同激光能量的关系

实验结果表明，在激光能量小于 40 mJ 范围内，激光能量对 $MgCl_2$ 液体 LIBS 信号有着显著的影响。随着激光能量增大，LIBS 信号逐渐增大，S/B 逐渐变大。相反，在激光能量增加到大于 40 mJ 以后，S/B 反而变小。所以在下面的实验中，我们选取的激光能量为 40 mJ。

3. 不同浓度下 $MgCl_2$ 的 LIBS 光谱

我们测定不同浓度的 $MgCl_2$ 液体中 Mg 元素的 LIBS 光谱时，选取了上面得到的最佳实验条件(激光能量为 40 mJ、延迟时间为 150 ns、门宽为 40 ns)。图 7.14 是浓度在 1000～8000 ppm 范围内变化时，实验测定了 Mg 元素含量分别为 8000 ppm、4000 ppm、2000 ppm 和 1000 ppm 时 Mg(Ⅰ)383.20 nm、Mg(Ⅰ)383.80 nm 两条谱线的 LIBS 信号相对强度，实验结果如图 7.14 所示。

由图 7.14 可见，随着液体浓度的减小，液体样品 LIBS 信号逐渐变弱，且 S/B 也逐渐变小。当浓度减小到 1000 ppm 以后，LIBS 信号不具有可探测的强度。

7.5.3　小结

实验研究了已知浓度 $MgCl_2$ 液体 LIBS 信号的时间演化特性、激光能量对 LIBS 信号的影响和 LIBS 用于液体中 $MgCl_2$ 痕量分析的检测限，结果表明，获得 $MgCl_2$ 液体样品 LIBS 信号的最佳条件为：延长时间在 150 ns 附近、信号取样门宽为 40 ns、激光能量为 40 mJ。另外，实验结果同样表明 $MgCl_2$ 液体样品中的 LIBS 光谱特性与固体样品中的 LIBS 光谱相比有着自己的显著特点。其痕量元素的发射谱线寿命也比较短，只有几十纳秒，比固体样品中的寿命短得多，且 LIBS 信号强度上升和衰减时都比较迅速。

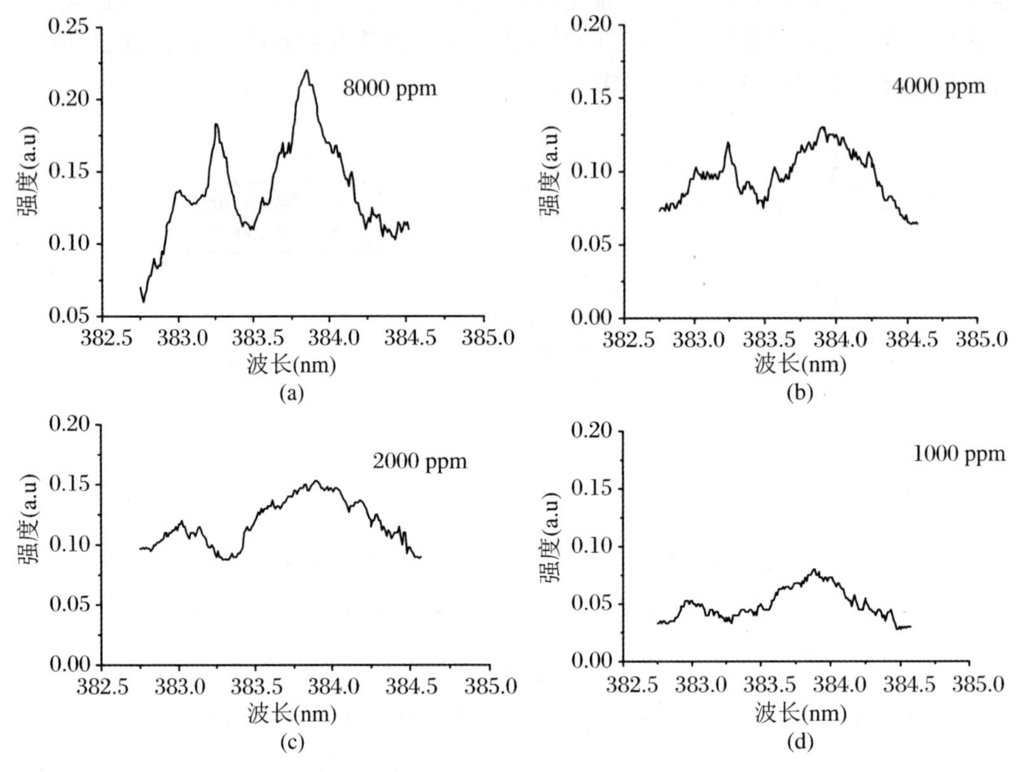

图 7.14 不同浓度下 Mg(Ⅰ)383.20 nm、Mg(Ⅰ)383.80 nm 谱线的强度

参 考 文 献

[1] Rosenwasser S, Asimellis G, Bromley B. Development of a method for automated quantitative analysis of ores using LIBS[J]. Spectrochimica Acta Part B, 2001, 56(6):707-714.

[2] Palanco S, Baena J M, Laserna J J. Open-path laser-induced plasma spectrometry for remote analytical measurements on solid surfaces[J]. Spectrochimica Acta Part B, 2002, 57(3):591-599.

[3] 郑贤锋，李春燕，张瑾，等. 铅黄铜合金中激光诱导击穿光谱特性的实验研究[J]. 原子与分子物理学报增刊，2004，4:101-103.

[4] 宋一中，李亮. 激光诱导 Al 等离子体连续辐射的时间分布[J]. 光学学报，2001，21(4):404-408.

[5] 郑贤锋，杨锐，唐小闩，等. 外加静电场下激光诱导等离子体电子、离子特性的实验研究[J]. 原子与分子物理学报，2002，19(1):1-5.

[6] Capitelli F, Colao F, Provenzano M R. Determination of heavy metals in soils by Laser Induced Breakdown Spectroscopy[J]. Geoderma, 2002, 106(1-2):45-62.

[7] Yalcin S, Crosley D R, Smith G P. Influence of ambientconditions on the laser air spark[J]. Applied Physics B, 1999, 68(1):121-130.

[8] 张延惠，宋一中，王象泰. 激光诱导等离子体中 Al 原子共振双线时空演化的实验研究[J]. 光学学报，1999，19(1):28-34.

[9] 唐晓闩，李春燕，朱光来，等. 激光诱导 Al 等离子体中电子密度和温度的实验研究[J]. 中国激光，2004，31(6):687-692.

[10] Gautier C, Fichet P, Menut D, et al. Study of the double-pulse setup with an orthogonal beam geometry for laser-induced breakdown spectroscopy[J]. Spectrochimica Acta Part B:Atomic Spectroscopy, 2004, 59(7): 975-986.

[11] Colao F, Lazic V, Fantoni R, et al. A comparison of single and double pulse laser-induced breakdown spectroscopy of aluminum samples[J]. Spectrochimica Acta Part B: Atomic Spectroscopy, 2002, 57(7):1167-1179.

[12] Yoshiro I, Osamu U, Susumu N. Determination of colloidal iron in water by laser-induced breakdown spectroscopy[J]. Analytica Chimica Acta, 1995, 299(12):401-405.

[13] Ho W F, Ng C W, Cheung N H. Spectro-chemical analysis of liquids using laser-induced plasma emissions:effects of laser wavelength[J]. Society for Applied Spectroscopy, 1997, 51(1):87-91.

[14] Giacomo A D, Dellaglio M, Depascale O. Single pulse-laser induced breakdown spectroscopy in aqueous solution[J]. Applied Physics A, 2004, 79(4-6):1035-1038.

[15] acobs V L, Davis J, Rogerson J E, et al. Dielectronic recombination rates, ionization equilibrium and radiative energy-loss rates for neon, magnesium, and sulfur ions in low-density plasmas[J]. Astrophysical Journal, 1979,230:627-638.

第8章 液相基质中重金属元素激光诱导击穿光谱动力学特性

8.1 引 言

激光诱导击穿光谱技术(LIBS技术)得益于其无需样品预处理、能实现快速、实时、在线分析样品元素含量等优点,得到了越来越高的关注度[1-2]和广泛的应用[3-6]。目前,LIBS技术在固体样品含量分析中得到最广泛的应用,并且其灵敏度、精确度等已达到与常规成熟的分析方法相比拟的水平[7-8]。液体样品的LIBS技术研究较少,并且仍存在灵敏性和重复性较差等待解决的问题。为解决上述问题,研究者们已开展了一些探索性研究工作,在取样方法上,如液-固、气-液转换,离子交换技术和富集技术[9-12],雾化技术[13-14],液体射流技术等,其中液-固、液-气转换和富集、雾化等技术,在提高灵敏度的同时却增加了样品处理的复杂程度。已有实验结果表明液体样品采用射流取样方法,可以有效克服上述方法的不足,具有更好的检测灵敏度和精确度[15]。实验方法上有纳秒、飞秒单脉冲LIBS和各种不同类型的双脉冲LIBS等[16-21],飞秒单脉冲和双脉冲LIBS虽能有效提高检测灵敏度和精确性,但实验方案较复杂、仪器设备成本较高。本实验采用纳秒单脉冲LIBS技术,而纳秒单脉冲LIBS的检测灵敏度和可重复性现阶段难以达到定量检测的要求,并且其所产生的激光等离子体相关动力学特性尚不明确,因此对激光等离子体相关动力学特性的研究成为首先需要研究的关键问题。

我们通过前期对LIBS检测系统中诸如激光参数、光电探测系统参数、样品流速等实验参数与LIBS信号的信噪比之间联系的研究工作,得到了最佳实验参数:ICCD门延迟时间为2000 ns、门宽为1400 ns、脉冲激光能量为30 mJ、样品流速为40 mL/min、聚焦透镜相对射流表面的距离(LOD)为247 mm。在此基础上,本实验利用已搭建的混合溶液中重金属元素的激光诱导击穿光谱(LIBS)测量系统,研究了测量系统中的部分实验参数对激光等离子体电子温度、电子密度、相同或不同元素相邻电离态粒子密度比值等动力学特性参数的影响,为进一步实现液相基质中痕量重金属元素的LIBS定量分析提供动力学实验研究支撑。

8.2 实验装置

本实验的测量系统的方框图如图 8.1 所示，主要由激光光源系统、样品射流取样系统、光谱探测系统和信号采集系统四部分组成。

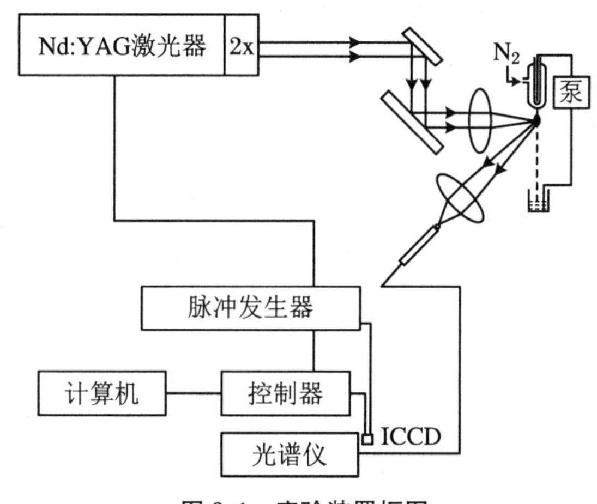

图 8.1　实验装置框图

激光光源是脉冲 Nd：YAG（Spectra-Physics，LAB170-10）激光的 355 nm 倍频输出，脉宽为 8 ns、重复频率为 10 Hz、单脉冲能量在 600 mJ 以下可调。脉冲激光束经过焦距为 30 cm的石英透镜聚焦后垂直入射于距离喷嘴 6 mm 左右射流前表面，对样品进行烧蚀，聚焦透镜放在精密可调的二维平台上，通过调节透镜焦点的位置，使激光束的焦点位于液体样品内距液体表面约 0.2 mm 处，经感光胶片放大检测焦斑直径约为 100 μm。实验中采用液体射流进样技术，Cu 和 Pb 混合水溶液经过一个直径为 0.5 mm 的喷嘴形成稳定的液体射流，利用蠕动泵控制液体射流的流速。在与激光束垂直且与液柱平行的方向上放置一个焦距为 5 cm 的成像透镜，激光烧蚀样品产生的激光等离子体发射光谱信号（简称 LIBS 信号）经成像透镜成像于光谱仪（Princeton Instruments，ACTON SP 2300i，光栅常数为 1200 g/mm，焦距为 750 mm，分辨率为 0.023 nm）的光纤探测探头，光纤探头和成像透镜均放置于三维精密可调的平移台上，LIBS 信号经过光谱仪后由增强型电荷耦合器件 ICCD探测（Princeton，PIMAX1024），激光工作在外触发状态，ICCD 门信号由激光的 Q 开关外触发同步输出工作在外触发状态。最后计算机由 Win Spectroscopic Software 控制 ICCD 门宽、相对激光脉冲的延迟时间、采样门宽、曝光时间并完成信号的采集与处理。本实验以 Cr、Cd、Fe、Mn、Pb、Cu 等六种金属元素的混合溶液为研究对象，实验样品由二次蒸馏水和待分析样品配制而成，混合溶液中 Cu 和 Pb 的浓度均为 500 ppm，ICCD 的固定增益值为 160。

8.3 实验结果

在前期得到的最优化实验参数：ICCD 延迟时间为 2000 ns、ICCD 门宽为 1400 ns、脉冲激光能量为 30 mJ、样品流速为 40 mL/min、LOD 为 247 mm 的条件下，测定了如表 8.1 和表 8.2 中所示的 Cr 和 Mn 元素的部分谱线的等离子体发射光谱。

表 8.1 Mn 元素部分谱线的光谱参数

波长(nm)	激发能量(/cm)	激发能量(eV)	g_kA_k	跃迁能级
257.61	38806.691	12.253931	2.52×10^9	$3d^5(^6S)4s-3d^5(^6S)4p$
259.37	38543.122	12.22123	1.93×10^9	
260.56	38366.232	12.1992833	1.34×10^9	
279.48	35769.97	4.437980997	3.0×10^9	$3d^54s^2-3d^5(^6S)4s4p(^1P^\circ)$
279.83	35725.85	4.432507028	2.2×10^9	
280.11	35689.98	4.428055663	1.5×10^9	
403.07	24802.25	3.077215725	1.4×10^8	$3d^54s^2-3d^5(^6S)4s4p(^3P^\circ)$
403.31	24788.05	3.075453931	9.90×10^7	
403.45	24779.32	3.0743708	6.32×10^7	

表 8.2 Cr 元素部分谱线的光谱参数

波长(nm)	激发能量(/cm)	激发能量(eV)	g_kA_k	跃迁能级
357.87	27935.3412	3.465926015	1.33×10^9	$3d^5(^6S)4s-3d^4(^5D)4s4p(^3P^\circ)$
359.35	27820.1975	3.451652541	1.05×10^9	
360.53	27728.8110	3.440314216	8.10×10^8	
425.43	23498.8156	2.91549859	2.84×10^8	$3d^5(^6S)4s-3d^5(^6S)4p$
427.48	23386.3419	2.901543975	2.15×10^8	
428.97	23305.0026	2.891452206	1.58×10^8	
520.45	26801.9009	3.325312458	1.53×10^8	$3d^5(^6S)4s-3d^5(^6S)4p$
520.6	26796.2691	3.324613721	2.57×10^8	
520.84	26787.4640	3.323521272	3.54×10^8	

在此实验参数下测定了样品 Mn、Cr 元素的等离子体发射光谱，采用 Oringin 软件对选定的光谱线进行 Lorentz 线型拟合后得到谱线的线型，然后得到积分强度。

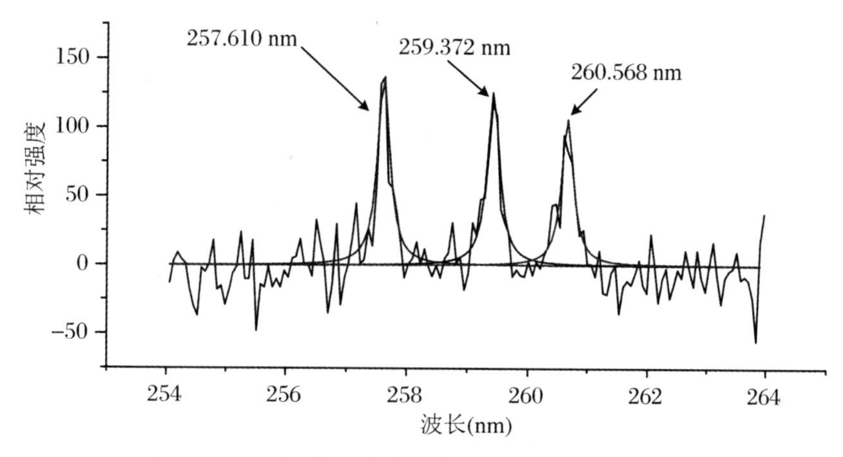

图 8.2 Mn 原子的三条发射谱线和其 Lorentz 线型拟合

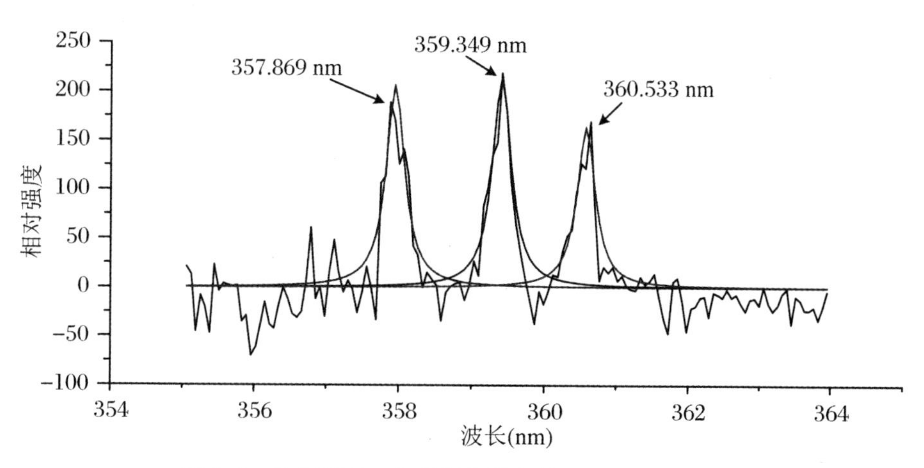

图 8.3 Cr 原子的三条发射谱线和其 Lorentz 线型拟合

8.3.1 电子温度的时间演化特性

通过将 ICCD 门延迟时间在 500～2500 ns，每隔 500 ns 测定一次光谱，本实验测定了在 ICCD门宽为 1400 ns、激光脉冲能量为 30 mJ、LOD 为 247 mm 、液体样品流速为 40 mL/min 时，激光等离子体中 Mn 和 Cr 元素的部分发射谱线，并在求得积分强度之后绘制了 Boltzmann 斜线，其中 Mn 元素由原子和一价离子谱线用 Saha-Boltzmann 多线图法绘制，如图 8.4 和图 8.5 所示。

结果表明，由不同元素谱线强度得到的电子温度值相互一致，说明实验测定数据的可靠性。这是由于液体样品中的激光等离子体寿命为 600～1200 ns，在此范围内等离子体电子温度处在一个较高的状态，随着时间的推移电子温度将逐渐减小。

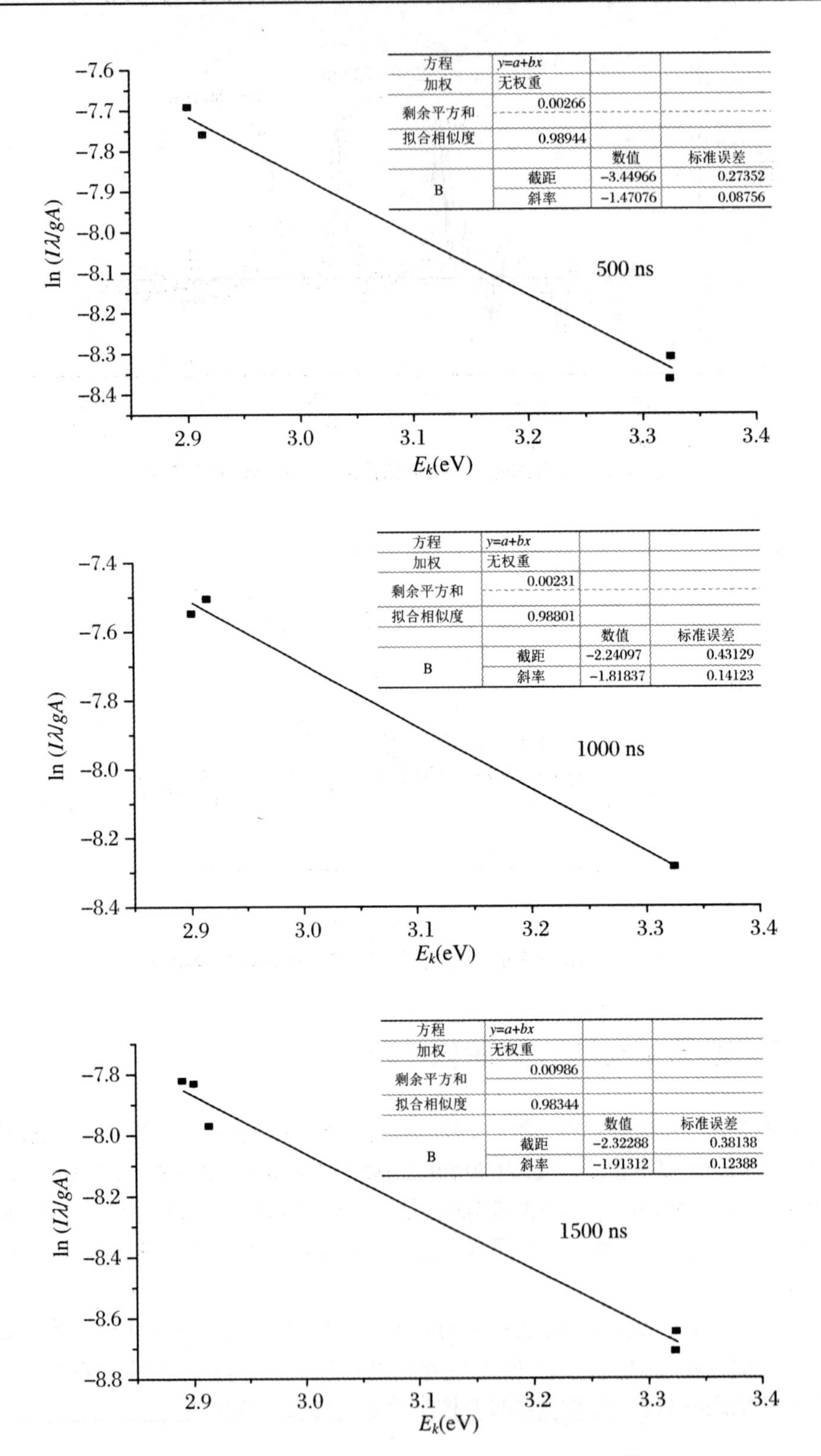

图 8.4 Cr 元素随延迟时间变化的 Boltzmann 图

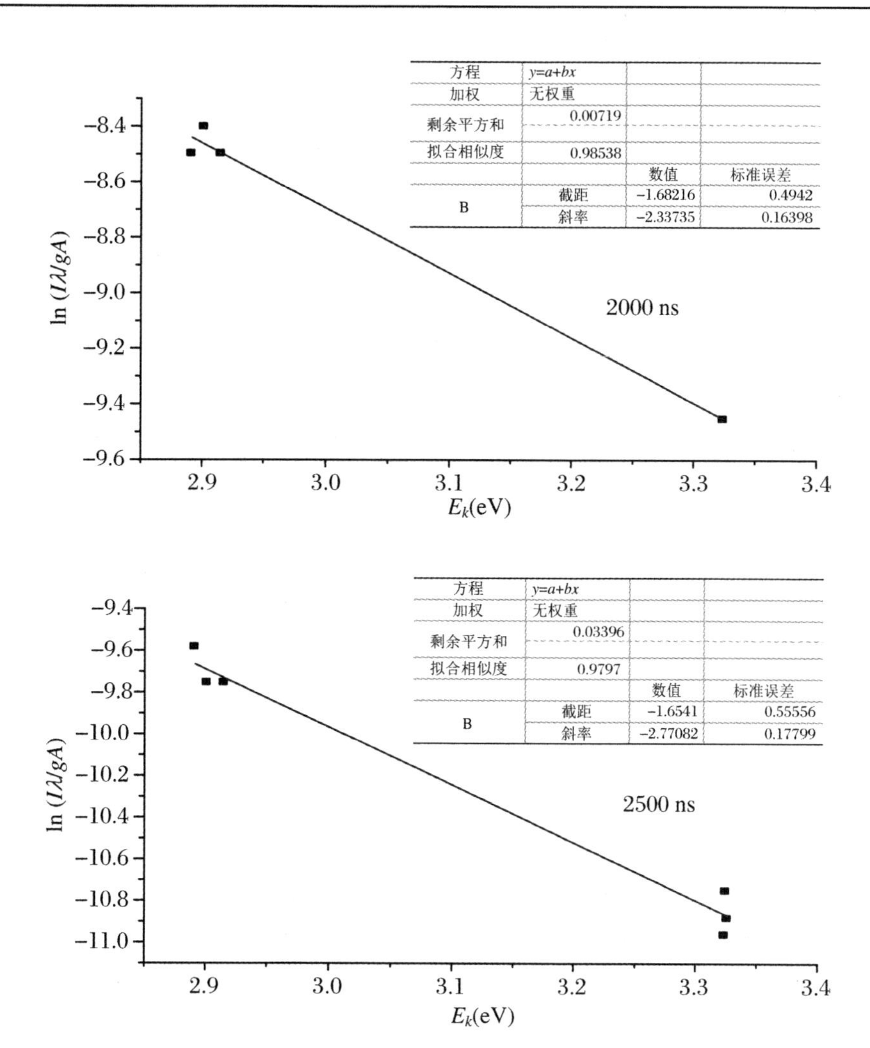

续图 8.4　Cr 元素随延迟时间变化的 Boltzmann 图

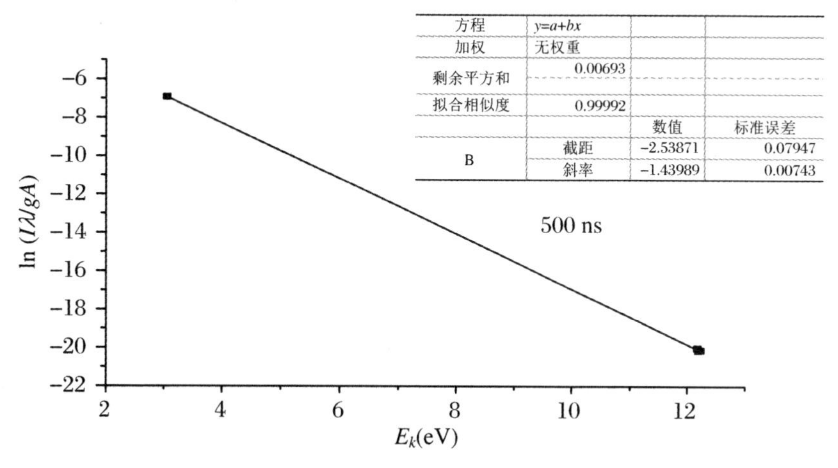

图 8.5　Mn 元素随延迟时间变化的 Boltzmann 图

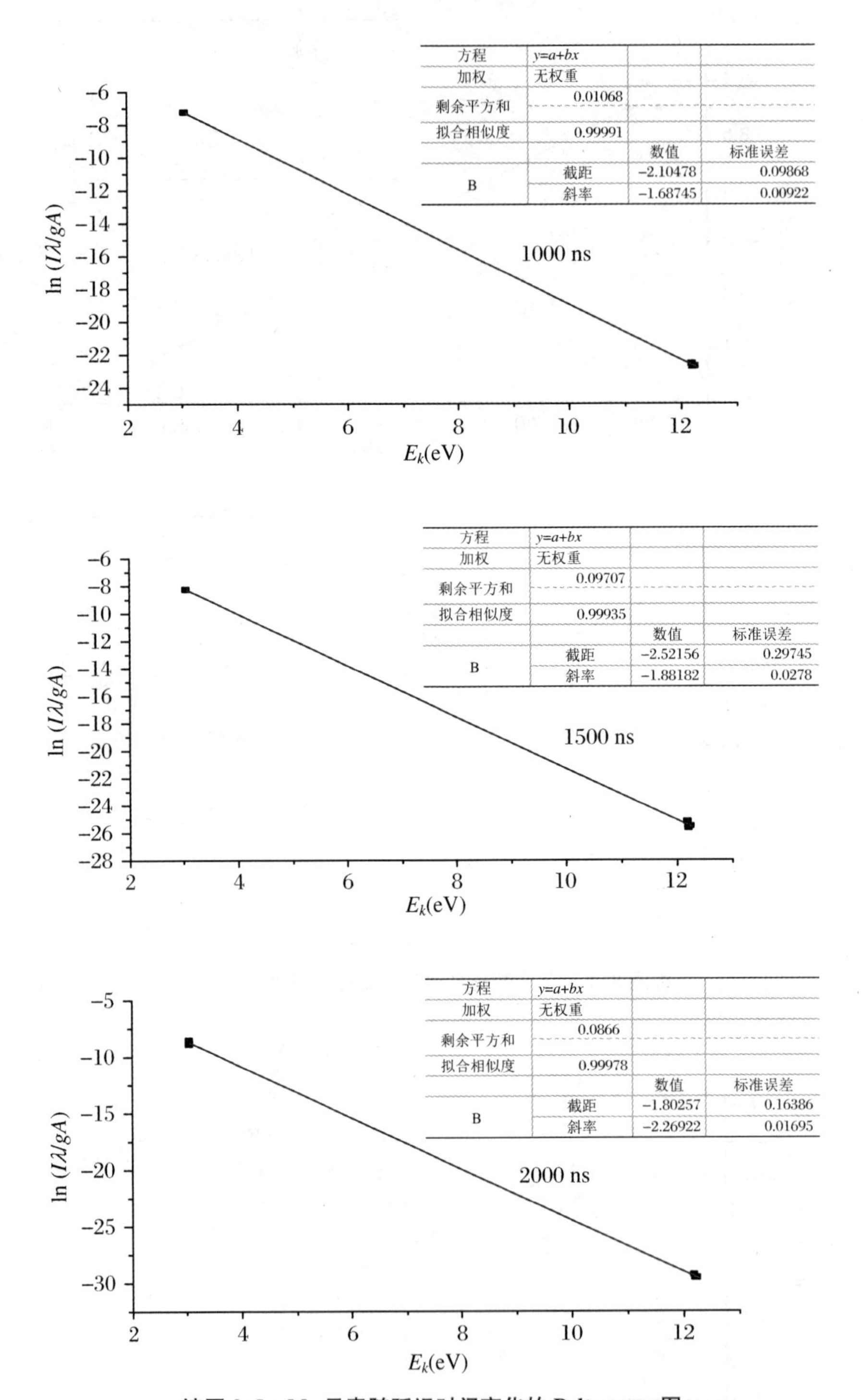

续图 8.5 Mn 元素随延迟时间变化的 Boltzmann 图

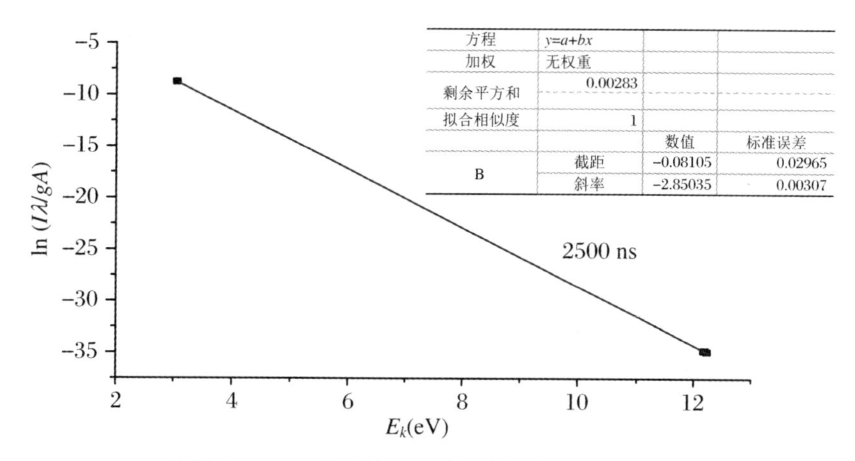

续图 8.5　Mn 元素随延迟时间变化的 Boltzmann 图

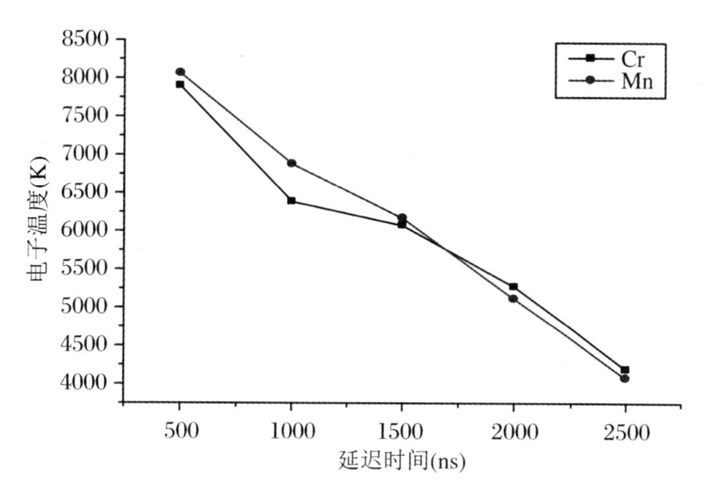

图 8.6　等离子体电子温度随延迟时间变化的曲线

8.3.2　样品流速对电子温度特性的影响

通过改变不同的液体样品流速，本实验测定了在 ICCD 延迟时间为 2000 ns、门宽为 1400 ns、激光脉冲能量为 30 mJ、LOD 为 247 mm、液体样品流速在 35～55 mL/min 范围内相隔 5 mL/min 时，各参数下激光等离子体中 Mn 和 Cr 元素的部分发射谱线，并绘制了 Boltznann斜线，如图 8.7 和图 8.8 所示。

从图中可以直观地看出，在等离子体中 Mn 元素谱线强度的电子温度变化范围为 4191～5528.22 K，由 Cr 元素谱线强度得到的电子温度变化范围为 4071～5628.4 K，两者保持一致，其详细的演化特性如图 8.9 所示。

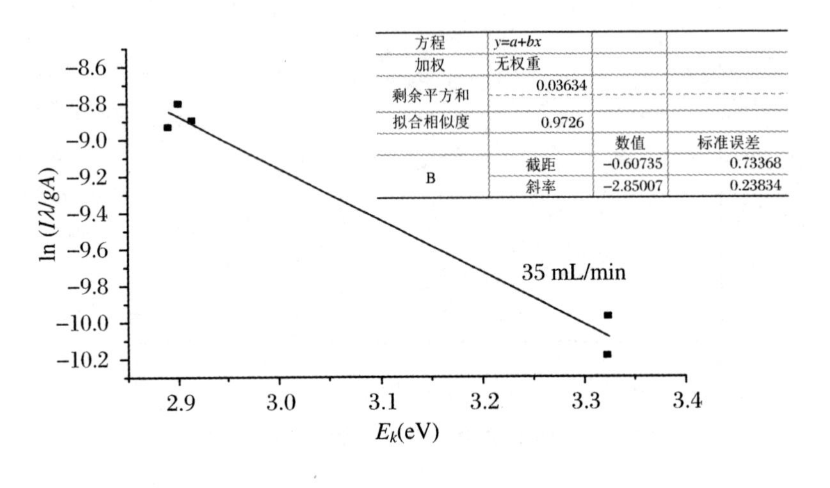

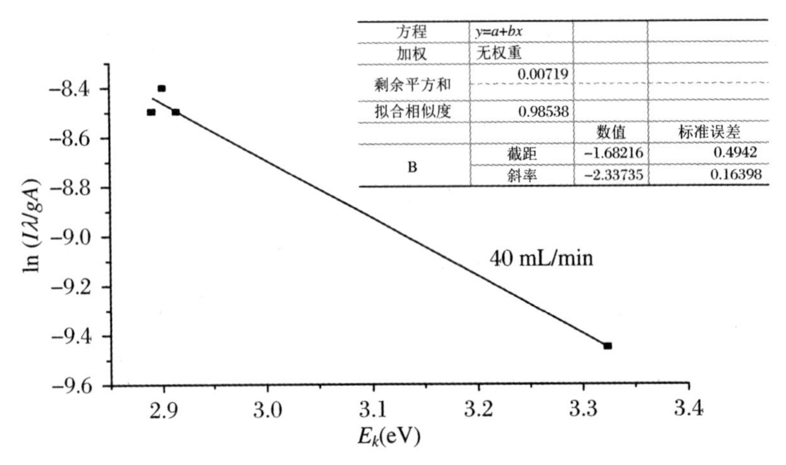

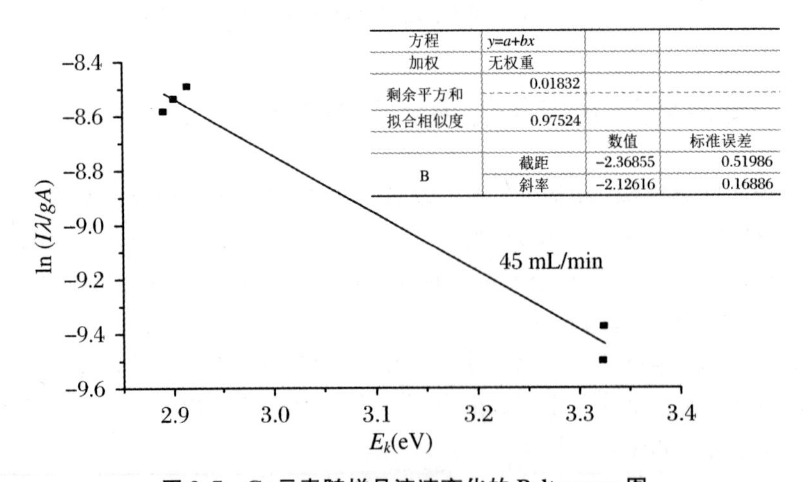

图 8.7　Cr 元素随样品流速变化的 Boltzmann 图

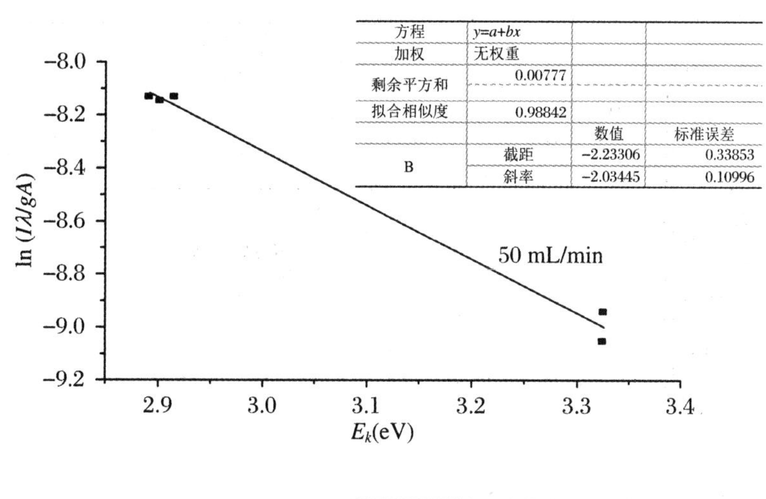

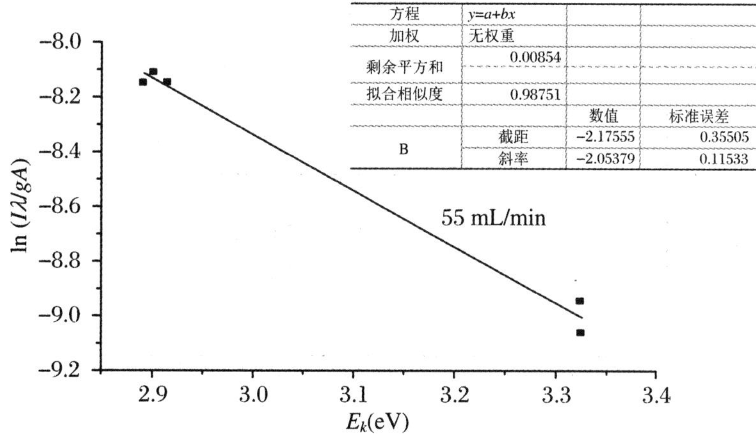

续图 8.7　Cr 元素随样品流速变化的 Boltzmann 图

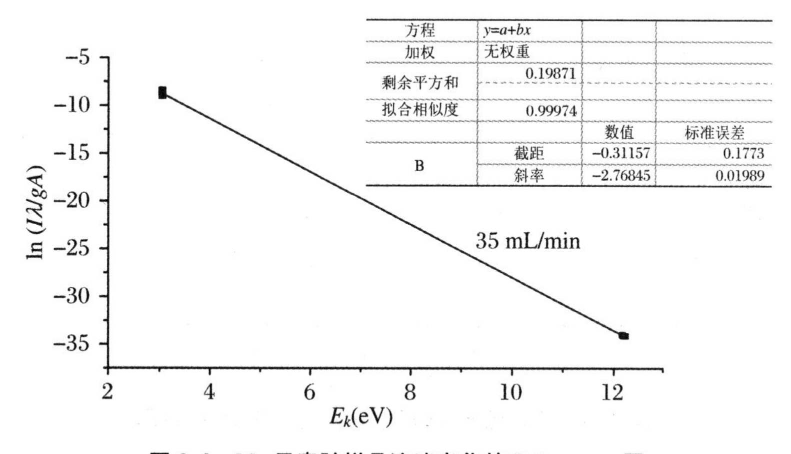

图 8.8　Mn 元素随样品流速变化的 Boltzmann 图

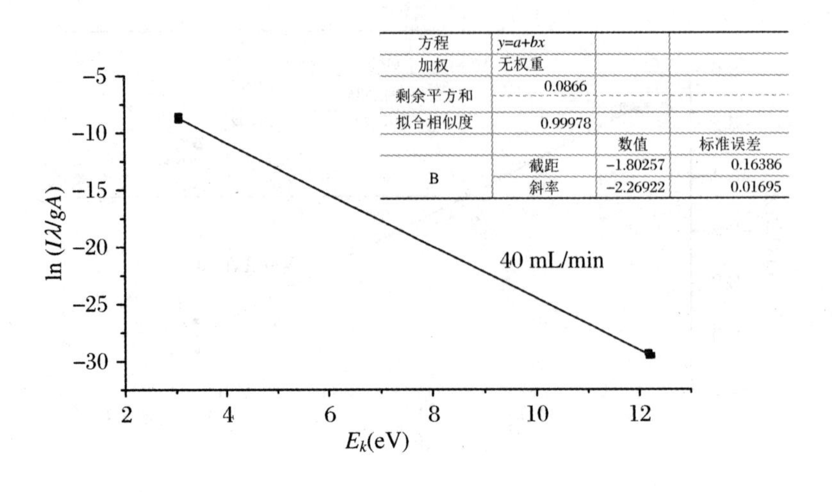

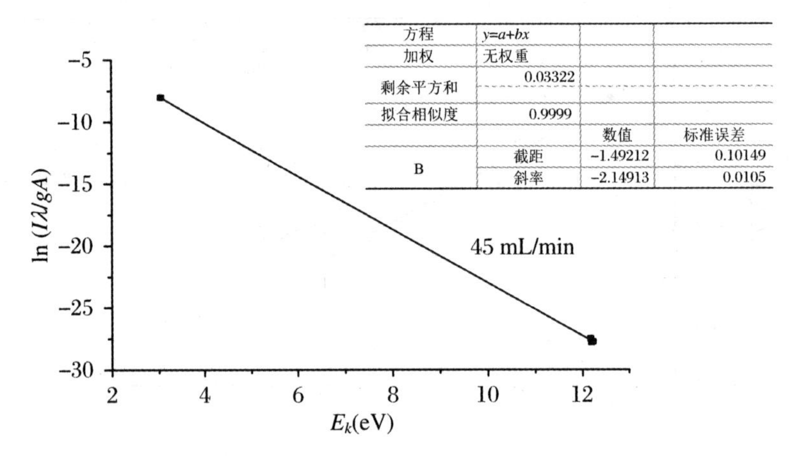

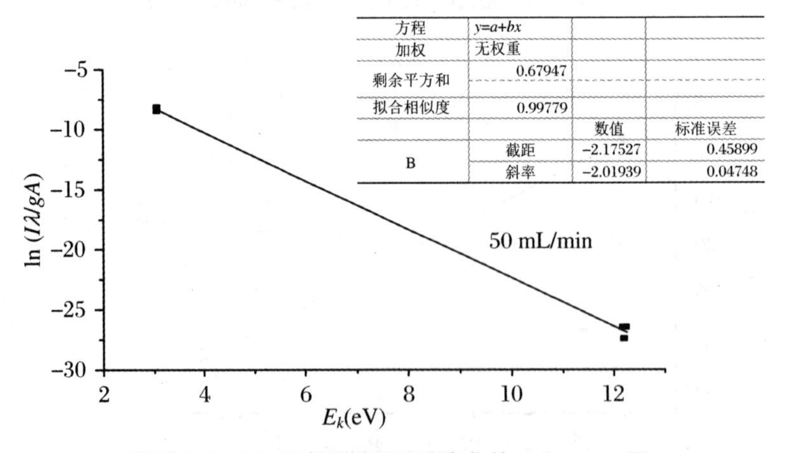

续图 8.8　Mn 元素随样品流速变化的 Boltzmann 图

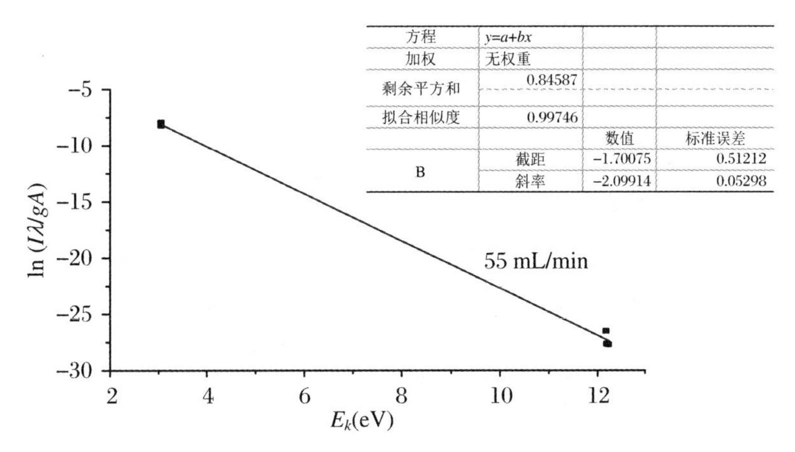

续图 8.8　Mn 元素随样品流速变化的 Boltzmann 图

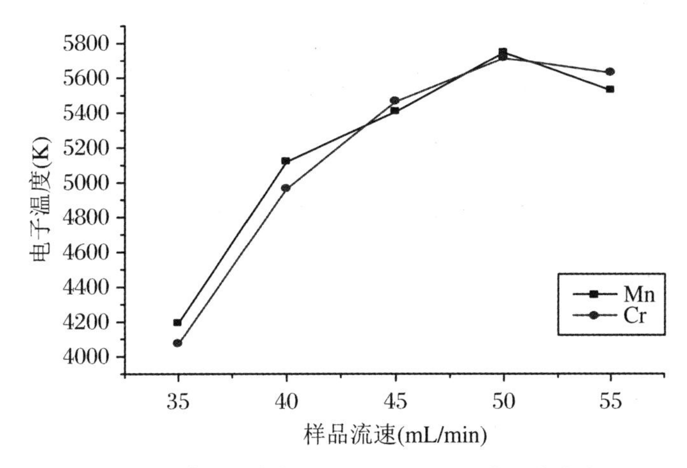

图 8.9　等离子体电子温度随样品流速变化的曲线

从图 8.9 中可以看出，随着流速的持续增加，等离子体电子温度不断升高，不过逐渐趋于平缓。这是由于液体样品流速的加快增加了激光烧蚀和激发样品的效率，则更多原子被激光激发，电子温度逐渐升高。在样品流速达到一定值后，电子温度趋于平缓将不再有较大幅度变化。

8.3.3　电子密度的时间演化特性

如图 8.10 所示，本实验选取 Mn 元素波长为 257.61 nm 的离子谱线以及波长为 403.449 nm的原子谱线作为计算等离子体电子密度的分析谱线。测定了在其他实验参数不变的情况下，ICCD 延迟时间在 500～2500 ns 范围内和样品流速在 35～55 mL/min 范围内变化时相关波长的等离子体发射谱线。

随着 ICCD 延迟时间在 500～2500 ns 之间的变化过程中，等离子体电子密度先下降之后变化幅度趋于平缓。这是由于在等离子体形成之后约 1 μs 内，其电子密度较大，而随着时间的推移逐渐减小。

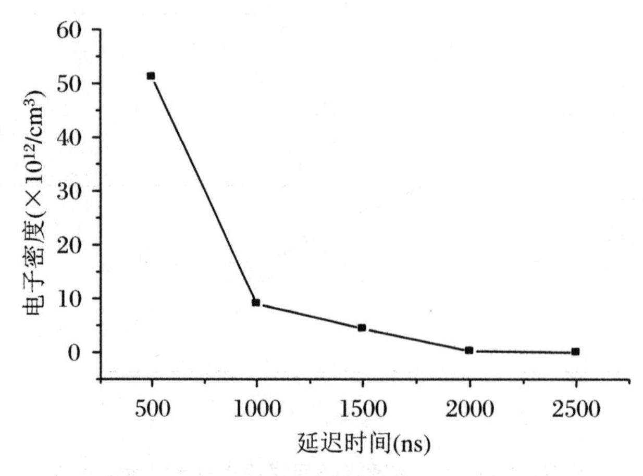

图 8.10 等离子体电子密度的时间演化曲线

8.3.4 样品流速对电子密度的影响

随着液体样品流速的增加,等离子体电子密度逐渐上升。对于这一现象,我们认为液体样品流速的提高增加样品与脉冲激光作用的时间,导致等离子体电子温度和电子密度的增加。

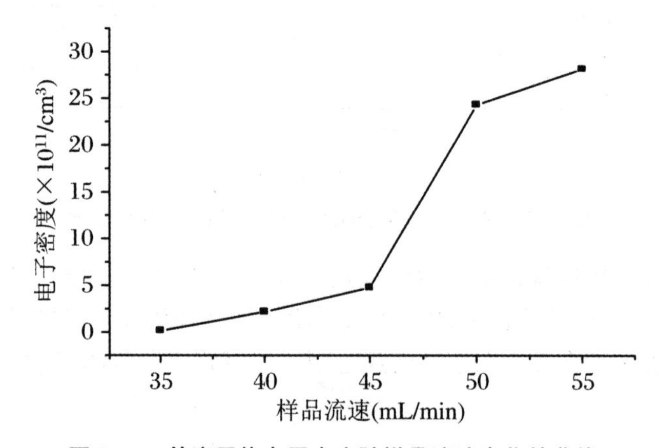

图 8.11 等离子体电子密度随样品流速变化的曲线

8.3.5 Mn 元素第一电离态和基态粒子密度比值的演化特性

由前文得到的等离子体电子温度 T 和电子密度 N_e 值为基础,计算得到 Mn 元素第一电离态和基态的粒子密度比值。

实验测定了不同 ICCD 门延迟时间和样品流速下的 Mn 元素第一电离态和基态粒子密度比值,测定结果如图 8.12 和图 8.13 所示,由图可以看出,随着 ICCD 门延迟时间在 500～2500 ns 之间变化时,电子密度的降低导致第一电离态和基态粒子密度比值在逐渐减小;样品流速在 35～55 mL/min 之间变化时,Mn 元素的第一电离态和基态粒子比值在逐渐增加,这是由于样品流速的升高导致了电子密度的增加,则电离态和基态的比值也相应增加。

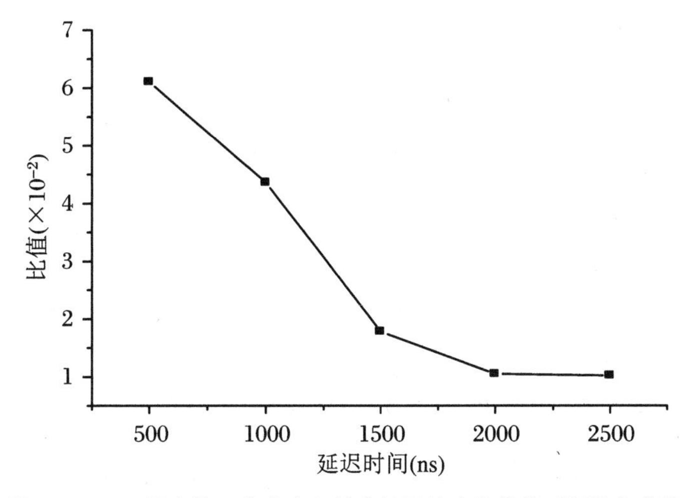

图8.12 Mn元素第一电离态和基态粒子浓度比值的时间演化曲线

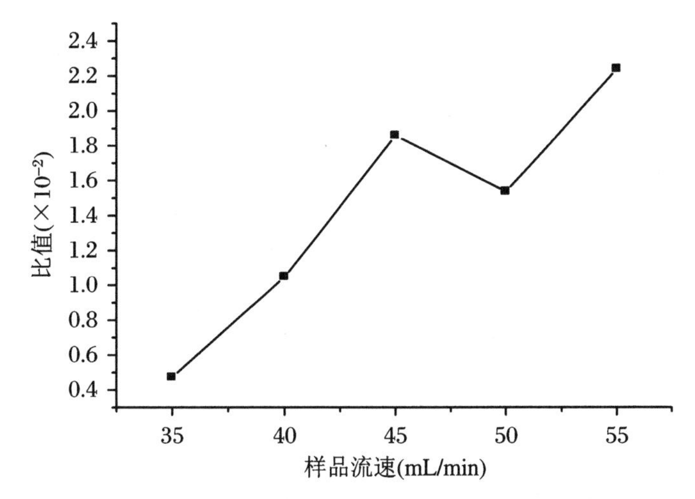

图8.13 随样品流速变化的Mn元素第一电离态和基态粒子浓度比值演化曲线

8.3.6 Cr元素基态和Mn元素一价离子的粒子密度比值

本实验选取Cr 357.87 nm和Mn 257.61 nm谱线为分析线，测定了不同ICCD门延迟时间和样品流速下的Cr元素基态和Mn元素一价离子的粒子密度比值，测定结果如图8.14所示，由图可以看出，由于电子密度减小即自由电子数目减小，随着延迟时间的增加，Mn元素第一电离态粒子密度急剧减小，Cr基态粒子和Mn一价离子的粒子浓度比值则愈发变大。反之，在图8.15中，随着样品流速的改变，电子密度的增加导致比值逐渐变小。

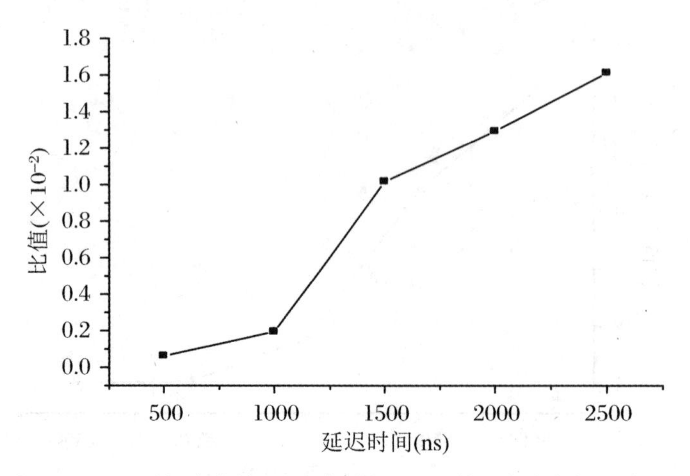

图 8.14　随 ICCD 延迟时间变化的 Cr 元素基态和 Mn 第一电离态粒子浓度比值演化图

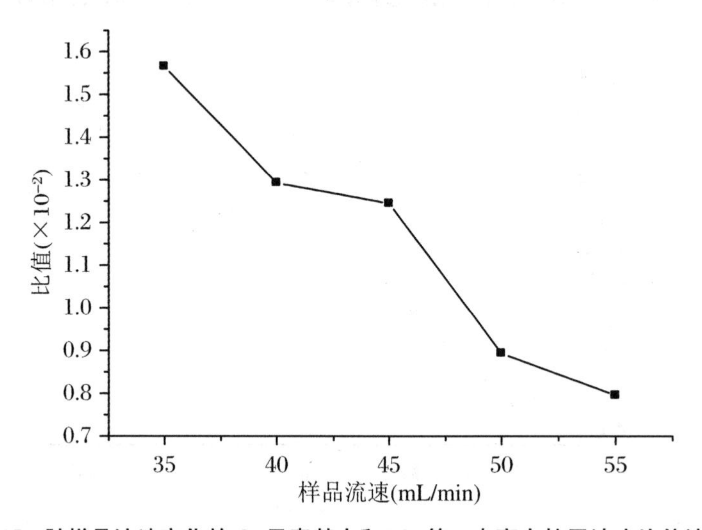

图 8.15　随样品流速变化的 Cr 元素基态和 Mn 第一电离态粒子浓度比值演化图

8.3.7　局部热平衡假设的验证

在满足局部热平衡(LTE)和自吸收不存在条件时,激光诱导等离子体满足如下公式:

$$\frac{I_1}{I_2} = \frac{A_1 g_1 \lambda_2}{A_2 g_2 \lambda_1} \exp\left(-\frac{E_1 - E_2}{k_B T}\right) \tag{8.1}$$

本实验根据上式逆向验证局部热平衡和自吸收不存在条件。其中左侧为实验测定的两条谱线强度比值,右侧为理论值。由实验中最优化实验参数下测定的 Cr 和 Mn 的有关谱线对该式进行验证,相关光谱参数见表 8.3。

表8.3　Mn和Cr元素部分谱线相关参数

谱线波长(nm)	归属元素	激发能量(eV)	$g_k A_k$	相对强度 I
425.433	Cr	2.91549859	2.84×10^8	196.1084
428.973	Cr	2.891452206	1.58×10^8	108.1922
257.61	Mn	4.814747041	2.52×10^9	61.63259
260.56	Mn	4.782046029	1.93×10^9	47.70167

通过谱线强度测定结果得到Cr元素等式左边的实验值为1.793874,等式右边理论值为1.81259277;Mn元素等式左边的实验值为1.29204261,等式右边理论值为1.30117157。可以看出等式两边吻合度较好,说明本实验所制备的激光等离子体处于局部热平衡状态,并且不存在自吸收效应。

8.4　结　　论

在前期对实验参数优化的基础上,本书使用纳秒单脉冲LIBS技术,测定了含有Ca、Al、Cr、Cd、Mn、Cu元素的可溶化合物溶液作为样品的LIBS光谱。在最优实验参数条件下,测定了等离子体的电子温度和电子密度,由元素谱线强度得到的Boltzmann斜线相关系数均在0.97以上。系统探究了随ICCD延迟时间和样品流速变化的等离子体电子温度和电子密度演化特性。利用部分元素的发射光谱线的测定结果对激光等离子体电子温度、电子密度和部分实验参数的关系进行了研究。但尚未进一步延伸到依赖实验参数的等离子体电子温度、电子密度与样品中金属元素的绝对含量浓度值之间的联系。因此下一步的工作重点将放在寻找一种定量分析方法,以期建立等离子体相关特性参数与样品绝对含量的联系,为液相基质LIBS技术的应用提供实验方案。

参 考 文 献

[1] 杨奇彪，邓波，汪于涛. 飞秒激光诱导铝基的超疏水表面[J]. 激光与光电子学进展，2017，54(9)：101408-101416.

[2] Velioglu H M，Sezer B，Bilge G，et al. Identification of offal adulteration in beef by laser induced breakdown spectroscopy (LIBS)[J]. Meat Science，2018，138:28-33.

[3] Campbell K R，Wozniak N R，Colganl J P. Phase discrimination of uranium oxides using laser-induced breakdown spectroscopy[J]. Spectrochimica Acta Part B: Atomic Spectroscopy，2017，134:91-97.

[4] Shadman S，Bahrenii M，Tavassoli S H. Comparison between elemental composition of human fingernails of healthy and opium-addicted subjects by laser-induced breakdown spectroscopy[J]. Applied Optics，2012，51(12):2004-2011.

[5] Lefebvre C，Catala-Esp A，Sobron P，et al. Depth-tesolved chemical mapping of rock coatings using laser-induced breakdown spectroscopy: implications for geochemical investigations on Mars [J]. Planetary and Space Science，2016，126:24-33.

[6] 周树清，马国佳，王春华，等. 飞秒激光诱导钛合金表面形貌变化的规律[J]. 中国激光，2016，43(9):09020031-09020037.

[7] Martinez-Loez C，Sakayanagi M，Almirall J R. Elemental analysis packaging tapes by LA-ICP-MS and LIBS[J]. Forensic Chemistry，2018，8:40-48.

[8] 刘珊珊，林思寒，张俊，等. 单脉冲激光诱导击穿光谱定量分析猪饮料中铜元素含量[J]. 激光与光电子学进展，2017，54(3)：053002-053012.

[9] Fang X，Ahmad S R. Derection of mercury in water by laser-induced breakdown spectroscopy with sample pre-concentration[J]. Applied Physics B，2012，106(2):453-456.

[10] Taesam K，Michael L R，Chhiu T L. Analysis of copper in an aqueous solution by ion-exchange concentrator and laser-induced breakdown spectroscopy[J]. Journal of the Chinese Chemical Society，2010，57(4):829-835.

[11] Shing H J，Hsiao T L，Chuen L K. Laser-induced breakdown spectroscopy in analysis of Al^{3+} liquid droplets: online preconcentration by use of flow-injection manifold[J]. Analytica Chimica Acta，2007，581(2):303-308.

[12] 胡振华，张巧，丁蕾，等. 液体射流双脉冲激光诱导击穿 Ca 等离子体温度和电子数密度研究[J]. 光学学报，2013，33(4):04300041-04300047.

[13] 钟石磊，卢渊，程凯，等. 超声波雾化辅助液体样品激光诱导击穿光谱技术研究[J]. 光谱学与光谱分析，2011，31(6):1458-1462.

[14] 朱光正，郭连波，郝中骐. 气雾化辅助激光诱导击穿光谱检测水中的痕量金属元素[J]. 物理学报，2015，64(2):200-205.

[15] 闫静，丁蕾，葛琳琳，等. 液体射流激光击穿光谱检测重金属研究[J]. 中国激光，2012，39(2)：02150011-02150016.

[16] 林永增，姚明印，陈添兵，等. 共轴双光束 LIBS 检测土壤中 Pb 的参数优化[J]. 光电子・激光，

2014，25(3)：540-544.

[17]　杨宇翔，康娟，王亚蕊，等. 水中铅元素的激光诱导击穿光谱-激光诱导荧光超灵敏检测[J]. 光学学报，2017，37(11)：1130001.

[18]　王福娟，李润华，王自鑫，等. 皮秒双脉冲 LA-LIBS 对合金样品的微损元素分析[J]. 光谱学与光谱分析，2017，37(1)：236-240.

[19]　王莉，徐丽，周彧，等. $AlCl_3$ 水溶液和混合溶液中 Al 元素的双脉冲激光诱导击穿光谱[J]. 中国激光，2014，41(4)：04150031-04150037.

[20]　Cui M, Deguchi Y, Wang Z, et al. Enhancement and stabilization of plasma using collinear long-short double-pulse laser-induced breakdown spectroscopy[J]. Spectrochimica Acta Part B: Atomic Spectroscopy, 2018, 142:14-22.

[21]　Suchonova M, Veis P, Karhunen J, et al. Deternination of deuterium depth profiles in fusion-relevant wall materials by nanosecond LIBS[J]. Nuclear Materials and Energy, 2017, 12:611-616.

第9章 氯金酸水溶液中飞秒激光制备金纳米粒子

9.1 引 言

在过去的几年中,贵金属纳米粒子由于其独特的性质引起了极大的关注,以其尺寸和结构相关的物理、化学和光学性质在生物[1-3]、催化[4-5]、传感[6-8]和医学[9-10]等领域都有重要的应用。例如,金纳米粒子可以应用在光学成像[11-12]以及表面增强拉曼散射(SERS)[13-14]等分析技术中,纳米金的尺寸会对其催化活性产生强烈的影响[15]。胶体金的光学吸收来源于金纳米粒子表面自由电子的等离子体共振(SPR),其最大吸收峰位置主要取决于粒子的尺寸和形状,粒子周围的介质和环境温度也起着非常重要的作用[16-19]。

金纳米粒子制备多采用湿化学还原法[20-21],由于溶液温度、还原剂性质以及反应时间等许多变化因素的影响,湿化学还原法不易控制纳米粒子的尺寸及其粒径分布,并且剩余的阴离子和还原剂会造成粒子表面污染。同时这些化学试剂具有一定的毒性,会使制备的纳米粒子具有一定的毒性,这在一定程度上限制了纳米粒子的应用范围。为了克服湿化学还原法的不足,最近采用激光在液相中烧蚀金靶制备金纳米粒子已经成为替代传统湿化学还原法的一种"绿色"科技制备方法,然而该方法制备的金纳米粒子尺寸大、粒径分布广,且在实验时难以实现粒子尺寸及其分布的控制[22-26]。虽然用激光对纳米粒子再烧蚀可以减小粒子的尺寸和粒径分布范围[27],但实际上这已经属于二次合成了。2007年,T. Nakamura等人用波长为780 nm的飞秒激光脉冲照射加有表面活性剂聚乙烯吡咯烷酮(PVP)的氯金酸溶液,制备了金纳米粒子,讨论了PVP剂量对生成的金纳米粒子粒径的影响[28],这在很大程度上提高了纳米粒子的制备效率。除了用PVP可以有效控制纳米粒子的粒径分布范围之外,十二烷基磺酸钠(SDS)[29]、十六烷基三甲基溴化铵(CTAB)[30]和环糊精[31]等都可以用来有效控制纳米粒子尺寸和粒径的分布范围,但是综合考虑溶液的浓度、烧蚀激光脉冲能量和表面活性剂的剂量对制备纳米粒子的尺寸和粒径分布影响的报道较少。

我们使用波长为800 nm、脉宽为30 fs的飞秒脉冲激光经聚焦后照射氯金酸水溶液来制备具有空间高度分散性的金纳米粒子,通过测定其紫外-可见吸收光谱、透射电子显微镜谱、X射线衍射谱和选区电子衍射谱,研究了氯金酸溶液的浓度、烧蚀激光脉冲能量和表面活性剂的剂量等实验参数对制备的纳米粒子尺寸和粒径分布的影响。

9.2 实　　验

实验装置简图如图9.1所示，将装有2.5 mL氯金酸水溶液的石英比色皿(10 mm×10 mm×45 mm)放置在二维电动平移台上，波长为800 nm、重复频率为1 kHz、脉宽为30 fs的飞秒激光束(Micra Modelocked Ti:Sapphire Laser，美国Coherent公司)经衰减片衰减到需要的能量后，再经焦距为50 mm的平凸透镜聚焦，垂直照射到比色皿中的溶液里，焦点位于溶液内且距离比色皿前后面的距离均为5 mm，入射激光是与激光束传输方向垂直的线性偏振光。二维电动平移台可以在计算机的控制下在垂直光束方向做上下和水平移动，比色皿跟随电动平移台一起移动，保证溶液能被均匀烧蚀，电动平移台在水平方向的移动速度为0.25 mm/s，在上下方向的移动速度为0.1 mm/s。氯金酸($HAuCl_4 \cdot 3H_2O$，分析纯，纯度大于99.9%，金含量大于47.8%，上海晶纯实业有限公司)，用去离子水配制成0.1 mmol/L、0.4 mmol/L、0.7 mmol/L和1.0 mmol/L四种浓度备用，本实验所用的表面活性剂为聚乙烯吡咯烷酮(PVP，分析纯，纯度大于99.9%，国药集团化学试剂有限公司)。

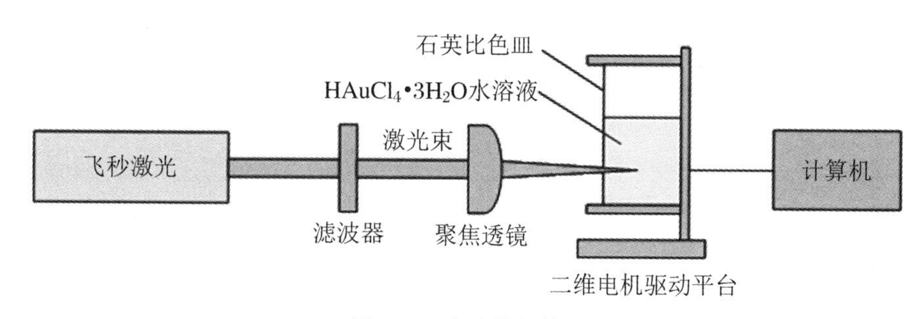

图9.1　实验装置简图

9.3 实验结果与分析讨论

9.3.1 激光烧蚀时间对胶体金浓度的影响

取0.4 mmol/L浓度的氯金酸溶液2.5 mL放入石英比色皿中，加入0.5 mg的PVP，用脉冲能量为235 μJ的会聚飞秒激光束分别照射0、3 min、6 min、11 min、20 min，观察胶体金的颜色变化情况，同时用UV-VIS分光光度计(UV-2450，日本岛津公司)测定了胶体金的吸收光谱。图9.2是该方法制备的胶体金的照片，由照片可以看出，在未照射之前，溶液是无色透明的，随着照射时间的延长，胶体金的颜色逐渐变深，由无色逐渐变为紫红色，表明胶体金的浓度在逐渐增大。图9.3是不同照射时间下胶体金的UV-VIS吸收光谱，由图可以看出，随着照射时间的延长，胶体金的吸收强度逐渐增加，这也表明了随着胶体金的浓度的增大，吸收峰波长位置基本保持不变，均出现在530 nm左右，表明所制备纳米粒子的粒径保持不变。

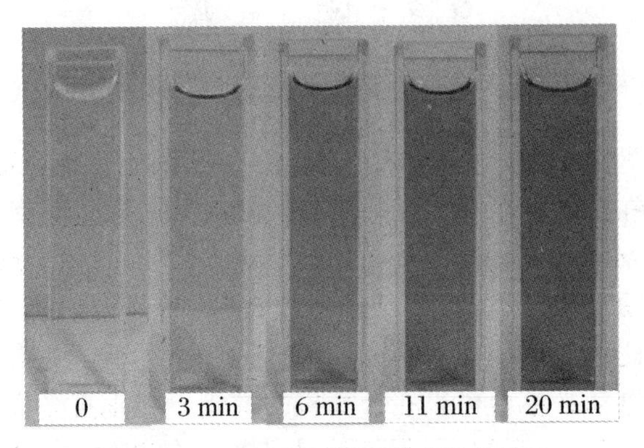

图9.2 不同照射时间下的金纳米粒子

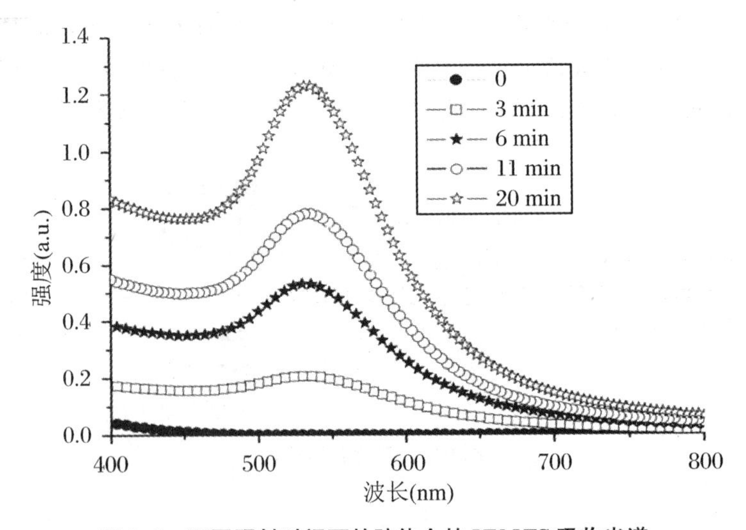

图9.3 不同照射时间下的胶体金的UV-VIS吸收光谱

9.3.2 溶液浓度对金纳米粒子尺寸、分布的影响

取4种浓度的溶液各2.5 mL放入比色皿中，各加入0.5 mg PVP，用脉冲能量为235 μJ的激光各烧蚀15 min，测定了不同浓度溶液制备的胶体金吸收光谱，从4种胶体中各吸取一滴胶体分别滴到4张镀有碳膜的铜网上，在室温下干燥，用透射电子显微镜测定了4张铜网上金纳米粒子的尺寸。图9.4是该方法制备的金纳米粒子的透射电子显微图及其得到的相应粒径分布图，从图中可以看出，本实验方法制备的金纳米粒子外形绝大多数为球形，分散度较高。当粒子的浓度为0.1 mmol/L时，所得金纳米粒子的平均直径最小，并且其变化范围也最小。随着溶液浓度的增加，所得金纳米粒子的平均直径逐渐增大，且其变化范围也逐渐增大，如图9.5(a)所示。图9.5(b)是上述4种溶液制备的胶体金的UV-VIS吸收光谱，由图可以看出，随着溶液浓度逐渐增大，吸收峰的强度也逐渐增大，并且吸收峰的位置逐渐发生了红移。由此可知，在4种溶液浓度下，当所用烧蚀激光能量和所加入表面活性剂剂量

都相同时，浓度最大的溶液生成的纳米粒子的数量最多，胶体金的浓度最大，所以吸收峰的强度也最大。在表面活性剂剂量相等的情况下，当胶体中金纳米粒子的数量最大时，其小的纳米粒子凝聚成尺寸更大的纳米粒子的概率也会最大，故表现出随着烧蚀溶液浓度的增大，吸收峰逐渐红移，纳米粒子的平均直径增大。

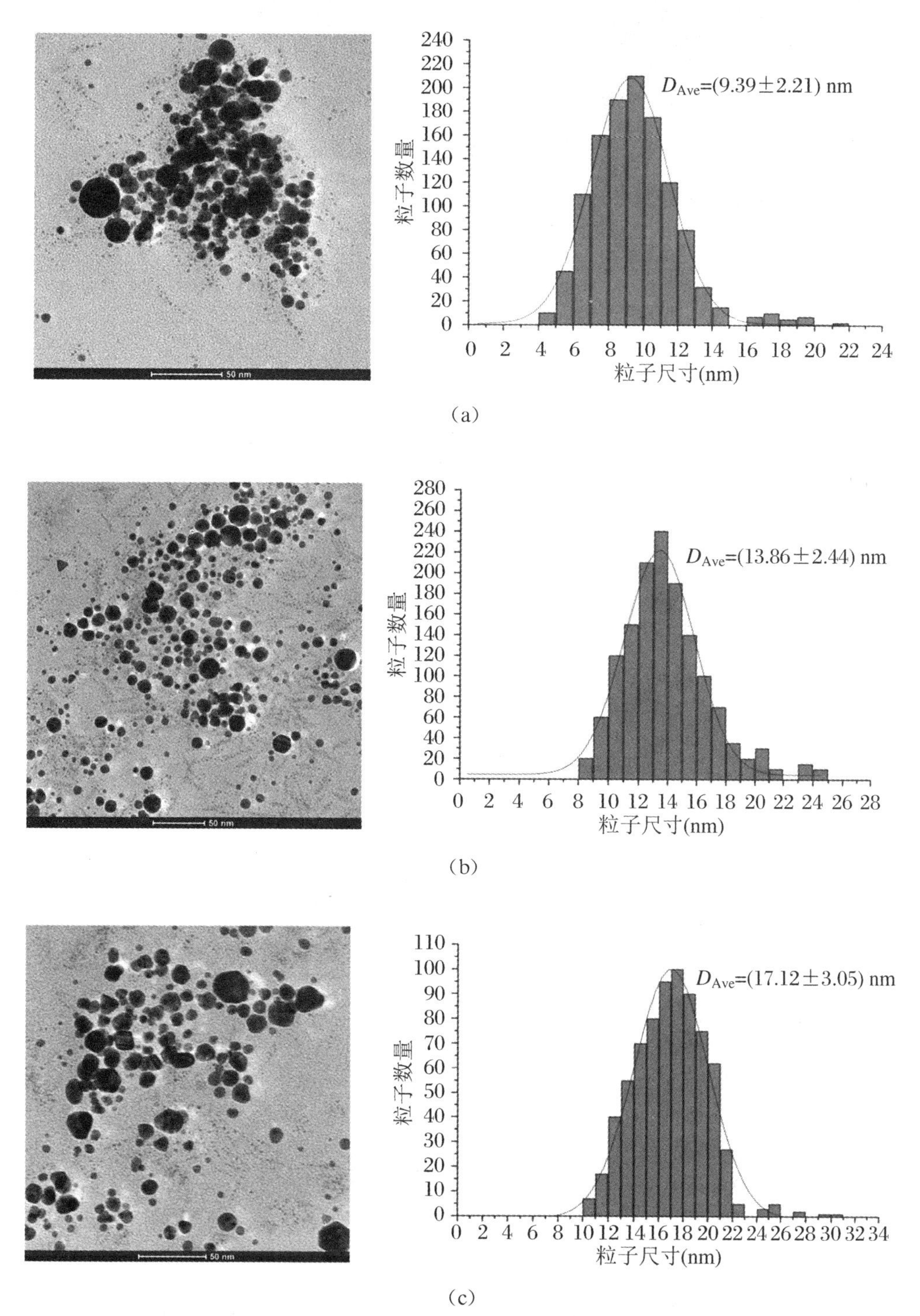

图 9.4　不同溶液浓度下制备的金纳米粒子的 TEM 图及其相应的粒度分布图

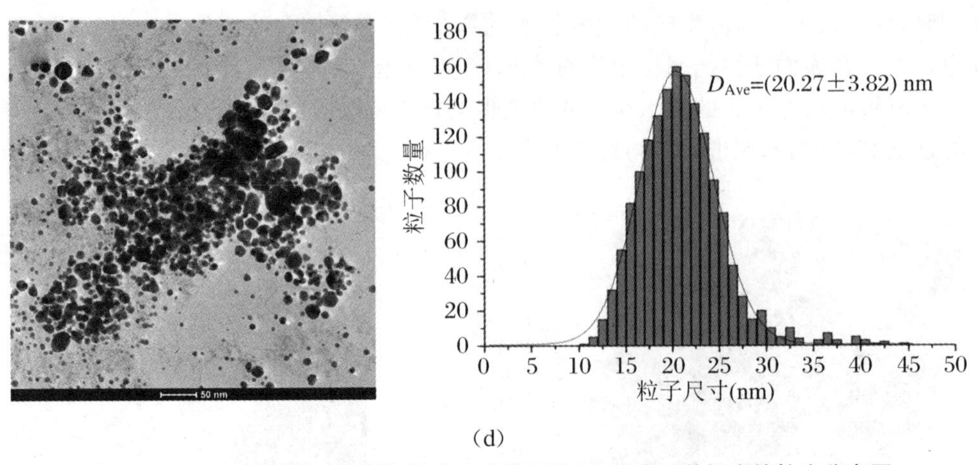

(d)

续图 9.4　不同溶液浓度下制备的金纳米粒子的 TEM 图及其相应的粒度分布图

(a) 0.1 mmol/L;(b) 0.4 mmol/L;(c) 0.7 mmol/L;(d) 1.0 mmol/L。

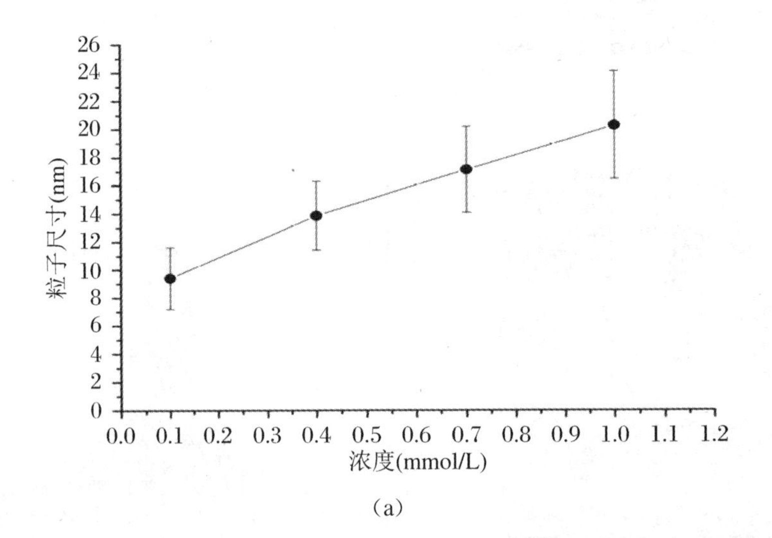

(a)

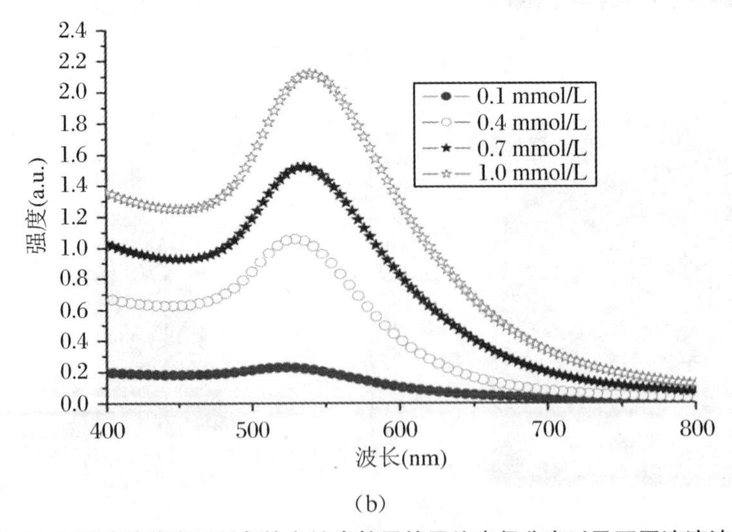

(b)

图 9.5　不同溶液浓度下制备的金纳米粒子的平均直径分布以及不同溶液浓度下制备的胶体金的 UV-VIS 吸收光谱图

9.3.3　烧蚀激光能量对金纳米粒子尺寸、分布的影响

分别用烧蚀能量为93 μJ、163 μJ、235 μJ、320 μJ的激光烧蚀2.5 mL浓度为0.4 mmol/L并加有0.5 mg PVP的溶液各15 min，分别测定了所制备胶体金的吸收光谱，并用TEM对制备的金纳米粒子的尺寸进行测量。图9.6是该方法制备的金纳米粒子的TEM粒子图及其相应的粒径分布图。从图中可知，当烧蚀激光能量最小时，金纳米粒子的平均直径最大，并且其变化范围也最大，随着烧蚀激光能量的增加，金纳米粒子的平均直径逐渐减小，且其变化范围也逐渐减小，如图9.7(a)所示。图9.7(b)是4种烧蚀能量下制备的胶体金的UV-VIS吸收光谱，由图可以看出，随着烧蚀激光能量逐渐增大，吸收峰的强度也逐渐增大，并且吸收峰的位置逐渐发生蓝移，表明胶体金的浓度增大、粒子尺寸减小。这主要是当所用溶液浓度和所加入表面活性剂剂量都相同时，增大烧蚀激光能量使其焦点周围的环境温度增高，导致小的纳米粒子凝聚成大的纳米粒子的概率减小，同时在高温下大粒子分解成更小的粒子的概率也增大，最终导致在相同的烧蚀时间里，烧蚀激光能量越大，制备的纳米粒子数量越多，且纳米粒子的尺寸也越小，故胶体金的浓度最大，吸收峰的强度最大，同时吸收峰的波长也逐渐发生蓝移。

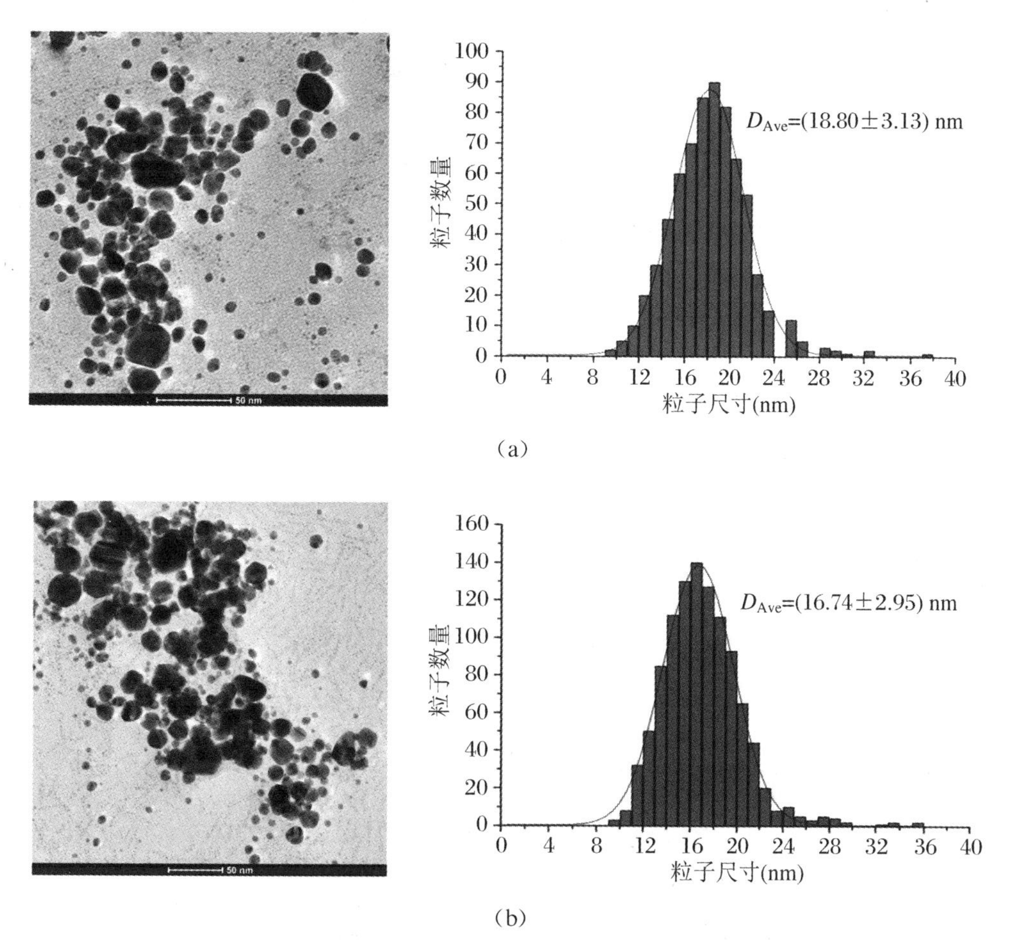

图9.6　不同烧蚀激光能量下制备的金纳米粒子的TEM图及其相应的粒度分布图

(a) 93 μJ；(b) 163 μJ；(c) 235 μJ；(d) 320 μJ。

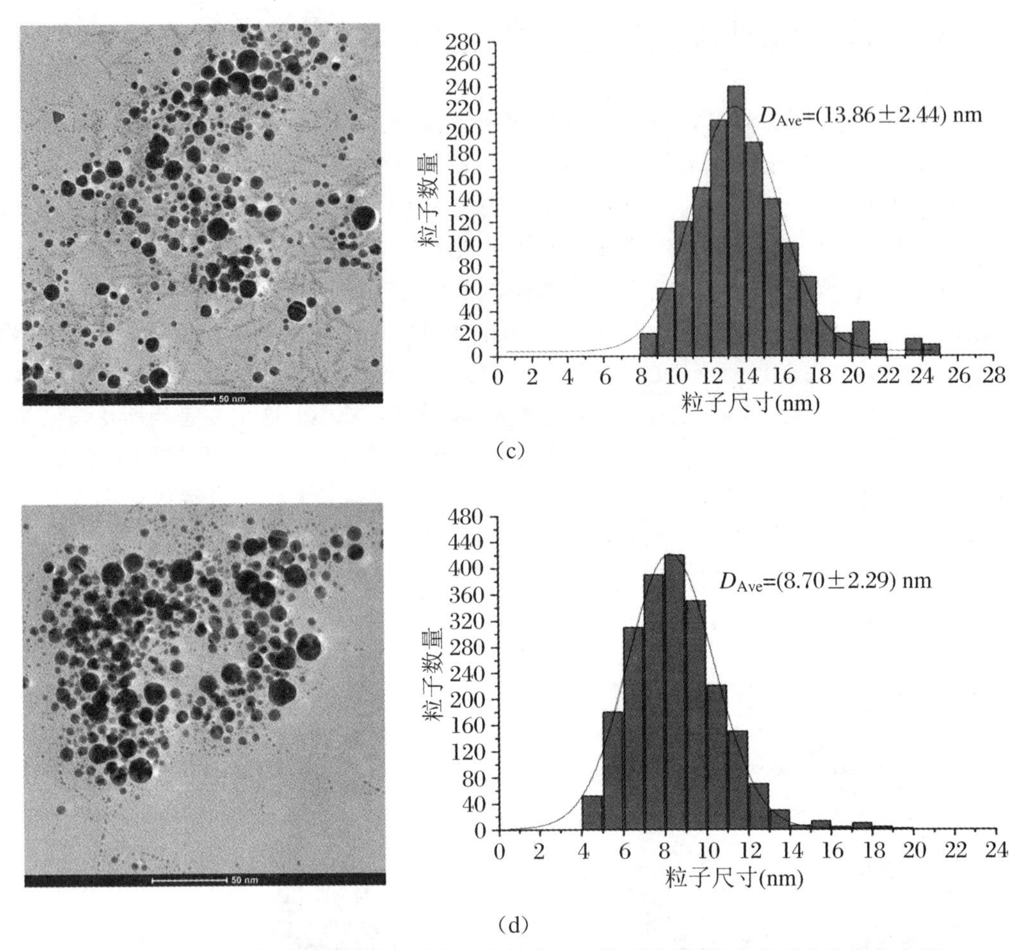

续图 9.6　不同烧蚀激光能量下制备的金纳米粒子的 TEM 图及其相应的粒度分布图

(a) 93 μJ；(b) 163 μJ；(c) 235 μJ；(d) 320 μJ。

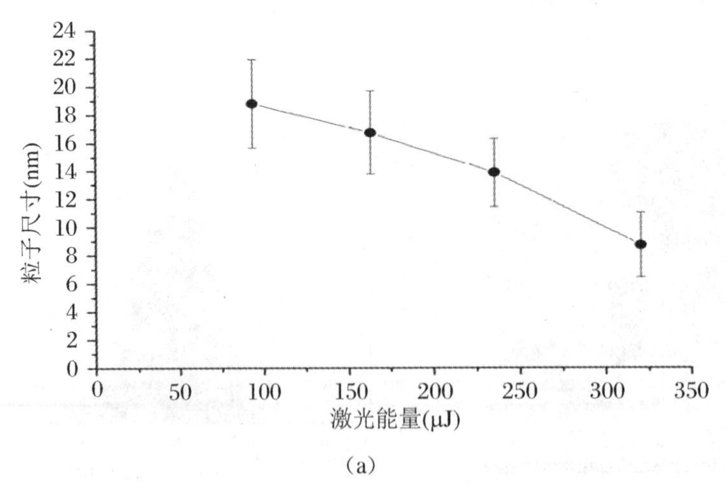

图 9.7　不同烧蚀激光能量下制备的金纳米粒子的平均直径和分布(a)以及不同烧蚀激光能量下制备的胶体金的 UV-VIS 吸收光谱(b)

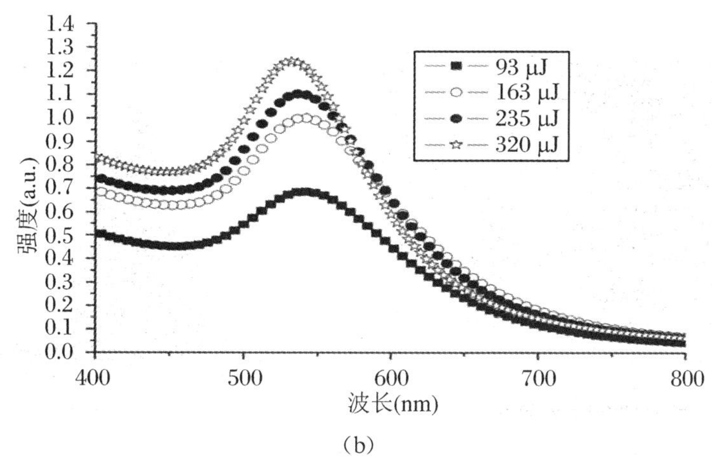

(b)

续图9.7　不同烧蚀激光能量下制备的金纳米粒子的平均直径和分布(a)以及不同烧蚀激光能量下制备的胶体金的UV-VIS吸收光谱(b)

9.3.4　表面活性剂用量对金纳米粒子尺寸、分布的影响

在2.5 mL、0.4 mmol/L的溶液里分别加入0.2 mg、0.5 mg和1.0 mg的PVP，用235 μJ的烧蚀激光能量各烧蚀15 min，分别测定这些胶体金的吸收光谱，同时用TEM对不同PVP剂量下制备的金纳米粒子的尺寸进行测量。图9.8是在该方法下制备的金纳米粒子的TEM图及其相应的粒径分布图。由图可知，当PVP剂量最小时，纳米金的平均直径最大，并且其变化范围也最大，随着PVP剂量的增加，纳米金的平均直径逐渐减小，且其变化范围也逐渐减小，如图9.9(a)所示。图9.9(b)是3种PVP剂量下制备的胶体金的UV-VIS吸收光谱，由图可以看出，随着PVP剂量的逐渐增大，吸收峰的强度也逐渐增大，并且吸收峰的位置逐渐发生蓝移。这是因为在3种PVP剂量下，当所用溶液浓度和烧蚀激光能量都相同时，PVP剂量最大的溶液中纳米粒子凝聚成大的颗粒的概率最小，所以其纳米粒子的浓度相对最大，粒径也相对最小，导致UV-VIS吸收峰的强度最大，吸收峰的位置逐渐发生蓝移。

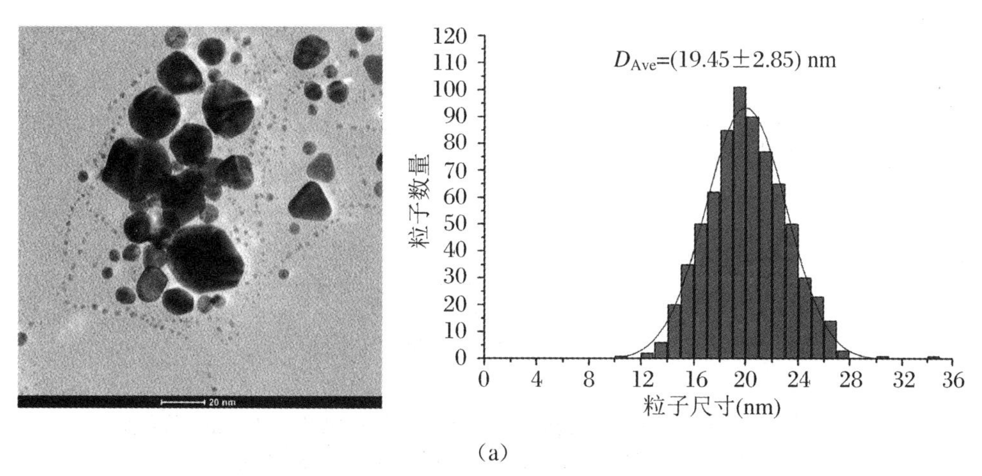

(a)

图9.8　不同PVP剂量下制备的金纳米粒子的TEM图及其相应的粒度分布图

(a) 0.2 mg；(b) 0.5 mg；(c) 1.0 mg。

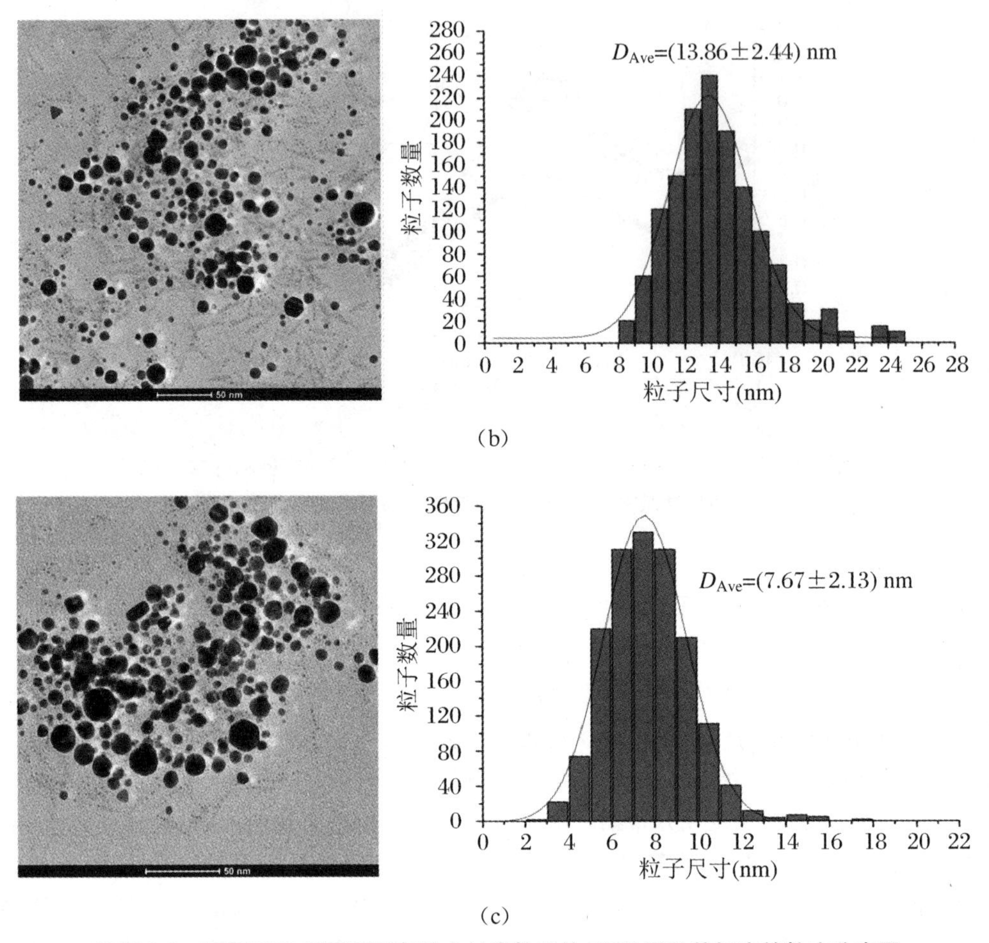

续图 9.8　不同 PVP 剂量下制备的金纳米粒子的 TEM 图及其相应的粒度分布图

(a) 0.2 mg;(b) 0.5 mg;(c) 1.0 mg。

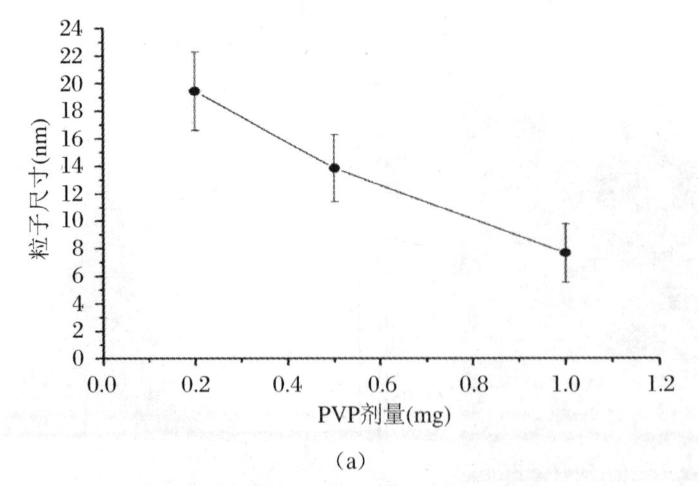

图 9.9　不同 PVP 剂量下制备的金纳米粒子的平均直径及其分布(a)以及不同 PVP 剂量下制备的胶体金的 UV-VIS 吸收光谱图(b)

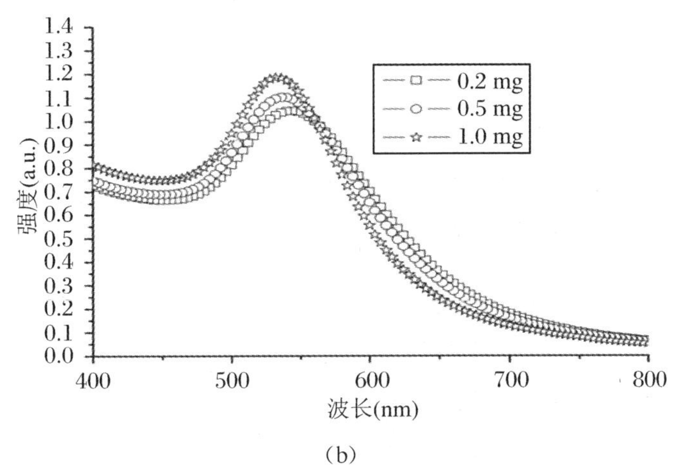

(b)

续图9.9　不同PVP剂量下制备的金纳米粒子的平均直径及其分布(a)以及不同PVP剂量下制备的胶体金的UV-VIS吸收光谱图(b)

9.3.5　金纳米粒子的晶体性质

将每次制备的胶体金溶液收集到一起，在真空状态下低温烘干，取其粉末，用X射线衍射仪(XRD-6000，日本岛津公司)对金纳米粒子的晶体性质进行检测。图9.10是本实验制备的金纳米粒子的选区电子衍射图，因为该衍射图由一系列环状结构组成，说明本实验制备的金纳米粒子具有多晶结构。图9.11是本实验测定的直径约为5 nm的金纳米粒子高分辨透射电子显微图，从图中可知，该晶体的晶面间距为0.235 nm，这和金(111)面的晶面间距是一致的。图9.12是金纳米粒子的X射线衍射谱图，由该图可知，在2θ角位于20°至80°之间时，主要有4个衍射峰，其位置分别在38.38°、44.54°、64.74°和77.78°，分别对应金(111)、(200)、(220)和(311)面的衍射，其衍射峰右边的数据分别是4种晶面的晶面间距。

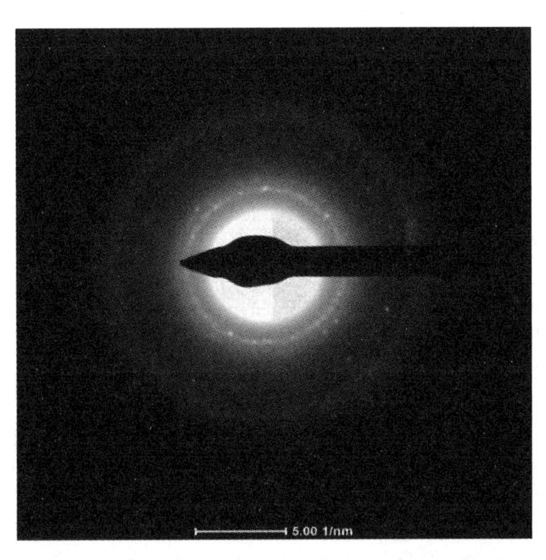

图9.10　金纳米粒子的选取电子衍射图

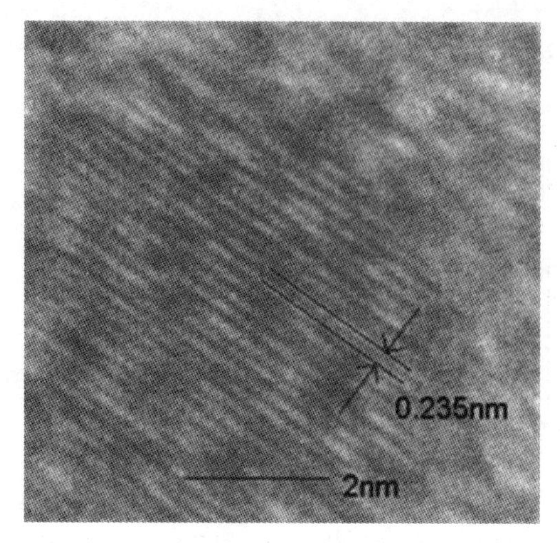

图 9.11　金纳米粒子(111)面的高分辨显微图

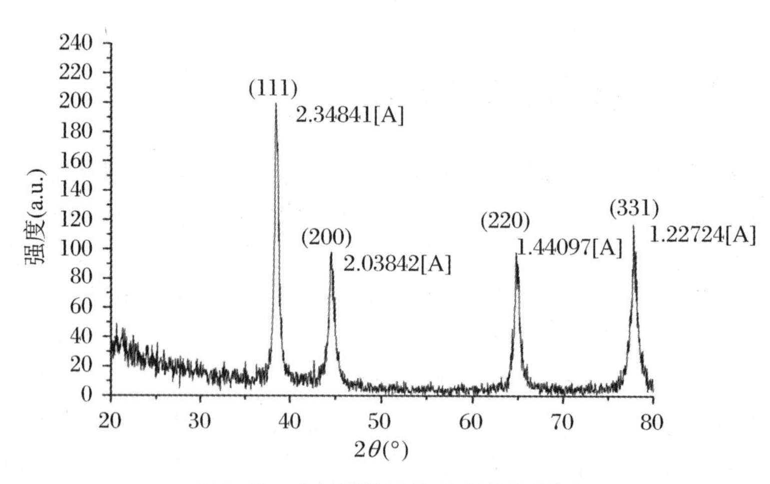

图 9.12　金纳米粒子的 X 射线衍射图

9.3.6　金纳米粒子的形成机理

本实验中金纳米粒子的形成是一种超快、高压和高能量的非平衡态反应过程，也是一个多光子的吸收过程。根据本实验测定结果并参考相关文献的结论，我们认为本实验所用的脉冲激光经过聚焦后，其焦点中光场的能量远远超过了分子中电子的结合能，会诱导氯金酸分子发生光解离，产生金原子和其他碎片，这些金原子会在周围低温环境的冷却过程中通过相互碰撞而结合成尺寸更大的金粒子，同时这些大的金粒子会吸附周围未结合的金原子或更小的金粒子而生长，经过这一系列的过程，达到纳米量级尺寸的颗粒。对金纳米粒子的生长过程进行概括，可以分为团聚和吸附两个阶段。在团聚阶段，氯金酸分子发生光解离释放出金原子之后，这些金原子之间的相互作用比金原子与水分子之间的作用要强得多，以少量的以金原子为核心、周围的金原子向其靠拢、快速团聚形成小尺寸的金纳米粒子，直到附近(小于 100 nm)的金原子全部耗尽。在吸附阶段，当外部区域(离核心距离大于 100 nm)的金原子、金的小颗粒通过漂移接触小尺寸的金纳米粒子时，该纳米粒子会继续吸附并缓慢生长为大尺寸的金纳米粒子，通过上述两个过程可以在极短的时间内形成最初的纳米粒子。

9.4 结　论

本研究以 PVP 为表面活性剂，用高强度的飞秒脉冲激光照射氯金酸水溶液制备了不同粒径的金纳米粒子，并通过 TEM、UV-VIS、HRTEM、SAED 和 XRD 等手段对制备的金纳米粒子的形貌、尺寸、吸收和晶体性质进行了表征，研究探讨各种实验参数对金纳米粒子尺寸、粒径分布和吸收的影响。通过实验结果分析可知：较低的溶液浓度、较高的烧蚀激光能量和较高的 PVP 剂量都有利于获得直径较小、粒径变化范围较窄以及分散性较高的金纳米粒子。由进一步的分析可知，所制备的纳米粒子具有多晶结构。该制备方法新颖、简单、可重复性好，粒径容易控制，对纳米粒子的污染少。它不仅适用于制备单金属的纳米粒子，而且还适用于在混合溶液中制备合金纳米粒子以及尺寸和粒径分布可控的半导体及其他材料的纳米粒子。

由于飞秒脉冲激光具有更高的峰值功率和超短的脉冲作用时间，人们可以通过控制和优化各种实验条件和参数，更有效地控制所制备的纳米粒子的尺寸和形貌，最终控制纳米粒子的结构。对于飞秒激光在液相中制备金纳米粒子的实验研究，有助于人们进一步理解和掌握金属原子聚集直至形成纳米粒子的动力学过程，推动纳米粒子的实际应用和纳米科技的发展。

参 考 文 献

[1] Jain P K, Huang X H, El-Sayed I H, et al. Noble metals on the nanoscale:optical and photothermal properties and some applications in imaging, sensing, biology, and medicine[J]. Accounts of Chemical Research, 2008, 41:1578-1586.

[2] Wang A, Sun W, Wang C, et al. Gold nanoparticles modified by new conjugated S═C═N terminal and its biological imaging application[J]. Dyes and Pigments, 2017, 141:13-20.

[3] De M, Ghosh P S, Rotello V M. Applications of nanoparticles in biology[J]. Advanced Materials, 2008, 20:4225-4241.

[4] 金静，朱守俊，宋玉彬，等. 银/碳点复合纳米粒子的构筑及其 SERS 研究[J]. 光谱学与光谱分析，2016，36(10):291-292.

[5] Zoladek S, Rutkowska I A, Blicharska M. Evaluation of reduced-graphene-oxide-supported gold nanoparticles as catalytic system for electroreduction of oxygen in alkaline electrolyte[J]. Electrochimica Acta, 2017, 233:113-122.

[6] Okada T, Suehiro J. Synthesis of nano-structured materials by laser-ablation and their application to sensors[J]. Applied Surface Science, 2007, 253:7840-7847.

[7] Khodaveisi J, Shabani A M H, Dadfarnia S. A novel sensor for determination of naproxen based on change in[J]. Pectrochimica Acta Part A: Molecular and Biomolecular Spectroscopy, 2017, 179:11-16.

[8] Kneipp J, Li X T, Sherwood M, et al. Gold nanolenses generated by laser ablation-efficient enhancing structure for surface enhanced Raman scattering analytics and sensing[J]. Analytical Chemistry, 2008, 80(11):4247-4251.

[9] Nirmala J G, Akila S, Narendhirakannan R T, et al. Vitis vinifera peel polyphenols stabilized gold nanoparticles induce cytotoxicity and apoptotic cell death in A431 skin cancer cell lines[J]. Advanced Powder Technology, 2017, 28:1170-1184.

[10] Wang X Y, Zou M J, Xu X, et al. Determination of human urinary kanamycin in one step using urea-enhanced surface plasmon resonance light-scattering of gold nanoparticles[J]. Analytical and Bioanalytical Chemistry, 2009, 395(7):2397-2403.

[11] Guevel X L. Recent advances on the synthesis of metal quantum nanoclusters and their application for bioimaging[J]. Journal of Selected Topics in Quantum Electronics, 2014, 20(3):1-12.

[12] Jiang Y Q, Horimoto N N, Imura K. Bioimaging with two-photon-induced luminescence from triangular nanoplates and nanoparticle aggregates of gold[J]. Advanced Materials, 2009, 21(12): 2309-2313.

[13] Wang M H, Hu J W, Ll Y J. Au nanoparticle monolayers: preparation, structural conversion and theirsurface-enhanced Raman scattering effects [J]. Nanotechnology, 2010, 21 (14): 145608-1456613.

[14] 张洁，陈俞霖，朱永. 碳纳米管和金属纳米粒子复合结构的拉曼光谱特性[J]. 中国激光，2012，39(11):1150011-1150014.

[15] Hvolbæk B, Janssens T V W, Clausen B S, et al. Catalytic activity of Au nanoparticles[J]. Nanotoday, 2007, 2(4):14-18.

[16] Xu H N, Huang S, Brownlow W, et al. Size and temperature dependence of surface plasmon absorption of gold nanoparticles induced by tris(2, 2'-bipyridine)ruthenium(Ⅱ)[J]. Journal Physical Chemistry B, 2004, 108(40):15543-15551.

[17] Kelly K L, Coronado E, Zhao L L, et al. The optical properties of metal nanoparticles: the influence of size, shape, and dielectric environment[J]. Journal Physical Chemistry B, 2003, 107(3): 668-677.

[18] Link S, El-Sayed M A. Size and temperature dependence of the plasmon absorption of colloidal gold nanoparticles[J]. Journal Physical Chemistry B, 1999, 103(21):4212-4217.

[19] Raschke G, Kowarik S, Franzl T, et al. Biomolecular recognition based on single gold nanoparticle light scattering[J]. Nanotechnology Letters, 2003, 3(7):935-938.

[20] Jana N R, Gearheart A L, Murphy C J. Evidence for seed-mediated nucleation in the chemical reduction of gold salts to gold nanoparticles[J]. Chemistry of Materials, 2001, 13(7):2313-2322.

[21] Sau T K, Murphy C J. Room temperature, high-yield synthesis of multiple shapes of gold nanoparticles in aqueous solution[J]. Journal of American Chemical Society, 2004, 126(28): 8648-8657.

[22] Sylvestre J P, Poulin S, Kabashin A V, et al. Surface chemistry of gold nanoparticles produced by laser ablation in aqueous media[J]. Journal Physical Chemistry B, 2004, 108(43):16864-16869.

[23] Mafune F, Kohno J, Takeda Y, et al. Full physical preparation of size-selected gold nanoparticles in solution: laser ablation and laser-induced size control[J]. Journal Physical Chemistry B, 2002, 106(31):7575-7577.

[24] YHaider A F M, Sengupta S, Abedin K M, et al. Fabrication of gold nanoparticles in water by laser ablation technique and their characterization[J]. Applied Physics A, 2011, 105(2):487-495.

[25] Kabashin A V, Meunier M. Synthesis of colloidal nanoparticles during femtosecond laser ablation of gold in water[J]. Journal of Applied Physics, 2003, 94(12):7941-7943.

[26] Sylvestre J P, Kabashin A V, Sacher E, et al. Femtosecond laser ablation of gold in water: influence of the laser-produced plasma on the nanoparticle size distribution[J]. Applied Physics A, 2005, 80(4):753-758.

[27] Takami A, Kurita H, Koda S. Laser-induced size reduction of noble metal particles [J]. Journal Physical Chemistry B, 1999, 103(8):1226-1232.

[28] Nakamura T, Mochidzuki Y, Takasaki K. Fabrication of gold nanoparticles in intense optical field by femtosecond laser irradiation of aqueous solution[J]. Journal Materials Research, 2008, 23(4): 968-974.

[29] Mafune F, Kohno J, Takeda Y, et al. Formation of gold nanoparticles by laser ablation in aqueous solution of surfactant[J]. Journal Physical Chemistry B, 2001, 105(22):5114-5120.

[30] Sobhan M A, Withford M J, Goldys E M. Enhanced stability of gold colloids produced by femtosecond laser synthesis in aqueous solution of CTAB[J]. Langmuir, 2012, 26(5):3156-3159.

[31] Sylvestre J P, Kabashin A V, Sacher E, et al. Stabilization and size control of gold nanoparticles during laser ablation in aqueous cyclodextrins[J]. Journal of Americal Chemical Society, 2004, 126(23):7176-7177.

第 10 章　总结与展望

本书对激光烧蚀金属 Ni、Al 等产生的等离子体光谱做了研究，对等离子体的时间分辨光谱、空间分辨光谱、谱线线型、电子温度、电子密度以及激光能量对等离子体的影响等方面做了实验研究和理论分析。主要结论有：缓冲气体的性质对激光等离子体的特性有较大的影响；电离能小的缓冲气体有利于提高等离子体的电子密度和电子温度；等离子体的发射光谱具有一定的时间演化特性；激光 Al 等离子体中原子发射光谱线的强度在 3 μs 左右达到最大值。利用光谱方法对 Nd∶YAG 激光烧蚀 Al 靶产生的等离子体中的电子密度和电子温度进行了测定，结果表明它们都随时间快速衰减，直到 4 μs 以后达到一个较低的水平并缓慢变化，其中氩气中的电子密度最大。这些特性为理解激光与物质相互作用的机制以及利用激光诱导击穿谱作准确的定量分析等方面提供了大量有用的信息。

首先在 350～650 nm 的可见光谱范围内，观测了 Nd:YAG 脉冲激光器烧蚀金属 Ni 靶产生等离子体发射光谱及其空间分辨光谱。实验得到，在近靶面 2.5 mm 左右的范围内，Ni 等离子体的发射光谱主要是连续辐射形成的连续谱和叠加于连续谱上的分立谱。其中连续辐射主要由电子的韧致辐射和复合辐射产生。Ni 原子谱线比离子在空间上分布范围更广。其次，在 350～650 nm 的可见光谱范围内，观测了 Nd:YAG 脉冲激光器烧蚀金属 Ni 靶产生等离子体发射光谱及其时间分辨光谱，实验表明，在相对于激光脉冲前沿延迟时间约为20 ns 后，即可观察到光谱信号，但在小于 80 ns 延迟时间内只观察到连续谱，在 150 ns 以后出现原子谱线，离子谱线持续时间很短，而且其强度上升和衰减的速度都很快，约为 1 μs；原子谱线持续几至十几微秒的时间。最后，从理论上推出，对同一时刻采集的谱线，Ni 原子的共振双线的强度比等于其跃迁概率之比，同时，通过对该实验中 Ni 原子共振双线下面积的分析，计算了谱线的强度比，得到 Ni 原子共振双线的跃迁概率比是 $W_1/W_2 \approx 0.60525$，与理论计算符合得比较好。

主要对激光烧蚀 Ni 产生等离子体的发射光谱进行了实验研究：

(1) 激光能量对等离子体光谱特性的影响。结果表明：随激光脉冲能量的增加，信号强度明显增强，但当激光脉冲能量超过 34 mJ 时，谱线强度变化的幅度减小，并且可以看出，随着激光脉冲能量的增加，谱线的峰值位置变化很小，半高宽度略有增加。

(2) Stark 展宽、线移时间、空间分布关系的研究。实验结果表明：① 在相同的环境中，在位置不变的条件下，随着相对激光脉冲的延迟时间增加，谱线的 Stark 展宽先增大然后持续减小，当延迟时间在 300 ns 以前增加速度要快得多，当延迟时间在 300 ns 以后则变为缓慢减小，谱线的 Stark 线移随延迟时间的变化关系与之相似，但变化速率要慢一些。② 在延迟时间不变的条件下，随着相对金属靶距离的增加，谱线的 Stark 展宽先增大后减小，线移的变化与之有相似之处，但线宽变化比线移变化要快一些。

(3) 激光等离子体中电子密度的时间、空间演化的实验研究。利用发射谱线的 Stark 展宽及线移计算得到了等离子体的电子密度，电子密度的数量级约为 $10^{16}/cm^3$。计算结果表明：① 当延迟时间在100～800 ns之间变化时，随着延迟时间的增加电子密度先增加后下降。② 在我们的实验条件下，当延迟时间在100～800 ns之间变化时，电子密度变化范围为$(3.3\sim0.1)\times10^{16}/cm^3$。③ 在延迟时间较小时，由谱线的Stark线移计算得到的电子密度要比由Stark展宽计算得到的电子密度小，而当延迟时间较大时，情况相反。④ 当距靶距离在0～2.5 mm之间变化时，随距离的增加电子密度先增加后减小。⑤ 在我们的实验条件下，当距离在0～2.5 mm之间变化时，电子密度变化范围为$(3.0\sim0.1)\times10^{16}/cm^3$。⑥ 在距离较小时，由谱线的Stark线移计算得到的电子密度要比由Stark展宽计算得到的电子密度小，而当距离较大时情况相反。

（4）对电子温度进行了测定。利用发射谱线的Stark相对强度计算得到了等离子体的电子温度，电子温度测量值约为10000 K。当相对激光脉冲延迟时间在100～900 ns范围内变化时，等离子体中相应的电子温度T_e范围为7500～12000 K。电子温度随时间的演化关系为等离子体的电子温度在前300 ns内较快上升，而后相对缓慢变小。利用Ni元素的原子发射谱线，我们又得到了距靶不同位置处电子温度变化情况，可以看出随着距靶的距离的增大，电子温度先增大，到大约1.25 mm时开始减小。

通过对激光烧蚀Ni、Ti等离子体光谱的实验研究和分析。可以看出，不同材料的烧蚀特性不同，在今后的工作中，我们将拓宽对其他材料的激光烧蚀等离子体光谱的研究。同时，由于实验仪器和实验技术的原因，本书中未能实现二维空间分辨光谱的测量和紫外部分的光谱研究。下一步将采用新的配门控分幅相机构成时空分辨的记录系统进行测量，并且在成像透镜的另一个方向加上微调系统实现二维空间分辨光谱的测量，同时开展更为准确的强耦合等离子体线谱翼部Stark展宽的理论计算工作，对激光等离子体电子热传导区的性质进行更加可靠的研究。

随着脉冲激光烧蚀技术在材料处理、薄膜制备、纳米技术、微量元素分析等领域的广泛应用，需要对激光-固体相互作用、等离子体形成及膨胀等有足够的认识，从而使激光烧蚀等离子体光谱的研究具有更广泛的应用前景，也必将促使我们为之努力工作。

作为LIBS技术用于海洋污染检测的前期探索性实验，本书仅选取了Al、Mg元素作为研究对象，但由实验结果可以看出，本实验系统同样可以对其他重金属元素的LIBS光谱特性进行分析测量。

实验中由于激光与液柱相互作用，液体的溅射对液体样品LIBS信号的影响较大，整个实验过程以及结果分析还存在不尽如人意的地方，所以还需进一步提高信号的稳定性，以提高LIBS的检测限。希望能够在今后的工作中有效地避免或有所改进。

另外，本书中的实验内容都是对已知液体样品的特征谱线进行测量，并且处于定性分析阶段。接下来的工作中我们将努力在此基础上不断改进实验方法，提高检测的灵敏度，对定量分析做一定的探讨。

一种光谱技术从初始实验到实践应用需要一定的时间和大量的实验分析数据，而本书所做的工作仅仅是其中很小的一部分，属于初始的探索尝试阶段，得到的实验结果距离实际应用还有很远。尽管本实验的检测限距离海洋环境污染中金属元素的含量有较大差距，但也成功地探测到液体溶液内痕量元素的LIBS光谱。随着对液体内产生的激光等离子体发射光谱的深入研究，进一步改进实验过程，优化实验条件（如合理简便的样品流动，探测器灵敏度、信噪比的提高，激光能量的适当增加），实验的检测限将得到很大的改善。因此，今后的工作还应在实验方案调整和实验仪器优化配置等方面下功夫，并且与其他检测方法对比不断检验其适应性和准确性。

在前期对实验参数优化的基础上，本书使用纳秒单脉冲 LIBS 技术，测定了含有 6 种元素混合溶液的 LIBS 光谱。在最优实验参数条件下，测定了等离子体的电子温度和电子密度，由元素谱线强度得到的 Boltzmann 斜线相关系数均在 0.97 以上，同时由不同元素谱线得到的等离子体的电子温度相互一致，验证了实验方案和实验数据的合理性。系统探究了随 ICCD 延迟时间和样品流速变化的等离子体的电子温度和电子密度的演化特性。这些结果为激光诱导击穿光谱技术的应用提供了实验方案和理论支持。

本书使用含有 Ca、Al、Cr、Cd、Mn、Cu 元素的可溶化合物按一定比例配置的溶液作为样品，利用部分元素的发射光谱线的测定结果对激光等离子体电子温度、电子密度和部分实验参数的关系进行了研究，但尚未进一步延伸到依赖实验参数的等离子体电子温度、电子密度与样品中金属元素的绝对含量浓度值之间的联系。因此下一步的工作重点将放在寻找一种定量分析方法，以期建立等离子体相关特性参数与样品绝对含量的联系，为液相基质 LIBS 技术的应用提供实验方案。

本书以 PVP 为表面活性剂，用高强度的飞秒脉冲激光照射氯金酸水溶液制备了不同粒径的金纳米粒子，并通过 TEM、UV-VIS、HRTEM、SAED 和 XRD 等手段对制备的金纳米粒子的形貌、尺寸、吸收和晶体性质进行了表征，研究探讨各种实验参数对金纳米粒子尺寸、粒径分布和吸收的影响。通过实验结果分析可知：较低的溶液浓度、较高的烧蚀激光能量和较高的 PVP 剂量都有利于获得直径较小、粒径变化范围较窄以及分散性较高的金纳米粒子。进一步的分析可知，本研究方法制备的纳米粒子具有多晶结构。该制备方法新颖、简单、可重复性好，粒径容易控制，对纳米粒子的污染少。它不仅适用于制备单金属的纳米粒子，而且还适用于在混合溶液中制备合金纳米粒子以及尺寸和粒径分布可控的半导体及其他材料的纳米粒子。